山东省高等教育名校建设工程课程改革教材

电机与电力拖动

（修订版）

主　编　张水利　陈建敏
副主编　者奕宁　黄鲁新
　　　　刘　星　闫廷光
主　审　崔维群

黄河水利出版社
·郑州·

内 容 提 要

本书为山东省高等教育名校建设工程课程改革系列教材之一，是本着高职教育的特色，依据山东省特色名校建设方案要求进行编写的。全书包含了电机原理、电力拖动、控制电机等三方面的内容，详细介绍了直流电机、变压器、异步电机、同步电机的基本结构、工作原理及应用知识，对控制电机、电机选择等方面的内容也作了简单介绍。本书编写时力求突出高等职业教育的特色，淡化电机内部的电磁理论，突出电机的实际应用。内容上减少了公式推导，简化了原理分析，加强了电力拖动及控制电路部分，并专门增加了实训课题。

本书可作为高等职业院校机电类专业的教材，也可供高等专科院校、中等职业学校、电大等使用，还可作为机电工程技术人员的参考资料。

图书在版编目(CIP)数据

电机与电力拖动/张水利，陈建敏主编. —郑州：黄河水利出版社，2015.4 (2020.8 修订版重印)
山东省高等教育名校建设工程课程改革教材
ISBN 978-7-5509-1089-8

Ⅰ.①电… Ⅱ.①张… ②陈… Ⅲ.①电动－高等学校－教材②电力传动－高等学校－教材 Ⅳ.①TM3 ②TM921

中国版本图书馆 CIP 数据核字(2015)第 079018 号

组稿编辑：王路平 电话：0371-66022212 E-mail：hhslwlp@163.com

出 版 社：黄河水利出版社 网址：www.yrcp.com
地址：河南省郑州市顺河路黄委会综合楼 14 层 邮政编码：450003
发行单位：黄河水利出版社
发行部电话：0371-66026940、66020550、66028024、66022620(传真)
E-mail：hhslcbs@126.com
承印单位：河南承创印务有限公司
开本：787 mm×1 092 mm 1/16
印张：15
字数：350 千字 印数：2 001—3 000
版次：2015 年 4 月第 1 版 印次：2020 年 8 月第 3 次印刷
2020 年 8 月修订版

定价：33.00 元

前 言

本书是依据中央财政支持提升社会服务能力重点建设专业和山东省高等教育名校建设工程重点建设专业人才培养方案和课程建设目标要求,并按照有关电机与电力拖动的新规范、新法规、新标准编写完成的。在吸收有关教材和技术文献资料精华的基础上,充实了新思想、新理论、新方法和新技术,另外不过分苛求学科的系统性和完整性,强调理论联系实际,突出应用性。

高等职业教育是我国高等教育的重要组成部分,其根本任务是培养和造就适应生产、建设、管理、服务第一线需要的德、智、体等全面发展的高等技术应用型人才。近年来伴随产业结构的调整,高等职业教育从规模和质量上发展迅速,在教学模式和教学方法上不断进步,高职教材建设也需要适应高职教育特色做出重新调整。

为了不断提高出版质量,本次修订版,编者根据近年来国家及行业规范、标准的变化,以及在教学实践中发现的问题和错误,对全书进行了修订、补充和完善。

本课程是电气自动化技术专业的一门重要专业基础课,它既具有一定的理论性,同时又具有很强的实践性,在机电类专业的课程体系中具有基础性和工具性作用。其先修课程是《高等数学》和《电路基础》,后续课程则包括《工厂电气控制技术》《PLC 原理与应用》《机电一体化系统》等。

传统的电机与电力拖动教材与教学比较注重系统性和完整性,而忽略了兴趣性和实用性,教学过程设计通常按照教材的顺序,先讲各类电机的结构、类型、参数,然后是大量的理论分析,讲解电机的工作原理,最后是应用和拖动控制,学生普遍感到课程难学。

从专业课设计的角度看,电机与电力拖动课程并不单纯为学习电机技术,重点在于学习电机的应用。另外,一般院校的高职学生在理论学习方面同本科学生就有一定差距。因此,新编教材将在指导思想、编写内容和编写方法上改革创新,突出高职教学的特点,满足高职学生学习和就业的需要。

在编写过程中,本书主要考虑以下几个方面:

1. 教材以人的认知规律为主线,以课程结构为辅线。

2. 突出应用技能培养,淡化理论体系。

3. 突出实用性和兴趣性,适合高职教学模式。

4. 注重专业发展和就业需求,教材内容充分反映新知识、新技术、新工艺和新方法,特别是适当加大控制电机部分的篇幅,具有超前性和先进性。

本书主要内容包括直流电机、变压器、交流电机、控制电机等四大部分。通过学习,掌握常用交流电机、直流电机、变压器的基本结构和工作原理,掌握电力拖动系统的基本理论与计算方法,同时掌握电机及拖动系统中基本的试验方法和操作技能以及常用电工仪器仪表的使用方法。完成本课程教学需要 70 ~ 80 学时,条件允许的情况下也可增加两周左右的集中实习。本书可作为高等职业院校机电类专业的教材，也可供高等专科院校、中等职业学校、电大等使用，还可作为工程技术人员的参考资料。

本书由山东水利职业学院主持编写工作，编写人员及编写分工如下：张水利编写前言和任务一，孙玉亮编写任务二，淄博国际三品电子有限公司总经理陈建敏编写任务三，刘星编写任务四，黄鲁新编写任务五，者奕宁编写任务六，王书平编写任务七，日照威德电子科技有限公司经理王友明、日照迪莱特电子有限公司技术总监陈凯编写任务八，闫廷光编写任务九。本书由张水利、陈建敏担任主编，张水利负责全书统稿并负责制订编写大纲、编写要求；由者奕宁、黄鲁新、刘星、闫廷光担任副主编；由崔维群担任主审。

由于编者的经验及水平所限，书中难免有不当之处，恳请广大读者批评指正。

编　者

2020年8月

目 录

任务一　直流电机的拆装

【能力要求】

本任务要求学生掌握直流电机的结构、原理、电磁物理过程等相关常识，并具备直流电机的拆装能力及解决使用过程中直流电机经常出现的实际问题的能力。

【引入】

电机是利用电磁感应原理进行机电能量转换的电磁机械装置。根据电源的不同，电机可分为直流电机和交流电机。其中，将直流电能转换为机械能的叫作直流电动机，将机械能转换为直流电能的叫作直流发电机。

直流电动机具有启动和调速性能好、过载能力大、容易控制等优点。因此，广泛应用于对启动和调速性能要求较高的生产机械，例如大型机床、电力机车、轧钢机、船舶机械、造纸机和纺织机等设备都广泛采用直流电动机作为原动机。直流发电机主要作为直流电动机、电解、电镀等设备的直流电源。

由于直流电机结构复杂、有色金属用量多、生产工艺复杂、运行可靠性较差，同时随着电力电子技术和微电子学的迅速发展，直流电动机将逐步被交流调速电动机所取代，直流发电机则正在被电力电子器件整流装置所取代。不过，在今后相当长的时期内，直流电机仍将在许多场合继续应用。

任务资讯

一、直流电机概述

（一）基本工作原理

1. 直流电动机的基本工作原理

图 1-1 所示是一台简单的两极直流电动机的模型。在图 1-1 中，N 和 S 为一对固定的磁极，磁极之间有一个可以旋转的铁质圆柱体，称为电枢铁芯。铁芯表面固定一个用绝缘导体构成的电枢线圈 abcd，线圈的两端分别接到两个相互绝缘的弧形铜片上，弧形铜片称为换向片，换向片组合在一起称为换向器。在换向器上放置固定不动而与换向片滑动接触的电刷 A 和 B，线圈 abcd 通过换向器和电刷接通外电路。电枢铁芯、电枢线圈和换向器组合在一起称为电枢。

将直流电源加于电刷 A 和 B 上，电源正极加于电刷 A，电源负极加于电刷 B，则线圈 abcd 中流过电流，根据电磁力定律，导体 ab 和 cd 受到电磁力的作用，如图 1-1 所示，电磁力的方向用左手定则确定。电磁力在电枢上产生一个转矩，称为电磁转矩。分析可知，在图 1-1 中，电磁转矩的方向均为逆时针方向，使整个电枢逆时针方向旋转。

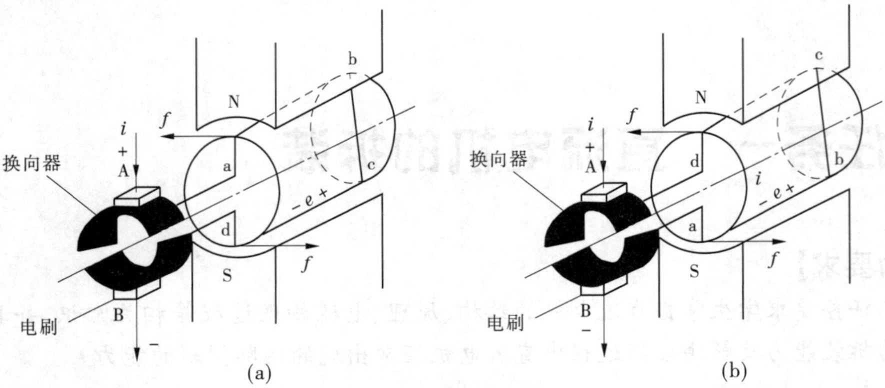

图 1-1　直流电动机模型

由此可见，加于直流电动机的直流电源，借助于换向器和电刷的作用，使直流电动机电枢线圈中流过电流，电流的方向是交变的，使电枢产生的电磁转矩的方向恒定不变，确保直流电动机朝确定的方向连续旋转。这就是直流电动机的基本工作原理。

实际的直流电动机，电枢圆周上均匀地嵌放许多线圈，相应地换向器也是由许多换向片组成的，使电枢线圈所产生的总电磁转矩足够大并且比较均匀，电动机的转速也就比较均匀。

2. 直流发电机的基本工作原理

图 1-2 所示是一台直流发电机的模型。直流发电机的模型与直流电动机相同，不同的是电刷上不加直流电压，而是用原动机拖动电枢朝某一方向旋转。例如原动机拖动电枢逆时针方向旋转，如图 1-2 所示。这时线圈边 ab 和 cd 分别切割磁极下的磁力线，产生感应电动势，感应电动势的方向可用右手定则确定。在图 1-2(a)中，线圈边 ab 中电动势的方向由 b 指向 a，线圈边 cd 中电动势的方向由 d 指向 c，所以电刷 A 为正极性，电刷 B 为负极性。电枢旋转 180°时，线圈边 cd 转至 N 极下，感应电动势的方向由 c 指向 d，电刷 A 这时与 d 所连换向片接触，仍为正极性，线圈边 ab 转至 S 极下，感应电动势的方向变为 a 指向 b，电刷 B 与 a 所连换向片接触，仍为负极性，如图 1-2(b)所示。可见，直流发电机

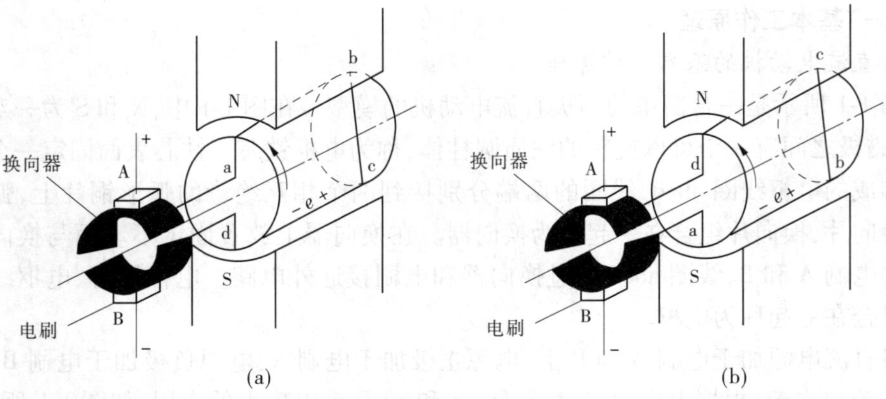

图 1-2　直流发电机模型

电枢线圈中的感应电动势的方向是交变的，而通过换向器和电刷的作用，在电刷 A、B 两端输出的电动势是方向不变的直流电动势。若在电刷 A、B 之间接上负载，发电机就能向负载供给直流电能，这就是直流发电机的基本工作原理。

由此可以看出，一台直流电机原则上既能作电动机运行，也可作发电机运行。将直流电源加于电刷，向电枢内输入电能，电机将电能转换为机械能，拖动生产机械旋转，电机作电动机运行；如用原动机拖动直流电机的电枢旋转，输入机械能，电机能将机械能转换为直流电能，从电刷上引出直流电动势，电机作发电机运行。同一台电机，既能作电动机运行，又能作发电机运行的原理，称为电机的可逆原理。

（二）基本结构

直流电机作为旋转电机，必须具备静止和转动两大部分，静止部分称为定子，转动部分称为转子，在定子和转子之间存在着空气隙。静止部分主要包括主磁极、换向极、电刷装置、机座和端盖等部分；转动部分又称电枢，主要包括电枢绕组、电枢铁芯、换向器、转轴等部分，直流电机结构如图 1-3 所示，剖面如图 1-4 所示。

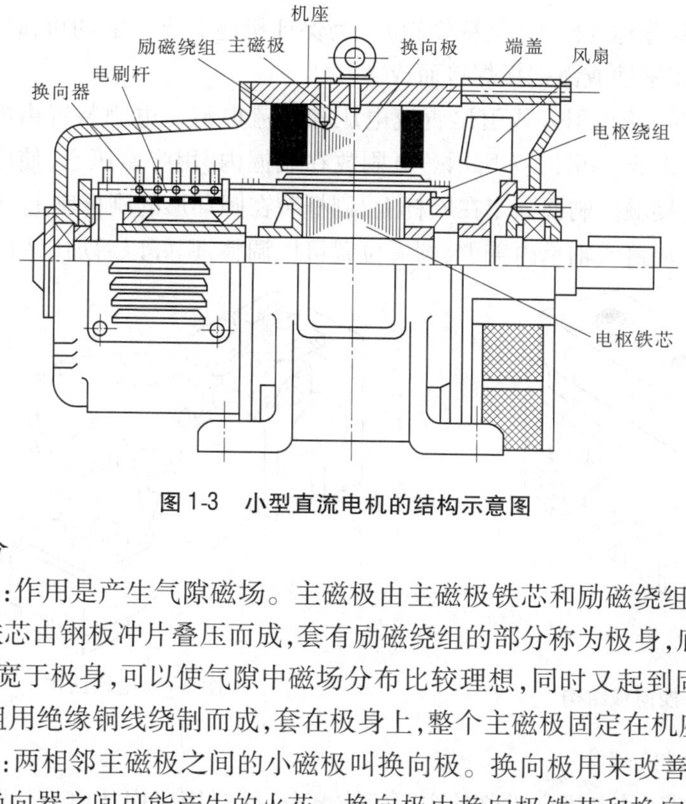

图 1-3　小型直流电机的结构示意图

1. 定子部分

（1）主磁极：作用是产生气隙磁场。主磁极由主磁极铁芯和励磁绕组两部分组成，如图 1-5 所示。铁芯由钢板冲片叠压而成，套有励磁绕组的部分称为极身，底部扩宽的部分称为极靴，极靴宽于极身，可以使气隙中磁场分布比较理想，同时又起到固定励磁绕组的作用。励磁绕组用绝缘铜线绕制而成，套在极身上，整个主磁极固定在机座上。

（2）换向极：两相邻主磁极之间的小磁极叫换向极。换向极用来改善换向，减小电机运行时电刷与换向器之间可能产生的火花。换向极由换向极铁芯和换向极绕组组成，如图 1-6 所示。换向极铁芯一般用整块钢制成，对换向性能要求较高的直流电机，换向极铁芯可用钢板冲制叠压而成。换向极绕组用绝缘导线绕制而成，套在换向极铁芯上。换向极固定在机座上，换向极的数目与主磁极相等。

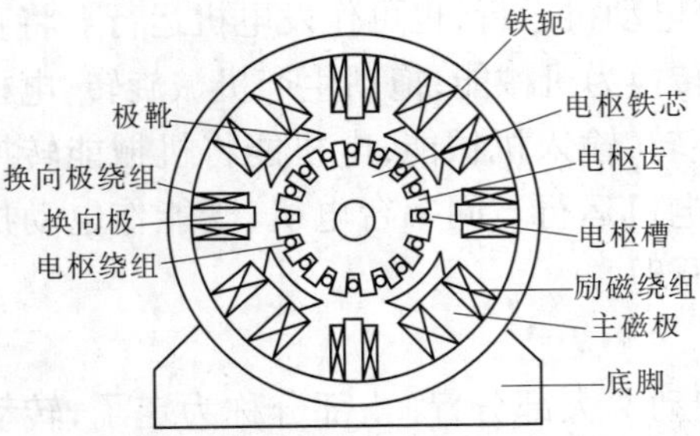

图1-4 小型直流电机的剖面图

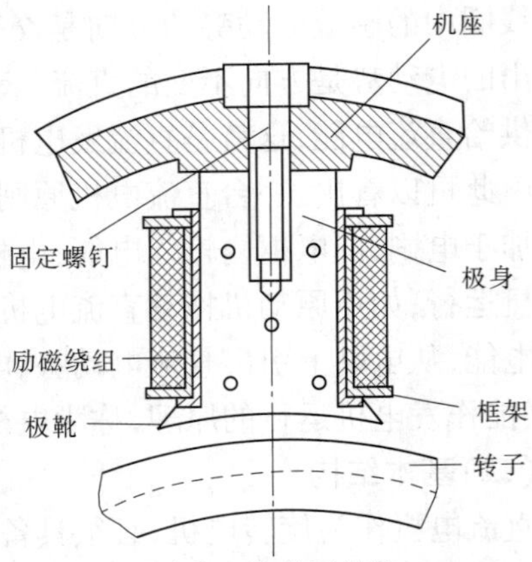

图1-5 主磁极结构

(3)机座:电机定子部分的外壳称为机座,机座用来固定主磁极、换向极和端盖,起到整个电机的支撑和固定作用,同时机座也是电机磁路的一部分,借以构成磁极之间磁的通路,磁通通过的部分称为磁轭(又称铁轭)。为保证机座具有足够的机械强度和良好的导磁性能,一般为铸钢件或由钢板焊接而成。

(4)电刷装置:用以引入或引出直流电压和直流电流。电刷装置由电刷、刷握、刷杆和刷杆座等部分组成,如图1-7所示。电刷放在刷握内,用弹簧压紧,使电刷与换向器之间有良好的滑动接触。刷握固定在刷杆上,刷杆装在圆环形的刷杆座上,相互之间必须绝缘。刷杆座装在端盖或轴承内盖上,圆周位置可以调整,调好以后加以固定。

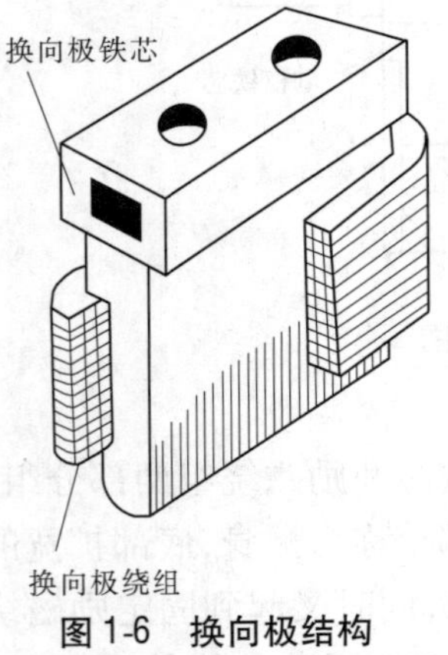

图1-6 换向极结构

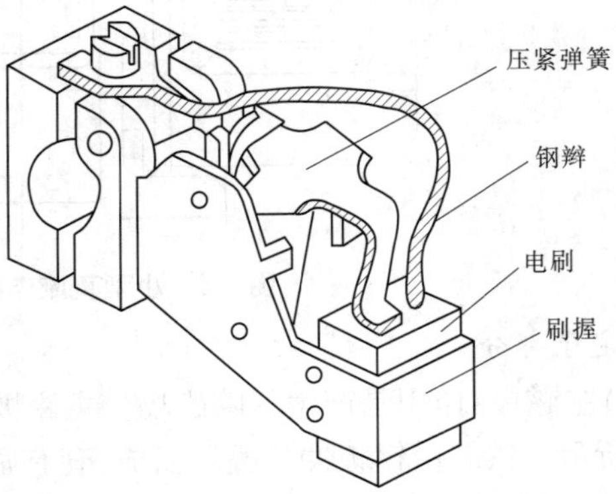

图1-7 电刷结构

2. 转子(电枢)部分

(1)电枢铁芯:是电机主磁路的主要组成部分,同时用以嵌放电枢绕组。为减少电机运行时电枢铁芯中的涡流损耗和磁滞损耗,电枢铁芯用硅钢片冲片叠压而成,冲片的形状如图1-8所示。叠成的铁芯固定在转轴或转子支架上。铁芯的外圆开有电枢槽,槽内嵌放电枢绕组。

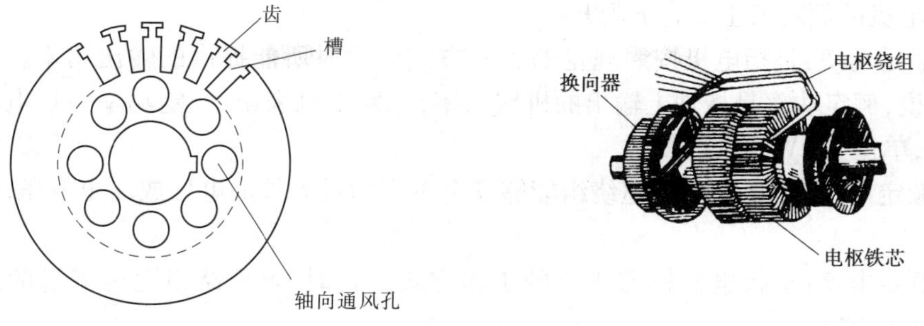

图 1-8 电枢冲片和电枢铁芯

(2)电枢绕组：作用是产生电磁转矩和感应电动势，是直流电机进行机电能量转换的关键部件。它由许多线圈按一定规律连接而成，线圈用高强度漆包线或玻璃丝包扁铜线绕成。不同线圈的线圈边分上下两层嵌放在电枢槽中，线圈与铁芯之间和上、下两层线圈边之间都必须妥善绝缘，为防止离心力将线圈边甩出槽外，槽口用槽楔固定，线圈伸出槽外的端接部分用热固性无纬玻璃带进行绑扎。

(3)换向器：在直流电动机中，换向器配以电刷，将外加直流电流转换为电枢线圈中的交变电流，使电磁转矩的方向恒定不变；在直流发电机中，换向器配以电刷，将电枢线圈中感应产生的交变电动势转换为正、负电刷上引出的直流电动势。换向器是由许多换向片组成的圆柱体，换向片之间用云母片绝缘，如图 1-9 所示。换向片的下部做成燕尾形，两端用钢制 V 形套筒和 V 形云母环固定，再用螺母锁紧。对于小型直流电机，可以采用塑料换向器，将换向片和片间云母片叠成圆柱体后用酚醛玻璃纤维热压成形，既节省材料，又简化工艺。

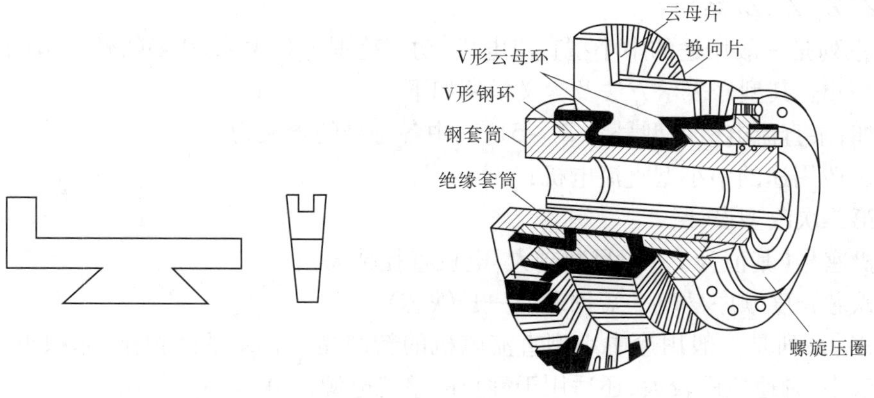

(a)换向片 (b)换向器

图 1-9 换向片的结构

(三)额定值和主要系列

1. 直流电机的额定值

电机制造厂按照国家标准，根据电机的设计和试验数据而规定的每台电机的主要数据称为电机的额定值。额定值一般标在电机的铭牌上或产品说明书上。

直流电机的额定值主要有下列几项：

(1)额定功率：是指电机按照规定的工作方式运行时所能提供的输出功率。对直流电动机来说，额定功率是指轴上输出的机械功率；对发电机来说，额定功率是指电枢输出的电功率，单位为kW(千瓦)。

(2)额定电压：是指电机电枢绕组能够安全工作的最大外加电压或输出电压，单位为V(伏)。

(3)额定电流：是指电机按照规定的工作方式运行时，电枢绕组允许流过的最大电流，单位为A(安)。

(4)额定转速：是指电机在额定电压、额定电流和额定输出功率的情况下运行时，电机的旋转速度，单位为r/min(转/分)。

额定值一般标在电机的铭牌上，故又称为铭牌数据。还有一些额定值，可查产品说明书或由铭牌上的数据计算得到。

额定功率(P_N)、额定电压(U_N)和额定电流 I_N 的关系为

发电机 $$P_N = U_N I_N \times 10^{-3}\ \text{kW} \tag{1-1}$$

电动机 $$P_N = U_N I_N \eta_N \times 10^{-3}\ \text{kW} \tag{1-2}$$

直流电机运行时，如果各个物理量均为额定值，就称电机工作在额定运行状态。在额定运行状态下，电机利用充分，运行可靠，并具有良好的性能。如果电机的电流小于额定电流，称为欠载运行，此时电机不能充分利用，效率较低；如果电机的电流大于额定电流，称为过载运行，长时间过载运行易引起电机过热而损坏。根据负载选择电机时，最好使电机运行接近于额定状态。

2. 直流电机的主要系列

结构相同、用途相似、容量递增的一系列电机构成一个系列，我国目前生产的直流电机主要有 Z_2、Z_3、Z_4 系列。

Z_2 系列是一般用途的中小型直流电机，功率范围为0.4~200 kW，转速范围为600~3 000 r/min。其型号表示方法及含义举例如下。

例如，某直流电机的型号为 Z_2-51，其中各符号的含义为：

Z：一般用途的中小型直流电机；

2：第二次改型设计；

5：机座号(其值为1~9，号数越大，电机直径越大)；

1：铁芯长度顺序号(1—短铁芯，2—长铁芯)。

Z_3、Z_4 系列是一般用途中小型直流电机的新产品，与 Z_2 系列相比，体积小、重量轻、转动惯量小、调速范围较大，还适用于静止的整流电源供电。

各个系列直流电机的详细型号、规格和技术指标等数据，可以从电机产品样本或有关手册中查到。

二、直流电机的电枢绕组

电枢绕组是直流电机产生电磁转矩和感应电动势、实现机电能量转换的枢纽，电枢绕组的名称由此而来，并为此把直流电机的转子称为电枢。

电枢绕组由许多线圈(通常称为元件)按一定规律连接而成。按照连接规律的不同,电枢绕组分为叠绕组和波绕组等多种型式。本部分先介绍电枢绕组的基本知识,再以单叠绕组和单波绕组为例阐述电枢绕组的构成原理和连接规律。

(一)电枢绕组的基本知识

1. 电枢绕组元件

电枢绕组元件由绝缘铜线绕制而成,每个元件有两个有效边,称为元件边。元件的槽外部分称为端接部分,如图 1-10 所示。每个元件的一个元件边嵌放在某一槽的上层,称为上层边,另一个元件边则嵌放在另一槽的下层,称为下层边。每个元件有两个出线端,分别称为首端和末端,均与换向片相连。

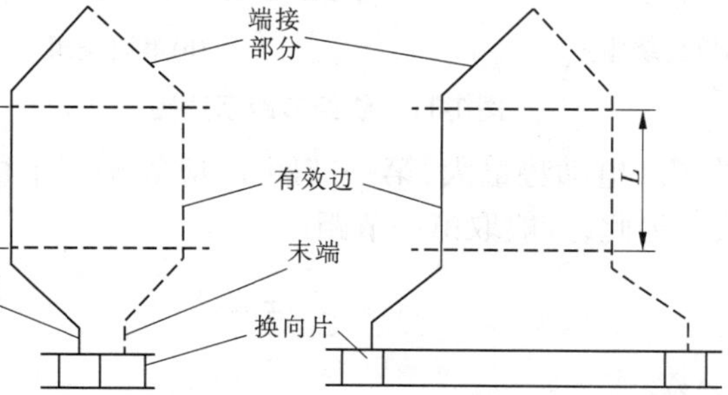

图 1-10　电枢绕组的元件

每个元件有两个元件边,每片换向片又总是接两个元件边,所以元件数 S 总等于换向片数 K,即

$$S = K \tag{1-3}$$

每个元件有两个元件边,而每个电枢槽又嵌放两个元件边,所以元件数 S 又等于槽数 Z,即

$$S = K = Z \tag{1-4}$$

对于小容量电机,电枢直径小,电枢铁芯外圆不宜开太多槽时,往往在一个槽的上层和下层各放 u 个元件边,即把一个实槽当成 u 个虚槽使用。虚槽数 Z_u 与实槽数 Z 之间的关系为

$$Z_u = uZ = S = K \tag{1-5}$$

为画图方便,本书中均设 $u=1$。

2. 节距

表征电枢绕组元件本身和元件之间连接规律的数据称为节距。直流电机电枢绕组的节距有第一节距 y_1、第二节距 y_2、合成节距 y 和换向器节距 y_K 四种,如图 1-11 所示。

(1)第一节距 y_1:同一元件的两个元件边在电枢圆周上所跨的距离,称为第一节距 y_1,如图 1-11 所示,一般用槽数来表示。

一个磁极在电枢圆周上所跨的距离称为极距 τ,当用槽数表示时,极距的表达式为

$$\tau = \frac{Z}{2p} \tag{1-6}$$

式中　p——磁极对数。

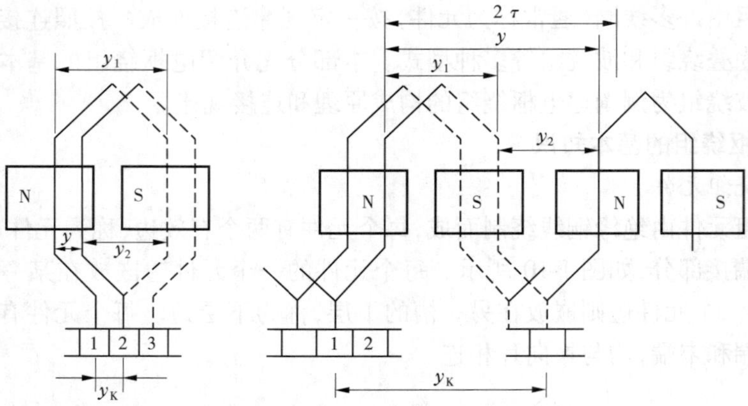

图 1-11 绕组节距示意图

为使每个元件的感应电动势最大,第一节距 y_1 应等于一个极距 τ,但 τ 不一定是整数,而 y_1 必须是整数。为此,一般取第一节距

$$y_1 = \frac{Z}{2p} \pm \varepsilon \tag{1-7}$$

式中,ε 为小于 1 的小数。

$y_1 = \tau$ 的元件称为整距元件,由整距元件构成的绕组称为整距绕组;$y_1 < \tau$ 的元件称为短距元件,由短距元件构成的绕组称为短距绕组;$y_1 > \tau$ 的元件称为长距元件,由长距元件构成的绕组称为长距绕组。从电磁效果上看,长距元件与短距元件相近,但由于端接线部分较长,耗铜较多,故一般不采用。

(2)第二节距 y_2:第一个元件的下层边与直接相连的第二个元件的上层边之间在电枢圆周上的距离,称为第二节距 y_2,如图 1-11 所示。

(3)合成节距 y:直接相连的两个元件的对应边之间在电枢圆周上的距离,称为合成节距 y,如图 1-11 所示。

(4)换向器节距 y_K:每个元件的首、末两端所接的两片换向片在换向器圆周上所跨的距离,称为换向器节距,一般用换向片数表示。由图 1-11 可见,换向器节距 y_K 与合成节距 y 总是相等的,即

$$y_K = y \tag{1-8}$$

(二)单叠绕组

后一元件的端接部分紧叠在前一元件的端接部分上,这种绕组称为叠绕组。当叠绕组的换向器节距 $y_K = 1$ 时称为单叠绕组,如图 1-11(a)所示。

下面举例说明单叠绕组的连接规律和特点。

例如,已知一台直流电机,$Z = S = K = 16$,$2p = 4$,接成单叠绕组,下面说明其绕组展开图的绘制。

1. 计算节距

第一节距

$$y_1 = \frac{Z}{2p} \pm \varepsilon = 4$$

换向器节距和合成节距

$$y_K = y = 1 \quad (单叠绕组的要求)$$

第二节距

$$y_2 = y_1 - y = 4 - 1 = 3$$

2. 绘制绕组展开图

假想把电枢从某一齿的中间沿轴向切开展成平面，所得绕组连接图称为绕组展开图，如图 1-12 所示。绘制直流电机单叠绕组展开图的步骤如下：

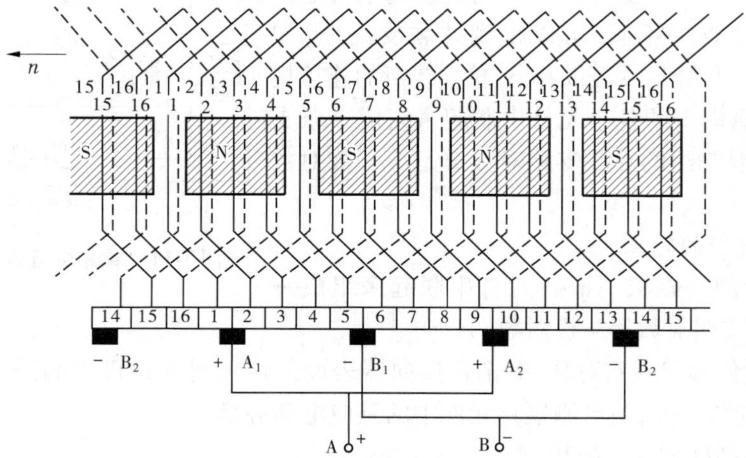

图 1-12　单叠绕组展开图

(1)画 Z 根等长、等距的平行实线代表 Z 个槽的上层，在实线旁画 Z 根平行虚线代表 Z 个槽的下层。一根实线和一根虚线代表一个槽，编上槽号。

(2)按节距 y_1 连接一个元件。例如，将 1 号元件的上层边放在 1 号槽的上层，其下层边应放在 5 号槽的下层。一般情况下，元件是左右对称的，为此，可把 1 号槽的上层(实线)和 5 号槽的下层(虚线)用左右对称的端接部分连成 1 号元件。注意首端和末端之间相隔一片换向片，为使图形规整起见，取换向片宽度等于一个槽距，从而画出与 1 号元件首端相连的 1 号换向片和相邻的与末端相连的 2 号换向片，并依次画出 3 ~ 16 号换向片。显然，元件号、上层边所在槽号和该元件首端所连换向片的编号相同。

(3)按照 1 号元件的连接方法，可以依次画出 2 ~ 16 号元件，从而将 16 个元件通过 16 片换向片连成一个闭合的回路。

(4)为了帮助理解绕组工作原理和电刷位置的确定，一般在展开图上还应画出电机的磁极和电刷。①画磁极。本例有 4 个磁极，在圆周上应该均匀分布，即相邻磁极中心之间应间隔 4 个槽。②画电刷。电刷组数也就是刷杆数等于极数，为使被电刷短路的元件中感应电动势最小，正负电刷之间引出的电动势最大，当元件左右对称时，电刷中心线应对准磁极中心线。图 1-12 中，均设电刷宽度等于一片换向片的宽度。

3. 单叠绕组连接顺序图

绕组展开图比较直观，但画起来比较麻烦，为简便起见，绕组连接规律也可用连接顺序图表示，如图 1-13 所示。图中上排数字同时代表上层元件边的元件号、槽号和换向片号，下排数字代表下层元件边所在的槽号。

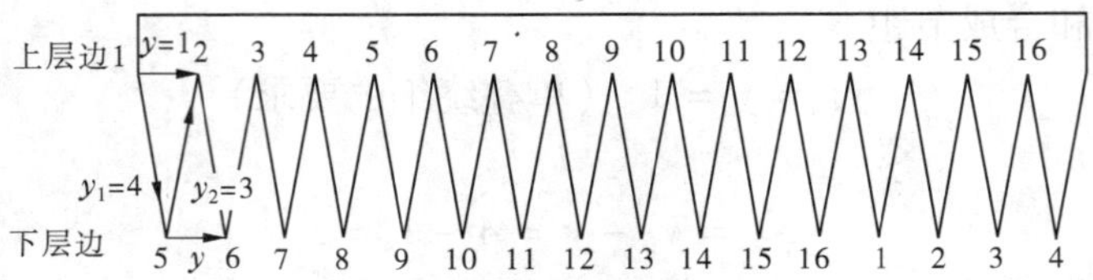

图 1-13　单叠绕组连接顺序图

4. 单叠绕组的并联支路图

保持各元件的连接顺序不变，将此瞬间不与电刷接触的换向片省去不画，可以得到并联支路图，如图 1-14所示。由图 1-14 可以看出，单叠绕组的连接规律是将同一磁极下的各个元件串联起来组成一条支路。所以，单叠绕组的并联支路对数总是等于极对数($a = p$)。

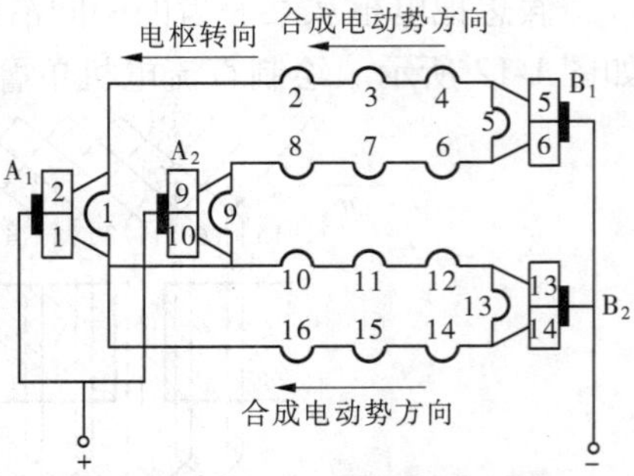

图 1-14　单叠绕组的并联支路图

5. 单叠绕组的特点

(1)位于同一磁极下的各元件串联起来组成一条支路，并联支路对数等于极对数。

(2)当元件形状左右对称、电刷在换向器表面的位置对准磁极中心线时，正、负电刷间的感应电动势最大，被电刷短路元件中的感应电动势最小。

(3)电刷刷杆数等于极数。

(三)单波绕组

单波绕组的元件首、末端之间的距离接近两个极距，两个元件串联起来呈波浪形，故称波绕组，如图 1-11(b)所示。p 个元件串联后，其末尾应该落在起始换向片前 1 片的位置，才能继续串联其余元件，为此，换向器节距必须满足以下关系 $py_K = K - 1$，据此可得

换向器节距
$$y_K = \frac{K-1}{p} \tag{1-9}$$

合成节距
$$y = y_K$$

第二节距
$$y_2 = y - y_1 \tag{1-10}$$

第一节距 y_1 的确定原则与单叠绕组相同。

已知一台直流电机，$Z = S = K = 15, 2p = 4$，下面说明单波绕组的连接规律和特点。

1. 计算节距

$$y_1 = \frac{Z}{2p} \pm \varepsilon = 3$$

$$y = y_K = \frac{K-1}{p} = 7$$

$$y_2 = y - y_1 = 4$$

2. 绘制展开图

绘制单波绕组展开图的步骤与单叠绕组相同，本例的展开图如图 1-15 所示。电刷在换向器表面上的位置也是在主磁极的中心线上。要注意的是，因为本例的极距不是整数，所以相邻主磁极中心线之间的距离也不是整数，相邻电刷中心线之间的距离用换向片数

表示时也不是整数。

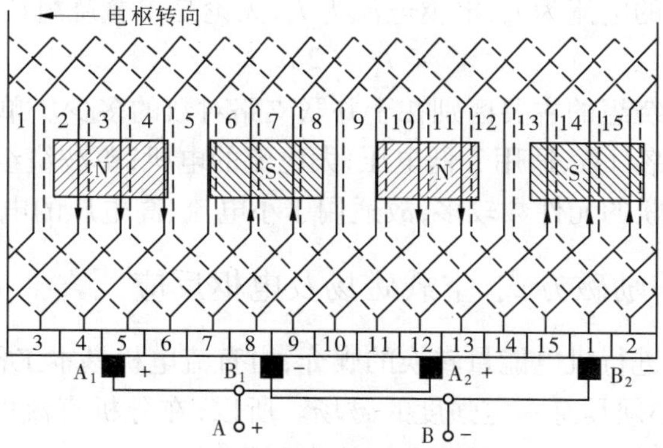

图 1-15　单波绕组展开图

3. 单波绕组的连接顺序图

按图 1-15 所示的连接规律可画出相应的连接顺序图,如图 1-16 所示。

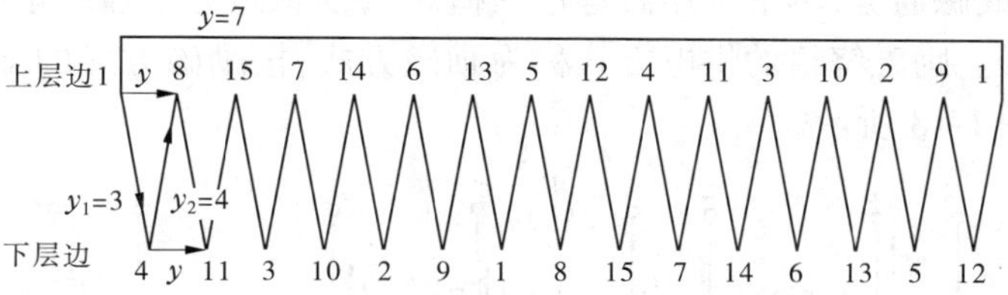

图 1-16　单波绕组的连接顺序图

4. 单波绕组的并联支路图

按各元件的连接顺序,将此刻不与电刷接触的换向片省去不画,可以得此单波绕组的并联支路图(如图 1-17 所示)。将并联支路图与展开图对照分析可知,单波绕组是将同一极性磁极下所有元件串联起来组成一条支路,由于磁极极性只有 N 和 S 两种,所以单波绕组的并联支路数 $2a$ 总是 2,并联支路对数 a 恒等于 1。

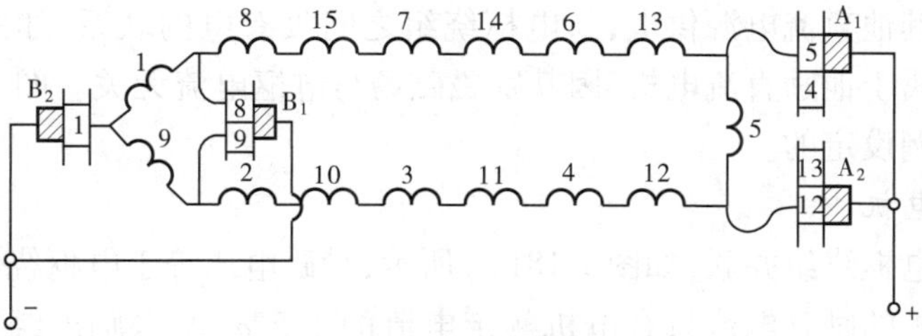

图 1-17　单波绕组的并联支路图

5. 单波绕组的特点

(1)上层边位于同一极性磁极下的所有元件串联起来组成一条支路,并联支路对数 a 恒等于 1,与极对数无关。

(2)当元件形状左右对称、电刷在换向器表面上的位置对准主磁极中心线时,支路电势最大。

(3)单从支路对数来看,单波绕组可以只要两根刷杆,但在实际电机中,为缩短换向器长度,以降低成本,仍使电刷杆数等于极数,亦即所谓采用全额电刷。

设绕组每条支路的电流为 i_a,电枢电流为 I_a,无论是单叠绕组还是单波绕组,均有

$$I_a = 2ai_a \tag{1-11}$$

单叠绕组与单波绕组的主要区别在于并联支路对数的多少。单叠绕组可以通过增加极对数来增加并联支路对数,适用于低电压、大电流的电机;单波绕组的并联支路对数 $a=1$,但每条并联支路串联的元件数较多,故适用于小电流、高电压的电机。

三、直流电机的励磁方式、空载磁场及电枢反应

磁场是直流电机进行机电能量转换的媒介,由直流电机基本工作原理可知,无论是发电机还是电动机,都必须具有一定强度的磁场。所以,在分析直流电机的运行原理以前,必须先对直流电机中磁场的大小及分布规律有所了解。

(一)直流电机的励磁方式

主磁极上励磁绕组通以直流励磁电流产生的磁势称为励磁磁势(也有很多参考书将磁势称为磁动势或磁通势,本书采用磁势这一概念),励磁磁势单独产生的磁场称为励磁磁场,又称主磁场。励磁绕组的供电方式称为励磁方式,按励磁方式的不同,直流电机可以分为四类,如图 1-18 所示。

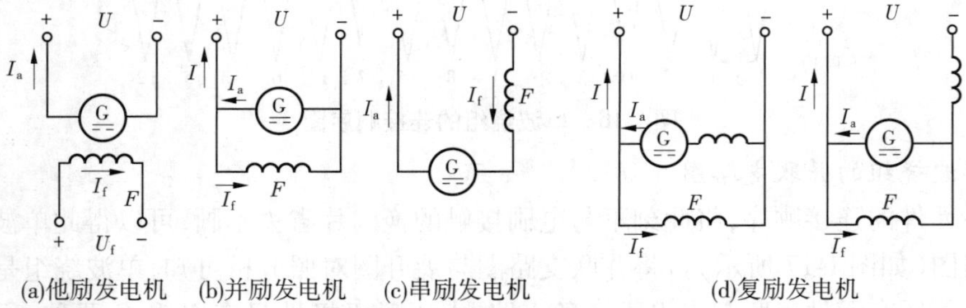

图 1-18　直流电机的励磁方式

1. 他励直流电机

励磁绕组由其他直流电源供电,与电枢绕组之间没有电的联系,如图 1-18(a)所示。永磁直流电机也属于他励直流电机,因其励磁磁场与电枢电流无关。图 1-18 中电流正方向是以发电机为例设定的。

2. 并励直流电机

励磁绕组与电枢绕组并联,如图 1-18(b)所示,励磁电压等于电枢绕组端电压。

以上两类电机的励磁电流只有电机额定电流的 1.5%,所以励磁绕组的导线细而匝数多。

3. 串励直流电机

励磁绕组与电枢绕组串联,如图 1-18(c)所示。励磁电流等于电枢电流,所以励磁绕组的导线粗而匝数较少。

4. 复励直流电机

每个主磁极上套有两个励磁绕组:一个与电枢绕组并联,称为并励绕组;一个与电枢绕组串联,称为串励绕组,如图 1-18(d)所示。两个绕组产生的磁势方向相同时称为积复

励,两个磁势方向相反时称为差复励,通常采用积复励方式。

直流电机的励磁方式不同,运行特性和适用场合也不同。

(二)直流电机的空载磁场

直流电机不带负载时的运行状态称为空载运行。空载运行时电枢电流为零或近似等于零。所以,空载磁场是指主磁极励磁磁势单独产生的励磁磁场,亦称主磁场。一台四极直流电机空载磁场的分布如图 1-19 所示,图中只画一半。

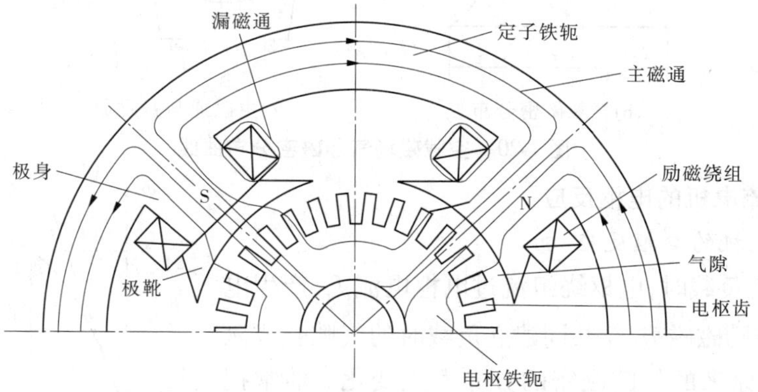

图 1-19 四极直流电机空载磁场的分布示意图

1. 主磁通和漏磁通

图 1-19 表明,当励磁绕组通以励磁电流时,产生的磁通大部分由 N 极出来,经气隙进入电枢齿,通过电枢铁轭,到 S 极下的电枢齿,又通过气隙回到定子的 S 极,再经机座(定子铁轭)形成闭合回路。这部分同时与励磁绕组和电枢绕组相匝链的磁通称为主磁通,用 Φ_0 表示。主磁通经过的路径称为主磁路,显然,主磁路由主磁极、气隙、电枢齿、电枢铁轭和定子铁轭等五部分组成。另有一部分磁通不通过气隙,直接经过相邻磁极或定子铁轭形成闭合回路,这部分仅与励磁绕组匝链的磁通称为漏磁通,以 Φ_σ 表示。漏磁通路径主要为空气,磁阻很大,所以漏磁通的数量只有主磁通的 20% 左右。

2. 空载磁场气隙磁密分布曲线

主磁极的励磁磁势主要消耗在气隙上,当近似地忽略主磁路中铁磁性材料的磁阻时,主磁极下气隙磁密的分布就取决于气隙 δ 的大小分布情况。磁极中心及其附近,气隙 δ 较小且均匀不变,磁通密度较大且基本为常数,靠近两边极尖处,气隙逐渐变大,磁通密度减小,超出极尖以外,气隙明显增大,磁通密度显著减小,在磁极之间的几何中性线处,气隙磁通密度为零,为此,空载气隙磁通密度分布为一礼帽形的平顶波,如图 1-20 所示。

3. 直流电机的空载磁化特性

直流电机运行时,要求气隙磁场在每个极下有一定数量的主磁通,称为每极磁通 Φ。当励磁绕组的匝数 N_y 一定时,每极磁通 Φ 的大小主要取决于励磁电流 I_f。空载时每极磁通 Φ_0 与空载励磁电流 I_{f0} 的关系 $\Phi_0 = f(I_{f0})$ 称为电机的空载磁化特性。由于构成主磁路的绝大部分是铁磁性材料,铁磁性材料磁化时的 $B—H$ 曲线有饱和现象,磁阻是非线性的,所以空载磁化特性在 I_f 较大时也出现饱和,如图 1-21 所示。为充分利用铁磁性材料,又不致磁阻太大,电机的工作点一般选在磁化特性开始转弯,亦即磁路刚开始饱和的部分。

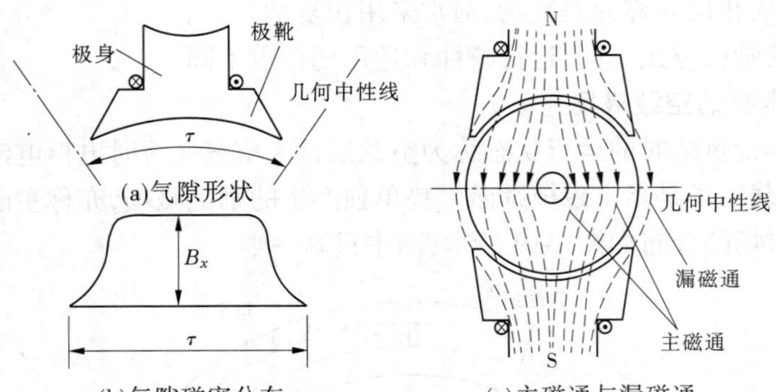

(a)气隙形状　(b)气隙磁密分布　(c)主磁通与漏磁通

图 1-20　空载磁场气隙磁密分布曲线

(三)直流电机的电枢反应

1. 直流电机的电枢反应

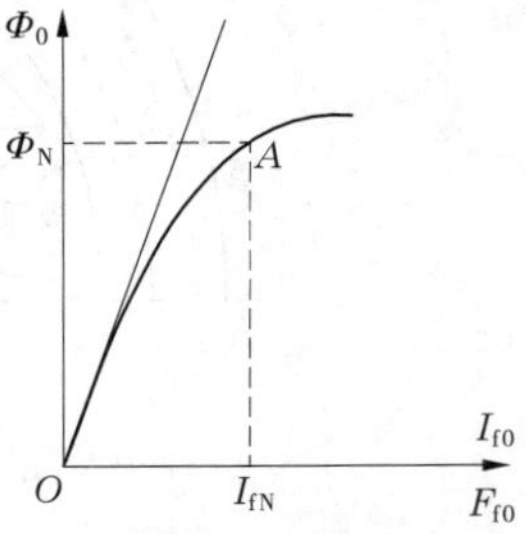

图 1-21　电机的空载磁化特性

直流电机负载时,电枢绕组流过电枢电流 I_a,产生电枢磁势 F_a,与励磁磁势 F_f 共同建立负载时的气隙合成磁密,必然会使原来的气隙磁密的分布发生变化。通常把电枢磁势对气隙磁密分布的影响称为电枢反应。

2. 直流电机的电枢磁场

为了解电枢反应的影响,下面先分析电枢磁势单独作用时在电机气隙中产生的电枢磁场。图 1-22 表示一台两极直流电机电枢磁势产生的电枢磁场分布情况,图中没有画出换向器,所以把电刷直接画在几何中性线处,以表示电刷是通过换向器与处在几何中性线上的元件边相接触的。由于电刷轴线上部所有元件构成一条支路,下部所有元件构成另一条支路,电枢元件边中电流的方向以电刷轴线为分界。图 1-22 中,设上部元件边中电流为出来,下部元件边电流是进去,由右手螺旋定则可知,电枢磁势的方向由左向右,电枢磁场轴线与电刷轴线相重合,均在几何中性线上,亦即与磁极轴线相重合。

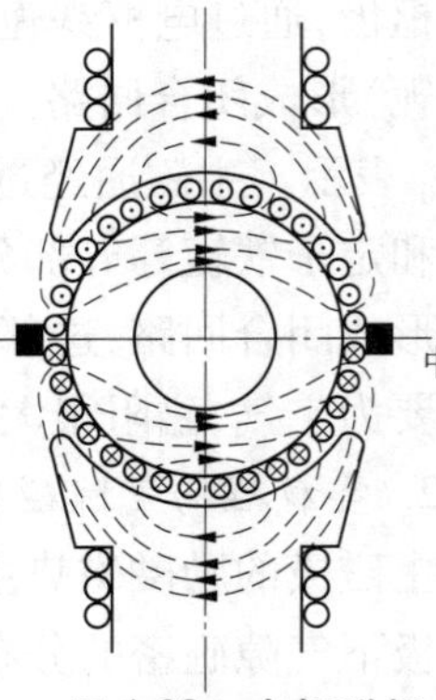

图 1-22　电枢磁场

下面分析一个整距元件磁势的分布情况。如果假设图 1-23(a)所示电机电枢绕组只有一个整距元件,其轴线与磁极轴线相垂直。该元件有 N_y 匝,元件中电流为 i_a,元件的磁势为 $N_y i_a$,由该元件所建立磁场的磁力线分布如图 1-23(a)所示,假想将此电机从几何中性线处切开展平,如图 1-23(b)所示。图中磁力线路径为闭合磁路,根据全电流定律,若忽略铁磁性材料的磁阻,并认为电机的气隙是均匀的,则每个气隙所消耗的磁势为 $N_y i_a/2$,一般取磁力线自电枢流出,进入定子时的磁势为正,反之为负。这样可得一个整匝绕组元件产生的磁势的分布情况,如图 1-23(b)所示。一个整匝元件所产生的电枢磁势在空间的分布为一个以两个极距为周期、幅值为 $N_y i_a/2$ 的矩形波。

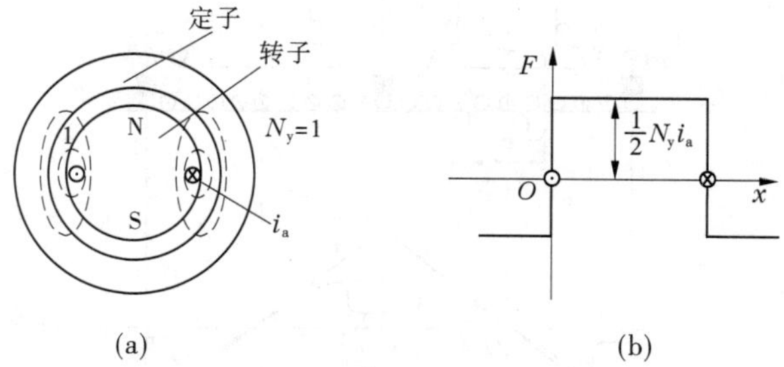

图 1-23　一个整距元件磁势

当电枢绕组有许多整矩元件均匀分布于电枢表面时，每一个元件产生的磁势仍是幅值为 $N_y i_a/2$ 的矩形波，将这许多个矩形波磁势叠加起来，可得电枢磁势在空间的分布为一个以两个极距 2τ 为周期的多级阶梯形波。当元件足够多时，可以近似地认为电枢磁势空间分布为三角波，三角波磁势的最大值在几何中性线位置，磁极中心线处为零，如图 1-24 所示。

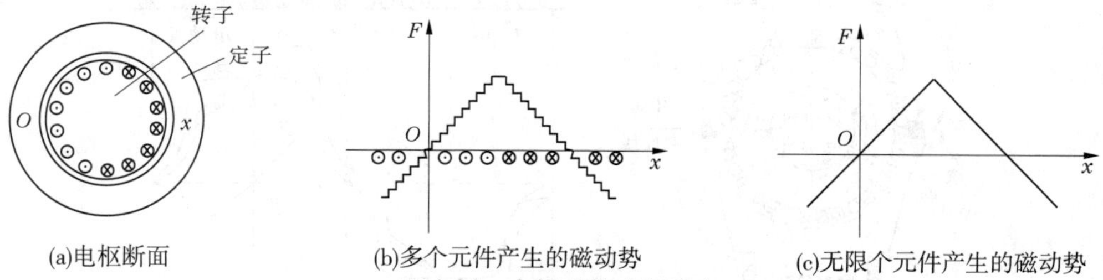

图 1-24　电枢磁势空间分布

如果忽略铁芯中的磁阻，认为电枢磁势全部消耗在气隙上，则根据磁路的欧姆定律，可得电枢磁场磁密的表达式为

$$B_{ax} = \mu_0 \frac{F_{ax}}{\delta} \tag{1-12}$$

式中　F_{ax}——气隙中 x 处的磁势；

B_{ax}——气隙中 x 处的磁密。

由式(1-12)可知，在磁极极靴下，气隙 δ 较小且变化不大。所以，气隙磁密与电枢磁势 F_{ax} 成正比，而在两磁极间的几何中性线附近，气隙 δ 较大，超过 F_{ax} 增加的程度，使 B_{ax} 反而减小，电枢磁场磁密分布波形为马鞍形，如图 1-25 所示。

3. 负载时的气隙合成磁场

1）不考虑磁路饱和时

如果磁路不饱和或不考虑磁路饱和现象，可以利用叠加原理，将空载磁场的气隙磁密分布曲线和电枢磁场的气隙磁密分布曲线相加，即得负载时气隙合成磁场的磁密分布曲线，如图 1-26 所示。可见，电枢反应的影响是使气隙磁场发生畸变，使半个磁极下的磁场加强，磁通增加；另半个磁极下的磁场减弱，磁通减少。由于增加和减少的磁通量相等，每磁极总磁通 Φ 维持不变。由于磁场发生畸变，电枢表面磁密等于零的物理中性线偏离了几何中性线。利用图 1-26 可以分析得知，对于发电机，物理中性线顺着旋转方向偏离几

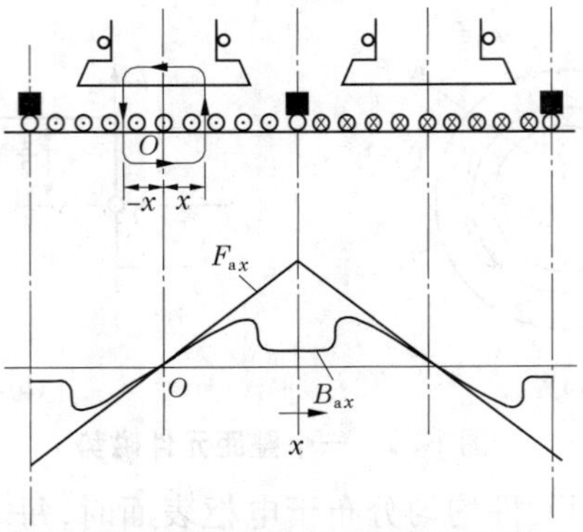

图 1-25　电枢磁场磁通密度分布波形

何中性线；而对于电动机，则是逆着旋转方向偏离几何中性线。

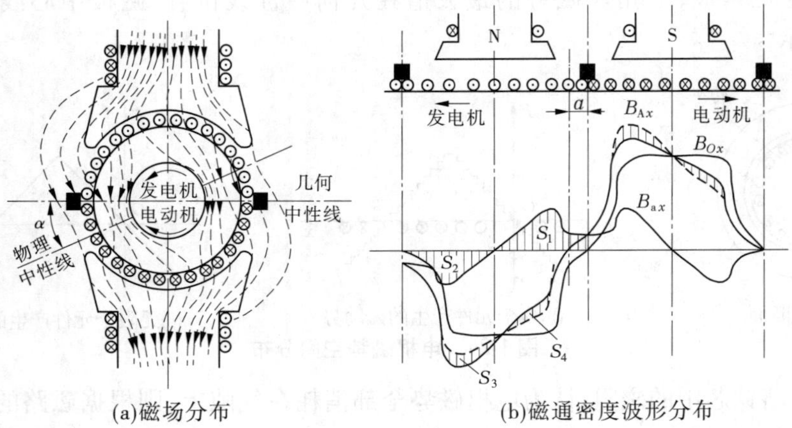

图 1-26　电刷放在几何中性线上时电枢反应

2）考虑磁路饱和时

考虑磁路饱和影响时，半个磁极下的磁场相加，由于饱和程度增加，磁阻增大，气隙磁密的实际值低于不考虑饱和时的代数和；另半个磁极下磁场减弱，饱和程度降低，磁阻减小，气隙磁密的实际值略大于不考虑饱和时的直接相加值，实际的气隙合成磁场磁密分布曲线如图 1-26 所示。由于铁磁性材料的非线性，减少的面积大于增加的面积，亦即半个磁极下减少的磁通大于另半个磁极下增加的磁通，使每极总磁通有所减小。

由以上分析可以得知，电刷放在几何中性线上时电枢反应的影响主要有：

(1)使气隙磁场发生畸变，半个磁极下磁场削弱，半个磁极下磁场加强。对发电机，是前极端（电枢进入端）的磁场削弱，后极端（电枢离开端）的磁场加强；电动机，则与此相反。

(2)气隙磁场的畸变使物理中性线偏离几何中性线。对发电机，是顺旋转方向偏离。

(3)考虑磁路饱和时，有去磁作用。因为磁路饱和时，半个极下增加磁通小于另半个极下减少的磁通，使每个极下总的磁通有所减小。

四、感应电动势和电磁转矩

（一）电枢绕组的感应电动势

电枢绕组的感应电动势是指直流电机正负电刷之间的感应电动势，也就是电枢绕组一条并联支路的电动势。电枢旋转时，电枢绕组元件边内的导体切割气隙合成磁场，产生感应电动势，由于气隙合成磁密在一个极下的分布不均匀，所以导体中感应电动势的大小是变化的。为分析方便起见，可把磁密看成是均匀分布的，取一个磁极下气隙磁密的平均值 B_{av}，从而可得一根导体在一个极距范围内切割气隙磁密产生的电动势平均值 e_{av}，其表达式为

$$e_{av} = B_{av} l v \tag{1-13}$$

式中　B_{av}——一个磁极下气隙磁密的平均值，称作平均磁通密度；

l——电枢导体的有效长度（槽内部分）；

v——电枢表面的线速度。

由于 $B_{av} = \frac{\Phi}{l\tau}, v = \frac{n}{60} 2p\tau$，则一根导体感应电动势的平均值为

$$e_{av} = \frac{\Phi}{l\tau} l \frac{n}{60} 2p\tau = \frac{2p}{60} \Phi n \tag{1-14}$$

设电枢绕组总的导体数为 $N(N = 2SN_y)$，则每一条并联支路总的串联导体数为 $\frac{N}{2a}$，因而电枢绕组的感应电动势为

$$E_a = \frac{N}{2a} e_{av} = \frac{N}{2a} \frac{2p}{60} \Phi n = \frac{pN}{60a} \Phi n = C_e \Phi n \tag{1-15}$$

式中，$C_e = \frac{pN}{60a}$ 称为直流电机的电动势常数，对已经制造好的电机来说是一个常数。每极磁通 Φ 的单位用 Wb（韦伯）、转速单位用 r/min 时，电动势 E_a 的单位为 V。

式(1-15)表明，对已制成的电机，电枢电动势与每极磁通和转速成正比。

在推导式(1-15)过程中，假定电枢绕组是整矩的（$y_1 = \tau$），如果是短距绕组（$y_1 < \tau$），电枢电动势将稍有减小，因为一般短距不大，影响很小，可以不予考虑。

式(1-15)中的 Φ 一般是指负载时气隙合成磁场的每极磁通。

（二）电枢绕组的电磁转矩

电枢绕组中流过电枢电流 I_a 时，元件的导体中流过支路电流 i_a，成为载流导体，在磁场中受到电磁力的作用，电磁力 f 的方向按左手定则确定。一根导体所受电磁力的大小为

$$f_x = B_x l i_a \tag{1-16}$$

如果仍把气隙合成磁场看成是均匀分布的，气隙磁密用平均值 B_{av} 表示，则每根导体所受电磁力的平均值为

$$f_{av} = B_{av} l i_a \tag{1-17}$$

一根导体所受电磁力形成的电磁转矩，其大小为

$$T_{av} = \frac{D}{2} f_{av} \tag{1-18}$$

式中　D——直流电机的电枢外径。

由于不同极性磁极下的电枢导体中电流的方向不同，所以电枢所有导体产生的电磁转矩方向都是一致的，因而电枢绕组的电磁转矩等于一根导体电磁转矩的平均值 T_{av} 乘以电枢绕组总的导体数 N，即

$$T_{em} = NT_{av} = NB_{av}li_a\frac{D}{2} = N\frac{\Phi}{l\tau}l\frac{I_a}{2a}\frac{2p\tau}{2\pi} = \frac{pN}{2\pi a}\Phi I_a = C_T\Phi I_a \tag{1-19}$$

式中，$C_T = \dfrac{pN}{2\pi a}$ 称为直流电机的转矩常数，对已制成的电机同样是一常数。磁通 Φ 的单位用 Wb、电流 I_a 的单位用 A 时，电磁转矩的单位为 N·m(牛·米)。

式(1-19)表明，对已制成的电机，电磁转矩与每极磁通和电枢电流成正比。

电枢电动势和电磁转矩公式是直流电机两个重要的公式，对于同一台直流电机，电动势常数和转矩常数之间具有以下关系

$$C_T = \frac{60a}{2\pi a}C_e = 9.55C_e \tag{1-20}$$

五、直流电动机

直流电机的运行是可逆的，即一台直流电机可作直流发电机运行，也可作直流电动机运行，下面先分析直流电动机的运行原理。

按励磁方式的不同，直流电动机可分为他励直流电动机、并励直流电动机、串励直流电动机和复励直流电动机等四类。一般情况下，额定励磁电压与电枢电压相等，他励和并励直流电动机无实质性区别。

本部分以他励直流电动机为重点进行介绍。

（一）直流电动机的基本方程式

图 1-27 所示为他励直流电动机。励磁绕组先接通励磁电源，励磁绕组中流过励磁电流 I_f 建立主磁场，然后接通直流电枢电源，电枢绕组中流过电枢电流 I_a，电枢元件导体中流过支路电流 i_a 与磁场作用产生电磁转矩 T_{em}，使电枢朝 T_{em} 的方向以转速 n 旋转，电枢旋转时，电枢导体又切割气隙合成磁场，产生电枢电动势 E_a，在电动机中，电动势的方向与电枢电流 I_a 的方向相反，称为反电动势。当电动机稳态运行时，根据图 1-27 中所设各量的正方向，有以下几个平衡关系式。

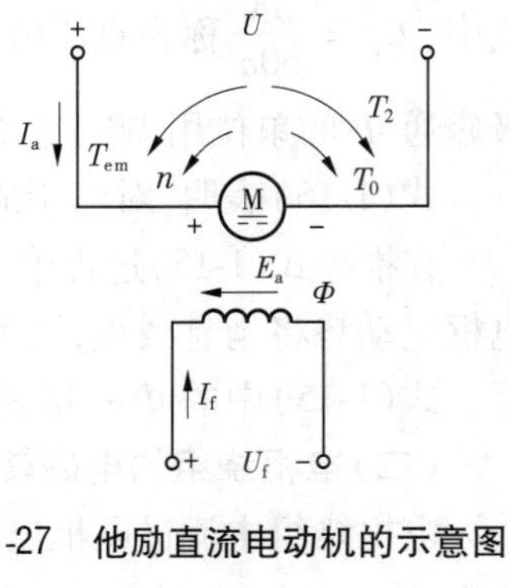

图 1-27　他励直流电动机的示意图

1. 电压平衡方程式

$$U = E_a + I_aR_a \tag{1-21}$$

式中　R_a——电枢回路总电阻，包括电刷和换向器之间的接触电阻。

式(1-21)表明，直流电动机在电动运行状态下，电枢电动势 E_a 总小于端电压 U。

2. 转矩平衡方程式

$$T_{em} = T_0 + T_2 \tag{1-22}$$

式中 T_{em}——电动机产生的电磁转矩；

T_0——电动机空载损耗对应的转矩，又称为空载转矩；

T_2——电动机轴上所带生产机械的负载转矩。

3. 功率平衡方程式

将式(1-21)两边乘以电枢电流 I_a，得

$$UI_a = (E_a + I_aR_a)I_a = E_aI_a + I_a^2R_a$$

可以写成

$$P_1 = UI_a = (E_a + I_aR_a)I_a = E_aI_a + I_a^2R_a = P_{em} + p_{Cua} \tag{1-23}$$

式中 P_1——电动机从电源输入的电功率；

P_{em}——电动机的电磁功率，$P_{em} = E_aI_a$；

p_{Cua}——电动机的电枢回路铜损耗，$p_{Cua} = I_a^2R_a$。

电磁功率又可写成

$$P_{em} = E_aI_a = \frac{pN}{60a}\Phi nI_a = \frac{pN}{60a}\Phi I_a\frac{60\Omega}{2\pi} = \frac{pN}{2\pi a}\Phi I_a\Omega = T_{em}\Omega \tag{1-24}$$

式中 Ω——电动机的机械角速度，$\Omega = \dfrac{2\pi n}{60}$，单位为 rad/s(弧度/秒)。

从式 $P_{em} = E_aI_a$ 可知，电磁功率具有电功率性质，从式 $P_{em} = T_{em}\Omega$ 可知，电磁功率又具有机械功率性质，其实质是电机由电能转换为机械能的那一部分功率。

将式(1-22)两边乘以机械角速度，得

$$T_{em}\Omega = T_0\Omega + T_2\Omega$$

可写成

$$P_{em} = p_0 + P_2 = p_{mec} + p_{Fe} + P_2 \tag{1-25}$$

式中 P_{em}——电动机的电磁功率，$P_{em} = T_{em}\Omega$；

P_2——电动机轴上输出的机械功率，$P_2 = T_2\Omega$；

p_0——电动机的空载损耗，$p_0 = T_0\Omega$，包括机械损耗 p_{mec} 和铁损耗 p_{Fe} 两部分。

由式(1-23)和式(1-25)可得他励直流电动机的功率平衡方程式

$$P_1 = P_2 + p_{Cua} + p_{mec} + p_{Fe} = P_2 + \sum p \tag{1-26}$$

式中 $\sum p$——直流电动机的总损耗，$\sum p = p_{Cua} + p_{mec} + p_{Fe}$。

(二)他励(并励)直流电动机的工作特性

直流电动机的工作特性是指当电动机的端电压 $U = U_N$，励磁电流 $I_f = I_{fN}$，电枢回路不串外加电阻时，转速 n、电磁转矩 T_{em}、效率 η 分别与电枢电流 I_a 之间的关系。他励和并励直流电动机的工作特性相同，分别如下。

1. 转速特性 $n = f(I_a)$

当电动机的端电压 $U = U_N$，励磁电流 $I_f = I_{fN}$，电枢回路不串外加电阻时，转速 n 与电枢电流 I_a 之间的关系 $n = f(I_a)$ 称为转速特性。

将 $E_a = C_e\Phi n$ 代入 $U = E_a + I_aR_a$，可得

$$n = \frac{U}{C_e\Phi} - \frac{R_a}{C_e\Phi}I_a \tag{1-27}$$

如果 $\Phi=\Phi_N$ 保持不变，则 I_a 增加时，转速 n 下降，但因 R_a 一般很小，所以转速 n 下降不多，$n=f(I_a)$ 为一条稍稍向下倾斜的直线，如图1-28所示。如果考虑电枢反应的影响，则随着 I_a 的增大，Φ 将减小，因而使转速特性出现上翘现象，如图1-28中的虚线所示。

2. 转矩特性 $T_{em}=f(I_a)$

当电动机的端电压 $U=U_N$，励磁电流 $I_f=I_{fN}$，电枢回路不串外加电阻时，电磁转矩 T_{em} 与电枢电流 I_a 之间的关系 $T_{em}=f(I_a)$ 称为转矩特性。

由 $T_{em}=C_T\Phi I_a$ 可知，不考虑电枢反应影响，$\Phi=\Phi_N$ 不变，T_{em} 与 I_a 成正比，转矩特性为过原点的直线。如果考虑电枢反应的去磁作用，则当 I_a 增大时，转矩特性略为向下弯曲，如图1-28所示。

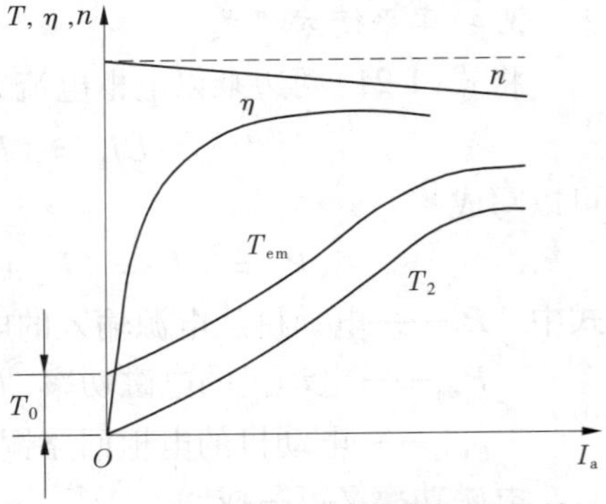

图1-28　他励直流电动机的工作特性

3. 效率特性 $\eta=f(I_a)$

当电动机的端电压 $U=U_N$，励磁电流 $I_f=I_{fN}$，电枢回路不串外加电阻时，效率 η 与电枢电流 I_a 的关系 $\eta=f(I_a)$ 称为效率特性。

他励直流电动机的效率

$$\eta=\frac{P_2}{P_1}\times 100\%=\left(1-\frac{\sum p}{P_1}\right)\times 100\%=\left(1-\frac{p_{Fe}+p_{mec}+p_{Cua}}{UI_a}\right)\times 100\% \quad (1\text{-}28)$$

式(1-29)中，铁损耗 p_{Fe} 是电机旋转时电枢铁芯切割气隙磁场而引起的涡流损耗与磁滞损耗之和，其大小取决于气隙磁密与转速；机械损耗 p_{mec} 包括轴承及电刷的摩擦损耗和通风损耗，其大小主要取决于转速。由此可以看出，以上损耗都不随电枢电流变化，亦即不随负载变化，通常将这些损耗之和称为不变损耗。电枢回路的铜损耗 $p_{Cua}=I_a^2R_a$，与电枢电流的平方成正比，亦即随负载的变化而变化，故称为可变损耗。

当电枢电流 I_a 开始由零增大时，可变损耗增加缓慢，总损耗变化小，效率 η 明显上升，由 $\frac{d\eta}{di_a}=0$，可求得当 I_a 增大到电动机的不变损耗等于可变损耗时，电动机的效率达到最高。即效率最高时有

$$p_{Cua}=p_{mec}+p_{Fe} \quad (1\text{-}29)$$

I_a 再进一步增大时，可变损耗在总损耗中所占的比例大了，可变损耗和总损耗都将明显上升，效率 η 反而略为下降，效率特性如图1-28所示。一般电动机在负载为额定值的75%左右时效率最高。

（三）串励直流电动机的工作特性

串励直流电动机最根本的特点是励磁绕组与电枢绕组串联，励磁电流 I_f 就是电枢电流 I_a，即 $I_f=I_a$，因而其工作特性与他励（并励）直流电动机有明显的不同。

1. 转速特性

串励直流电动机的电压平衡方程式为

$$U=E_a+I_aR_a+I_aR_f=E_a+I_a(R_a+R_f)=E_a+I_aR'_a \quad (1\text{-}30)$$

式中，$R'_a=R_a+R_f$，为串励电动机的总电阻，R_f 为串励绕组的电阻。

将 $E_a=C_e\Phi n$ 代入式(1-30)，可得

$$n = \frac{U}{C_e\Phi} - \frac{R'}{C_e\Phi}I_a \tag{1-31}$$

当 $I_f = I_a$ 较小时，磁路没有饱和，$\Phi = k_f I_f = k_f I_a$，代入式(1-32)可得

$$n = \frac{U}{C_e k_f I_a} - \frac{R'_a}{C_e k_f I_a}I_a = \frac{U}{C'_e I_a} - \frac{R'_a}{C'_e} \tag{1-32}$$

式中，$C'_e = k_f C_e$，同样为一常数；k_f 为磁通与励磁电流的比例系数。

由式(1-32)可知，当电枢电流不大时，串励直流电动机的转速特性具有双曲线性质，即转速随电枢电流增大而迅速降低。当电枢电流较大时，由于磁路趋于饱和，磁通近似为常数，转速特性与他励(并励)时相似，为稍稍向下倾斜的直线，如图1-29所示。

要注意的是，当电枢电流较小时，电动机的转速将升得很高。这是因为 I_a 较小时，气隙磁通 Φ 和电阻压降 $I_a R'_a$ 均很小，为使 $E_a = C_e\Phi n$ 能与电源电压 U 相平衡，转速 n 必须很高才行。理论上，I_a 接近于零时，电动机转速将趋近于无穷大，称作“飞车”现象，将导致电机损坏，所以串励直流电动机不允许在空载或轻载下运行。

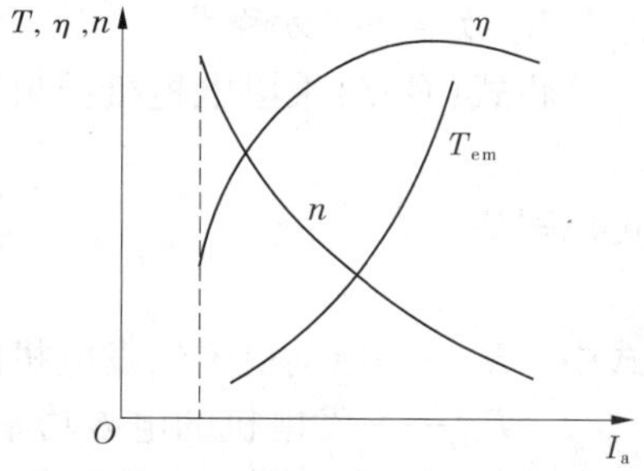

图1-29 串励直流电动机的工作特性

2. 转矩特性

串励时，电动机的电磁转矩为

$$T_{em} = C_T\Phi I_a = C_T k_f I_a^2 = C'_T I_a^2 \tag{1-33}$$

式中，$C'_T = C_T k_f$，对已制成的电机，磁路不饱和时为常数。

式(1-33)表明，电磁转矩与电枢电流的平方成正比，转矩特性如图1-29所示。这一特性使串励直流电动机在同样电流限值(一般为预定电流的2倍左右)下具有比他励直流电动机大得多的启动转矩和最大转矩，因而可用于启动能力或过载能力要求较高的场合，如拖动闸门、电力机车等负载。

3. 效率特性

串励直流电动机的效率特性与他励(并励)直流电动机的基本相同，如图1-29所示。

六、直流发电机

同样，根据励磁方式的不同，直流发电机可以分为他励直流发电机、并励直流发电机、串励直流发电机和复励直流发电机。励磁方式不同，发电机的特性也有所不同。

(一)直流发电机的基本方程式

图1-30为一台他励直流发电机的示意图。直流发电机的电枢旋转时，电枢绕组切割主磁通，产生电枢电动势 E_a，如果外电路接有负载，则产生电枢电流 I_a。按发电机惯例，E_a 的正方向与 I_a 相同，端电压 U 的正方向与 I_a 相同。根据图1-30中所示电枢回路各量正方向，可得以下直流发电机的基本方程式。

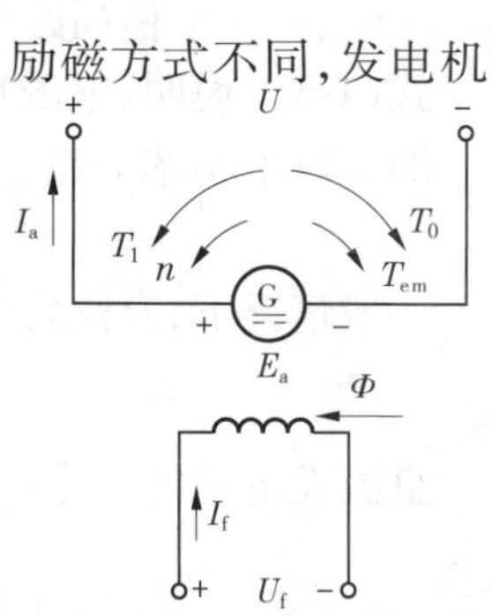

图1-30 他励直流发电机

1. 电动势平衡方程式

$$U = E_a - I_a R_a \tag{1-34}$$

式(1-34)表明,直流发电机的端电压 U 等于电枢电动势减去电枢回路内部的电阻压降,所以电枢电动势 E_a 应大于端电压 U。

2. 转矩平衡方程式

$$T_1 = T_{em} + T_0 \tag{1-35}$$

式中 T_1——原动机的拖动转矩;

T_{em}——电磁转矩;

T_0——发电机的机械损耗及铁损耗引起的空载损耗转矩。

3. 功率平衡方程式

将式(1-35)乘以电枢机械角速度 Ω,得

$$T_1\Omega = T_{em}\Omega + T_0\Omega$$

可以写成

$$P_1 = P_{em} + p_0 \tag{1-36}$$

式中 P_1——原动机输给发电机的机械功率,即输入功率,$P_1 = T_1\Omega$;

P_{em}——发电机的电磁功率,$P_{em} = T_{em}\Omega$;

p_0——发电机的空载损耗功率,$p_0 = T_0\Omega$,直流发电机的空载损耗功率同样包括机械损耗 p_{mec} 和铁损耗 p_{Fe}。

发电机的电磁功率

$$P_{em} = T_{em}\Omega = \frac{pN}{2\pi a}\Phi I_a \frac{2\pi n}{60} = \frac{pN}{60a}\Phi I_a n = E_a I_a \tag{1-37}$$

和直流电动机一样,直流发电机的电磁功率既具有机械功率的性质,又具有电功率的性质,所以电磁功率是机械能转换为电能的那一部分功率。

式(1-36)表明,发电机输入的功率 P_1,其中一小部分供给空载损耗 p_0,大部分为电磁功率,由机械功率转换为电功率。

将式(1-34)两边乘以电枢电流 I_a,得

$$UI_a = E_a I_a - I_a^2 R_a$$

即

$$P_2 = P_{em} - p_{Cua} \tag{1-38}$$

式中 P_2——发电机输出的电功率,$P_2 = UI_a$;

p_{Cua}——电枢回路铜损耗,$p_{Cua} = I_a^2 R_a$。

式(1-38)说明,电磁功率扣除电枢回路铜损耗,余下部分为输出电功率。

综合以上功率关系,可得功率平衡方程式

$$P_1 = P_{em} + p_0 = P_2 + p_{Cua} + p_{mec} + p_{Fe} \tag{1-39}$$

一般情况下,直流发电机的总损耗

$$\sum p = p_{Cua} + p_{Fe} + p_{mec} \tag{1-40}$$

直流发电机的效率

$$\eta = \frac{P_2}{P_1} \times 100\% = \left(1 - \frac{\sum p}{P_2 + \sum p}\right) \times 100\% \tag{1-41}$$

（二）他励直流发电机的运行特性

直流发电机运行时的主要物理量有四个，它们的大小决定发电机的特性，它们分别是电枢端电压 U、励磁电流 I_f、负载电流 I（他励时 $I = I_a$）和转速 n。其中，转速 n 由原动机确定，一般保持为额定值不变。因此，运行特性就是电枢端电压 U、励磁电流 I_f、负载电流 I 三个物理量保持其中一个不变时，另外两个物理量之间的关系。显然，运行特性应有三个。

1. 空载特性

当 $n = n_N$、$I_a = 0$ 时，端电压 U_0 与励磁电流 I_f 之间的关系 $U_0 = f(I_f)$ 称为空载特性。他励直流发电机的空载特性如图 1-31 所示。由于铁磁性材料存在磁滞现象，所以特性的上升分支和下降分支不重合，一般取其平均值作为该电机的空载特性，称为平均空载特性。

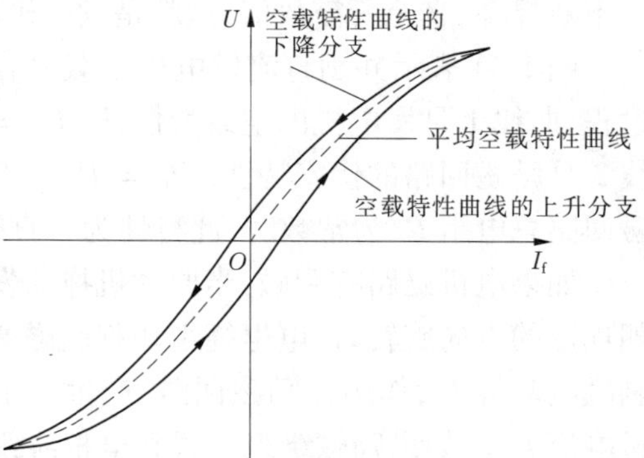

图 1-31　他励直流发电机的空载特性

空载时，他励发电机的端电压 $U_0 = E_a = C_e \Phi n$。n 为常数时，$U_0 \propto \Phi$，所以空载特性 $U_0 = f(I_f)$ 与电机的空载磁化特性 $\Phi = f(I_f)$ 相似，都是一条饱和曲线。

2. 外特性

当 $n = n_N$、$I_f = I_{fN}$ 时，端电压 U 与负载电流 I 之间的关系 $U = f(I)$ 称为外特性。他励直流发电机的外特性是一条稍稍向下倾斜的曲线，如图 1-32 曲线 1 所示（图中曲线 2 为并励发电机的外特性）。使端电压 U 下降的原因有两个：一是当 $I = I_a$ 增大时，电枢回路电阻上压降 $I_a R_a$ 增大，引起端电压下降；二是当 $I = I_a$ 增大时，电枢磁势增大，电枢反应的去磁作用使每极磁通 Φ 减小，E_a 减小，从而引起端电压 U 下降。

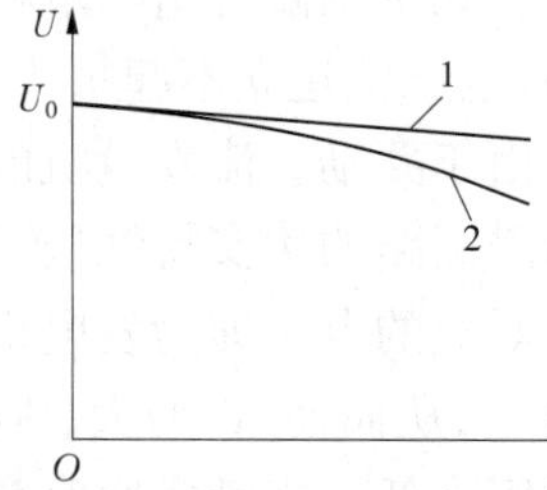

图 1-32　直流发电机的外特性

发电机端电压随负载电流增大而降低的程度用电压变化率来表示。电压变化率是指 $n = n_N$、$I_f = I_{fN}$ 时发电机由额定负载（$U = U_N$、$I = I_N$）过渡到空载（$U = U_0$、$I = 0$）时电压升高的数值对额定电压的百分比，用 ΔU 表示，即

$$\Delta U = \frac{U_0 - U_N}{U_N} \times 100\% \tag{1-42}$$

电压变化率 ΔU 是衡量发电机运行性能的一个重要数据，一般他励发电机的电压变化率为 5% ~10%。

3. 调节特性

当 $n = n_N$、电压 U 为常数时，励磁电流 I_f 与负载电流 I 之间的关系 $I_f = f(I)$ 称为调节特性。他励直流发电机的调节特性如图 1-33 所示。由图 1-33 可见，调节特性是随负载电流增大而上翘的。这是因为随负载电流的增大，电压有下降趋势。为维持电压不变，就必须

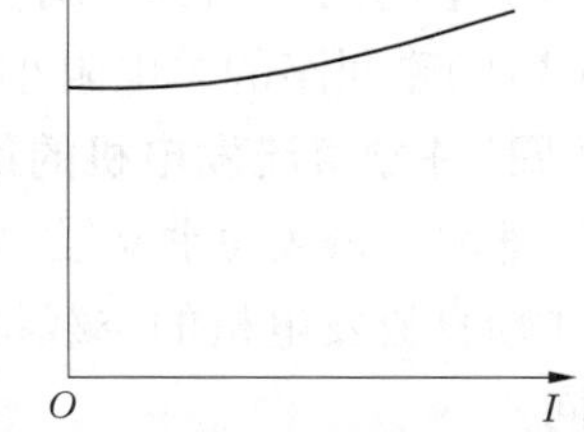

图 1-33　他励直流发电机的调节特性

增大励磁电流，以补偿电阻压降和电枢反应去磁作用的增加。由于电枢反应的去磁作用与负载电流的关系是非线性的，所以调节特性也不是直线。

（三）并励直流发电机的自励

并励直流发电机不需要其他直流电源励磁，使用方便，应用较广，但开始时，励磁电压为零，励磁电流也为零，如何在一定条件下，使发电机的端电压和励磁电流互相促进，使电压不断提高，直至所需数值，这就是发电机的自励建压过程。

图 1-34 表示并励直流发电机空载时自励建压的过程，曲线 1 是发电机的空载特性，即 $U_0 = f(I_f)$；曲线 2 是励磁回路的伏安特性，$U_0 = U_f = f(I_f)$，当励磁回路总电阻 R_f 为常数时，此特性为一直线。

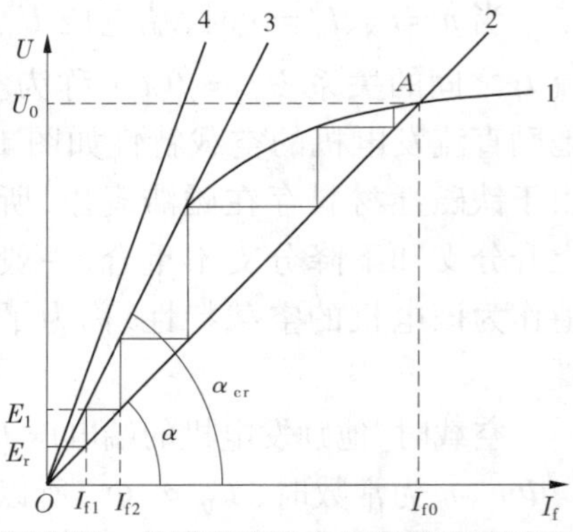

图 1-34 并励直流发电机自励建压过程

如果电机磁路有剩磁，当原动机拖动发电机电枢朝规定的方向旋转时，电枢绕组切割剩磁产生不大的剩磁电动势 E_r，作用在励磁回路，产生一个很小的励磁电流 I_{f1}。如果励磁绕组并联到电枢绕组的极性正确，则 I_{f1} 产生的励磁磁通与剩磁磁通方向一致，使总磁通增加，感应电动势增大为 E_1，励磁电流随之增大为 I_{f2}。如此互相促进，不断增长，空载电压就能建立起来。如果励磁绕组与电枢两端的连接不正确，使励磁磁通与剩磁磁通方向相反，剩磁被削弱，电压就建立不起来。

由于并励直流发电机的自励过程结束，进入稳态运行时，既要满足空载特性，又要满足励磁回路的伏安特性（亦称磁场电阻线），因此最后必然稳定在两条特性的交点 A。A 点所对应的电压即为发电机自励建立起来的空载电压。显然，如果增大励磁回路的调节电阻 r_f，从而使 R_f 增大，则励磁回路伏安特性的斜率加大，A 点沿空载特性曲线下移，空载电压降低。当励磁回路总电阻增加到 R_{cr} 时，伏安特性与空载特性直线部分相切（曲线 3），没有明确的交点，空载电压没有稳定值，这时励磁回路的电阻值 R_{cr} 称为临界电阻。如果励磁回路电阻大于临界电阻 R_{cr}，伏安特性如曲线 4 所示，$U_0 = E_r$，空载电压就建立不起来。

综上所述，并励直流发电机自励建压必须满足以下三个条件：

（1）电机磁路中要有剩磁。如果电机磁路中没有剩磁，可用其他直流电源（例如干电池）短时加于励磁绕组给主磁极充磁。

（2）励磁绕组并联到电枢两端的极性正确。如果并联极性不正确，可将并励绕组并到电枢绕组的两个端头对调。

（3）励磁回路的总电阻小于该转速下的临界电阻。

（四）并励直流发电机的运行特性

1. 并励直流发电机的空载持性

并励直流发电机的空载特性一般是在他励方式下测得的，特性形状与他励直流发电机相同。

2. 并励直流发电机的外特性

当 $n = n_N$、R_f 为常数时，端电压 U 与负载电流 I 之间的关系 $U = f(I)$ 称为并励直流发电机的外特性，如图 1-32 中曲线 2 所示（曲线 1 为他励时的外特性）。

比较曲线 1 和 2 可以看出，并励直流发电机的外特性向下倾斜的程度超过他励，因为并励直流发电机的负载电流增大时，除他励时电枢回路电阻压降和电枢反应去磁作用使端电压下降外，由于端电压下降时必将引起励磁电流减小，使每极磁通和感应电动势减小，从而使端电压进一步降低，所以并励直流发电机的电压变化率比他励时大，一般可达 10% ~15%，有时可达 30%。

3. 并励直流发电机的调节特性

并励直流发电机的调节特性与他励直流电动机的基本相同。由于并励直流发电机负载电流增大时电压下降较多，为维持电压恒定所需增加的励磁电流也就较大，所以调节特性上翘程度超过他励。

七、直流电机的换向

（一）换向的基本概念

直流电机运行时，随着电枢的转动，电枢绕组中的一个元件经过电刷从一条支路转换到另一条支路时，元件中的电流随之改变方向的过程，称为换向。现以图 1-35 所示单叠绕组为例来说明直流电机一个元件的换向过程。

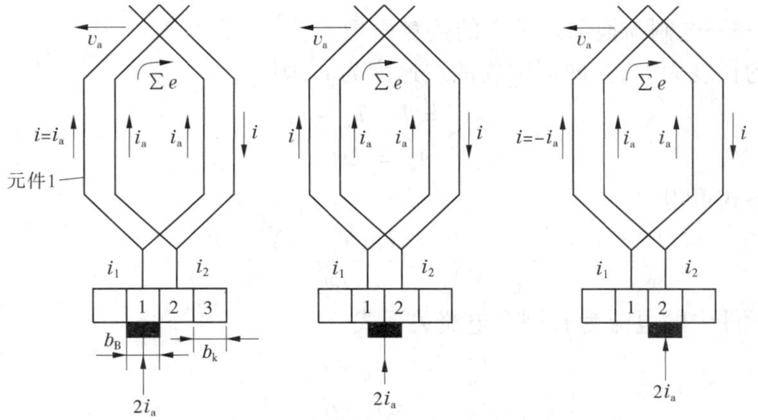

图 1-35 直流电机一个元件的换向过程

设电刷宽度等于一片换向片的宽度，电枢从右向左运动。换向开始时，电刷正好与换向片 1 完全接触，元件 1 位于电刷右边一条支路，设电流为 i_a，方向为顺时针。换向过程中，电刷同时与换向片 1 和 2 接触，1 号元件被短路. 元件中电流为 i，当电枢转动到电刷与换向片 2 完全接触时，1 号元件从电刷右边的支路进入电刷左边的支路，电流变为逆时针方向，即为 $-i_a$，至此，1 号元件换向结束。处于换向过程中的元件称为换向元件，从换向开始到换向结束所经历的时间称为换向周期，用 T_k 表示。直流电机的换向周期 T_k 一般只有千分之几秒甚至更短的时间，但换向的过程比较复杂，而且如果换向不良，会在电刷与换向器之间产生较大的火花。微弱的火花，对直流电机的正常运行没有影响，如果火花超过一定限度，就会烧坏电刷和换向器，使电机不能正常工作。国家标准将火花的大小划分为5个等级，如果没有特殊说明，对正常工作的直流电机，火花等级不超过1.5级；在短时过载情况下，火花不得超过2级。

（二）换向的种类与电磁性火花

产生换向火花的原因有多种，最主要的是电磁原因，为此先分析电磁原因产生的电磁性火花。

1. 直线换向

换向元件中的电流取决于该元件中的感应电动势和回路的电阻。假设换向元件中没有任何电动势，且将换向元件、引线与换向片的电阻均忽略不计，回路中只有电刷与换向片1的接触电阻 r_1 和电刷与换向片2的接触电阻 r_2，则换向元件中的电流只取决于回路中的电阻 r_1 和 r_2 的大小，这种换向情况称为电阻换向。

根据基尔霍夫电压定律，可得换向元件回路的电压方程式为

$$i_1 r_1 - i_2 r_2 = 0$$

$$\frac{i_1}{i_2} = \frac{r_2}{r_1} \tag{1-43}$$

式中 i_1、i_2——流过换向片1、2的电流。

电刷与换向片之间的接触电阻与接触面积成反比，即

$$\frac{r_2}{r_1} = \frac{A_1}{A_2} \tag{1-44}$$

式中 A_1、A_2——电刷与换向片1、2的接触面积。

设电刷的长度为 L，换向器圆周的线速度为 v，则

$$A_1 = Lv(T_k - t) \tag{1-45}$$

$$A_2 = Lvt \tag{1-46}$$

由以上各式可得

$$\frac{i_1}{i_2} = \frac{r_2}{r_1} = \frac{A_1}{A_2} = \frac{Lv(T_k - t)}{Lvt} = \frac{T_k - t}{t} \tag{1-47}$$

设换向元件中的电流为 i，则有电流关系式

$$i_1 = i_a + i$$

$$i_2 = i_a - i \tag{1-48}$$

由式(1-47)和式(1-48)得到

$$\frac{i_a + i}{i_a - i} = \frac{T_k - t}{t} \tag{1-49}$$

解得换向电流 i 为

$$i = i_a\left(1 - \frac{2t}{T_k}\right) \tag{1-50}$$

换向过程中，换向元件的电流 i 均匀地由 i_a 变为 $-i_a$，变化过程为一条直线，如图1-36所示，这种换向称为直线换向。直线换向时不产生火花，故又称为理想换向。

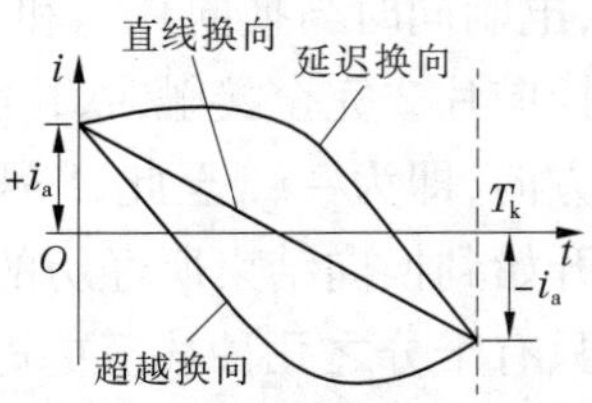

图1-36 换向电流的变化曲线

2. 延迟换向和电磁性火花

实际上,换向元件回路中会有电抗电动势和旋转电动势存在,对换向产生不利影响。

1)电抗电动势

换向元件中的电流在换向周期 T_k 内,由 i_a 变为 $-i_a$,必将在换向元件中产生自感电动势 e_L;另外,实际电机的电刷宽度通常为 2~3 片换向片宽,因而相邻几个元件同时进行换向,由于互感作用,换向元件中还会产生由于相邻元件电流变化时在本元件中引起的互感电动势,用 e_M 表示。通常将自感电动势 e_L 和互感电动势 e_M 合起来,称为电抗电动势,用 e_r 表示,故有

$$e_r = e_L + e_M = -(L + M)\frac{di}{dt} = -L_r\frac{di}{dt} \tag{1-51}$$

式中 L_r——换向元件的电感系数, $L_r = L + M$;

L——换向元件的自感系数;

M——换向元件的互感系数。

根据楞次定律可知,电抗电动势 e_r 的作用总是阻碍电流变化的,因此 e_r 的方向与元件换向前电流 i_a 的方向相同。

2)旋转电动势

电枢反应使磁场发生畸变,使几何中性线附近存在电枢磁势产生的磁场(马鞍形分布的凹部),换向元件旋转时切割此电枢磁场所感应的电动势称为旋转电动势,也称为电枢反应电动势,用 e_a 表示。

$$e_a = 2N_cB_alv_a \tag{1-52}$$

式中 N_c——元件的匝数;

B_a——换向元件边所在处的气隙磁密;

l——元件边导体的有效长度;

v_a——电枢表面线速度。

参看图 1-35,用右手定则可以确定,无论是在电动机还是发电机运行状态,换向元件切割电枢磁场所产生的旋转电动势 e_a,总与元件换向前电流 i_a 的方向相同。

电抗电动势 e_r 和旋转电动势 e_a 的方向相同,都企图阻碍换向元件中电流的变化,使换向电流的变化延迟,这种情况称为延迟换向,如图 1-36 所示。显然,延迟换向曲线与直线换向曲线的电流之差就是电动势($e_r + e_a$)在换向元件中产生的电流,称为附加换向电流,用 i_k 表示。

$$i_k = \frac{\sum e}{r_1 + r_2} = \frac{e_r + e_a}{r_1 + r_2} \tag{1-53}$$

附加换向电流 i_k 的方向与换向前电流 i_a 的方向相同。

当 $\sum e$ 足够大时,在该元件换向结束瞬间,即 $t = T_k$ 时,附加换向电流 $i_k \neq 0$ 而为 i_{kT},所以换向元件中还贮存一部分磁场能量 $L_r i_{kT}^2/2$,由于能量不能突变,$L_r i_{kT}^2/2$ 就会以弧光放电的形式释放出来,因而在电刷与换向片之间产生火花,这种由电磁原因产生的火

花称为电磁性火花。

从 $e_r = -L_r \frac{di}{dt}$ 和 $e_a = 2W_c B_a l v_a$ 可以看出,两者均和电枢电流与转速成正比,所以大电流、高转速电机的电磁性火花大,换向较为困难。

(三)产生火花的其他原因

产生换向火花的原因是复杂的,除上面分析过的电磁原因外,还有机械方面和化学方面的原因。

1. 机械原因

产生换向火花的机械原因有很多,主要是由于换向器偏心、换向片片间云母绝缘凸出、转子平衡不良、电刷在刷握中松动、电刷压力过大或过小、电刷与换向器的接触面研磨得不好造成接触不良,等等。为使电机能正常工作,应经常进行检查、维护和保养。

2. 化学原因

电机运行时,由于空气中氧气、水蒸气以及电流通过时热和电化学的综合作用,在换向器表面形成一层氧化亚铜薄膜,这层薄膜有较高的电阻值,能有效地限制换向元件中的附加换向电流 i_k,有利于换向。同时,薄膜吸附的潮气和石墨粉能起润滑作用,使电刷与换向器之间保持良好而稳定的接触。电机运行时,由于电刷的摩擦作用,氧化亚铜薄膜经常遭到破坏,可在正常使用环境中,新的氧化亚铜薄膜又能不断生成,对换向不会有影响。如果周围环境氧气稀薄、空气干燥或者电刷压力过大,氧化亚铜薄膜难以生成,或者周围环境中存在化学腐蚀性气体能破坏氧化亚铜薄膜,都将使换向困难,火花变大。

(四)改善换向的方法

改善换向的目的在于消除或削弱电刷下的火花。产生火花的原因是多方面的,其中最主要的是电磁原因,为此下面分析如何消除或削弱电磁原因引起的电磁性火花。

产生电磁性火花的直接原因是附加换向电流 i_k,为改善换向,必须限制附加换向电流 i_k,由式(1-53)可知,欲限制 i_k,应设法增大电刷与换向器之间的接触电阻 r_1 和 r_2,或者减小换向元件中的感应电动势 $e_r + e_a$。为此,改善换向的方法一般有以下两种。

1. 选用合适的电刷,增加电刷与换向器之间的接触电阻

电机用电刷的规格型号很多,其中“炭－石墨”电刷的接触电阻最大,石墨电刷和电化石墨电刷次之,“铜－石墨”电刷的接触电阻最小。

直流电机如果选用接触电阻大的电刷,有利于换向,但接触压降较大,电能损耗大,发热厉害。同时,由于这种电刷允许电流密度较小,电刷接触面积和换向器尺寸以及电刷的摩擦都将增大。设计制造电机时综合考虑这两方面的因素,选择了恰当的电刷牌号。为此,在使用维修中,欲更换电刷时,必须选用与原来同一牌号的电刷,如果实在配不到相同牌号的电刷,那就尽量选择特性与原来相接近的电刷,并全部更换。

2. 装设换向极

换向极装设在相邻两主磁极之间的几何中性线上,如图 1-37 所示。

几何中性线附近一个不大的区域称为换向区,是换向元件的元件边在换向过程中所转过的区域。换向极的作用是在换向区产生换向极磁势,首先抵消换向区内电枢磁势的作用,从而消除换向元件中电枢反应电动势(旋转电动势)e_a 的影响,同时在换向区建立

一个换向极磁场,其方向与电枢反应磁场方向相反,使换向元件切割该磁场时产生一个与电抗电动势 e_r 大小相等或近似相等,而方向与之相反的附加电动势 e_k,以抵消或明显削弱电抗电动势 e_r,从而使换向元件回路中的合成电动势 $\sum e$ 为零或接近于零,换向过程为直线换向或接近于直线换向,达到减小火花的目的。

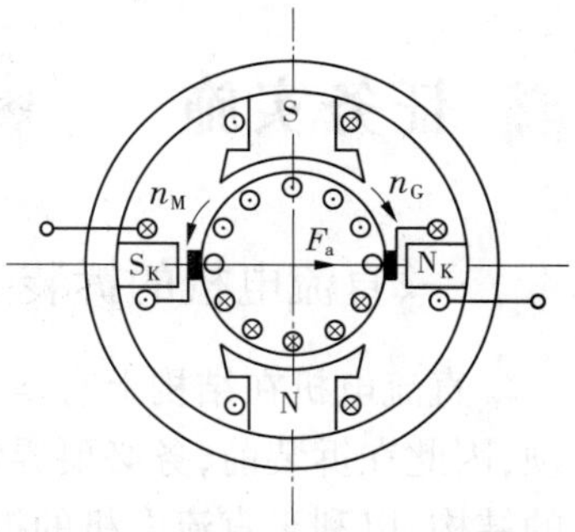

图 1-37　用换向极改善换向

为使附加电动势 e_k 的方向与电抗电动势 e_r 的方向相反,亦即使 e_k 的方向与旋转电动势 e_a 的方向相反,就必须使换向极磁势的方向与电枢磁势 F_a 的方向相反。由图 1-37 可以看出,对发电机,换向极的极性应与顺电枢旋转方向下一个主磁极的极性相同;对电动机,换向极的极性应与顺电枢旋转方向下一个主磁极的极性相反。

电枢磁势和电抗电动势 e_r 均与电枢电流成正比,为使换向极磁势在电枢电流随负载大小变化时,都能抵消电枢磁势的影响并产生与 e_r 相等或近似相等的附加电动势 e_k,换向极绕组应与电枢绕组串联,并使换向极磁路处于不饱和状态,从而保证负载变化时换向元件回路中的总电动势接近于零,都有良好的换向。

装设换向极是改善换向最有效的方法,容量在 1 kW 以上的直流电机几乎都装有与主磁极数目相等的换向极。

(五)环火与补偿绕组

1. 产生环火的原因

电枢反应使磁场发生畸变,特别是负载较大时,气隙磁密分布严重畸变,元件边处于磁密最大位置的元件感应电动势很大,相应的换向片之间的电位差 U_{kx} 也就很大。当此换向片间的电位差超过一定限度时,会使换向片之间的空气电离击穿,产生所谓电位差火花。在换向不利的情况下,这种电位差火花会和电刷与换向器之间的换向火花连成一片,形成跨越正、负电刷之间的电弧,使整个换向器被一圈火环所包围,这种现象称为环火。环火发生时,轻则烧坏电刷和换向器,严重时会烧坏电枢绕组,使电机无法运行。

2. 防止环火的措施

由以上分析可知,产生环火的主要原因是电枢磁势使磁场发生畸变,为防止环火,必须设法克服电枢磁势对气隙磁场的影响,有效的办法是在主磁极上装置补偿绕组。主磁极极靴上开有均匀分布的槽,槽内嵌放补偿绕组,使补偿绕组电流的方向与所对应的主磁极下电枢绕组的电流方向相反,确保补偿绕组磁势和电枢反应磁势的方向相反,从而补偿电枢反应磁势的影响。为了使补偿作用在任何负载下都能抵消或明显削弱电枢反应磁势的影响,补偿绕组应与电枢绕组串联。

装置补偿绕组可以提高电机运行的可靠性,但使电机结构复杂,成本提高,一般仅用于负载变化剧烈、换向比较困难的大、中型电机。

任务实施

一、直流电机的拆装工艺

直流电机在结构上有换向器、电刷的存在,给直流电机的拆装带来了一定的困难和麻烦,因此在拆装前,务必要弄清直流电机结构上的特点,特别是要了解换向器和电刷装置的结构,以利于直流电机的拆装。

(一)直流电机的拆卸步骤

(1)拆除电机的外部连接线,并做好标记。

(2)拆卸皮带轮或联轴器。

(3)拆卸换向器侧的端盖螺丝和轴承外盖螺丝,并取下轴承外盖。

(4)打开端盖的通风窗,从刷握中取出电刷,再拆卸接在刷杆上的连接线。

(5)拆卸换向器侧的端盖,取出刷架。

(6)用厚纸或布将换向器包好,以保持清洁及避免碰伤。

(7)拆卸轴伸侧的端盖螺丝,将电枢同端盖一起抽出,并放在木架上。

(8)拆卸轴伸侧的轴承外盖螺丝,取下轴承外盖、端盖及轴承,若轴承无损坏则不必拆卸。

(二)直流电机的装配

按拆卸时的相反步骤进行,装配后要注意把刷杆座调整到标记位置。

(三)拆装工艺要点

直流电机的拆装工艺要点与交流异步电机基本相似,仅增加了电刷装置的拆装。其注意事项如下:

(1)一般拆卸时不拆换向器端端盖,只拆非换向器端端盖。在拆卸时必须先把电刷提起,以避免在取出电枢时把电刷碰断,然后把电枢连同端盖一起取出。

(2)电枢从定子中取出时,要防止碰坏换向器和绕组。

(3)拆风叶时应注意事先作好记号,装配时按原位置装上。

(4)在拆卸换向极和主磁极时,要注意磁极与机座之间的垫片,也就是电动机修理好后仍要把垫片如数垫上,否则会造成气隙不对称,产生单面磁拉力或换向变坏。另外,换向极、主磁极及连接线要按原样安装,否则会造成反转甚至电动机不转及换向恶化等情况。

二、实训要求

(1)两人一台小型直流电机进行拆卸,并填写记录。

(2)能判断出直流电机的常见故障及原因。

三、常见问题

(一)电刷下火花过大

(1)电刷与换向器接触不良:研磨电刷接触面,并在轻载下运转半小时至一小时。

(2)刷握松动或安装位置不正确:紧固或重新调整位置。

(3)电刷压力大小不当或不均匀:用弹簧秤校正电刷压力为 150 ~ 250 g/cm^2。

(4)换向器表面不光洁、不圆、有污垢或换向片间云母突出:清洁或修理换向器。

(5)电刷位置不在中性线上:调整电刷杆座至原有记号的位置,或用感应法调整电刷的位置。

(6)过载:降低负载或更换容量较大的电机。

(7)换向极绕组短路:检修绕组损坏处。

(8)电枢绕组与换向器脱焊:检查出脱焊部分,重新焊接。

(9)换向极绕组接反:纠正电机的换向极与励磁绕组极性关系。

(二)不能启动

(1)无电源:检查启动器接线是否有误,熔断器是否熔断,线路是否完好。

(2)过载:减少负载。

(3)启动电流太小:检查所有启动器是否合适。

(4)电刷接触不良:改善接触面或调整电刷压力。

(5)励磁回路断路:检查变阻器及励磁绕组是否断路,更换绕组。

(三)转速不正常

(1)电刷不在正常位置:按所刻记号或感应法调整电刷位置。

(2)串励电动机空载或轻载运转:增加负载。

(3)串励绕组接反:纠正接线。

(4)励磁绕组回路电阻过大:检查励磁回路变阻器及励磁绕组电阻,并检查接触是否良好。

(四)电枢冒烟

(1)长期过载:立即恢复正常负载。

(2)负载短路:检查线路是否短路。

(3)换向器或电枢短路:立即用毫伏表检查是否短路,是否有金属屑落入换向器或电枢绕组。

(4)电动机端电压过低:恢复电压至正常值。

(5)定子、转子铁芯相互摩擦:检查电动机气隙是否均匀,轴承是否磨损。

(五)励磁线圈过热

(1)并励绕组部分短路:分别测量每一绕组电阻,修理或调整电阻特别低的绕组;

(2)电动机转速太低:提高转速至额定值。

(六)电动机振荡

(1)电刷位置未在中性线上:按所刻记号或感应法调整电刷位置。

(2)串励绕组或换向极接反:改正接线。

(3)励磁电流太小或励磁电路短路:增加励磁电流或检查励磁回路中有无短路故障。

(4)电动机电源波动:检查电枢电压。

(七)机壳带电

(1)绝缘电阻过低:测量电机绝缘电阻,低于0.5 MΩ应加以烘干。

(2)引出线头碰外壳:重新包扎引线接头。

(3)绕组或引线某处绝缘损坏:加强绝缘。

练习与提高

1-1 为什么一台直流电机既可作电动机运行又可作发电机运行?

1-2 单叠绕组与单波绕组元件的节距是如何计算的?它们之间哪个节距的计算方法完全一样?

1-3 电磁转矩与什么因素有关?如何确定电磁转矩的实际方向?

1-4 直流电机空载时,气隙磁场是如何分布的?并说明理由。

1-5 什么叫电枢反应?对电机有什么影响?

1-6 换向极起什么作用?

1-7 直流电机的电磁功率指的是什么功率?并说明其机电能量转换的依据是什么。

1-8 在电枢绕组的展开图中,电刷在换向器表面位置应放在何处,才能使正、负电刷间的电动势最大?

1-9 换向过程中的火花是如何产生的,怎样改善换向?

1-10 一台直流发电机额定数据为:额定功率 $P_N=10$ kW,额定电压 $U_N=230$ V,额定转速 $n_N=2\ 850$ r/min,额定效率 $\eta_N=0.85$。求其额定电流及额定负载时的输入功率。

1-11 一台直流电动机的额定数据为:额定功率 $P_N=17$ kW,额定电压 $U_N=220$ V,额定转速 $n_N=1\ 500$ r/min,额定效率 $\eta_N=0.83$。求其额定电流及额定负载时的输入功率。

1-12 已知直流电机的极对数 $p=2$,槽数 $Z=22$,元件数 S 及换向片数 K 都等于22,连成单叠绕组。

(1)计算绕组各节距;(2)画出绕组展开图、磁极及电刷的位置;(3)求并联支路数。

1-13 已知直流电机的数据为:$p=2, Z=S=K=19$,连成单波绕组。

(1)计算各节距;(2)画出绕组展开图、磁极及电刷位置;(3)求并联支路数。

1-14 一台直流电机的极对数 $p=3$,单叠绕组,电枢绕组总导体数 $N=398$,气隙每极磁通 $\Phi=2.1\times10^{-2}$ Wb,当转速分别为1 500 r/min、500 r/min时,求电枢绕组的感应电动势。

1-15 同题1-14数据,设电枢电流 $I=10$ A,磁通 Φ 保持不变,问其电磁转矩为多大?如果把此电枢绕组由单叠绕组改为单波绕组,并保持支路电流不变,问这种情况下的电磁转矩又为多大?

1-16 一台直流发电机,其额定容量 $P_N=17$ kW,额定电压 $U_N=230$ V,额定转速 $n_N=1\ 500$ r/min,极对数 $p=2$,电枢总导体数 $N=468$,单波绕组,气隙每极磁通 $\Phi=1.03\times10^{-2}$

Wb,求:(1)额定电流;(2)电枢电动势。

1-17 一台并励直流发电机的数据为:额定电压 $U_N=230$ V,额定电枢电流 $I_N=15.7$ A,额定转速 $n_N=2\ 000$ r/min,电枢回路电阻 $R_a=1\ \Omega$(包括电刷接触电阻),励磁回路总电阻 $R_f=600\ \Omega$。今将这台发电机改为电动机运行,并联在 220 V 的直流电源上,求当电动机电枢电流与发电机额定电枢电流相同时,电动机的转速为多少(电刷放在几何中线上,不考虑电枢反应的影响)?

1-18 一台并励直流电动机的铭牌数据为:额定电压 $U_N=220$ V,额定电枢电流 $I_{aN}=75$ A,额定转速 $n_N=1\ 000$ r/min,电枢回路电阻 $R_a=0.26\ \Omega$(包括电刷接触电阻),励磁回路总电阻 $R_f=91\ \Omega$,额定负载时电枢铁损耗 $p_{Fe}=600$ W,机械损耗 $p_{mec}=1\ 989$ W。求:(1)电动机在额定负载运行时的输出转矩;(2)额定效率。

1-19 一台串励直流电动机 $U_N=220$ V,$I_N=40$ A,$n_N=1\ 000$ r/min,电枢总电阻为 $R_a=0.5\ \Omega$,假定磁路不饱和,当 $I_a=20$ A 时,电动机的转速和电磁转矩是多少?

任务二　直流电动机的电力拖动

【能力要求】

本任务要求学生掌握他励直流电动机固有机械特性及人为机械特性应用，他励直流电动机的启动方式，直流电动机调速的原理及方法，直流电动机三种制动方法的特点及应用。

【引入】

用电动机作为原动机，拖动生产机械完成一定生产任务的系统，称为电力拖动系统。电力拖动系统一般由电动机、生产机械、传动机构、控制设备及电源等五部分组成。电动机和生产机械不同轴时，两者之间有传动机构，用以变速或变换运动方式。控制设备用以控制电动机的运动，控制设备和电动机均需有电源供给电能。

任务资讯

一、电力拖动系统的基本概念

（一）电力拖动系统的运动方程式

1. 运动方程式

电力拖动系统工作时，有些部件是作直线运动的，有些部件是作旋转运动的，所以运动方程式亦有两种不同的形式。

对于直线运动，方程式为

$$F - F_Z = m\frac{\mathrm{d}v}{\mathrm{d}t} \tag{2-1}$$

式中　F——电动机产生的拖动力；

F_Z——系统阻力；

$m\frac{\mathrm{d}v}{\mathrm{d}t}$——惯性力。

对于旋转运动，方程式为

$$T - T_Z = J\frac{\mathrm{d}\Omega}{\mathrm{d}t} \tag{2-2}$$

式中　T——拖动转矩；

T_Z——阻转矩，或称负载转矩；

J——运动系统的转动惯量，单位是 $\mathrm{kg\cdot m^2}$；

$J\frac{\mathrm{d}\Omega}{\mathrm{d}t}$——惯性转矩。

通常将转动惯量 J 用飞轮矩 GD^2 来表示，它们之间的关系为

$$J = m\rho^2 = \frac{GD^2}{4g} \tag{2-3}$$

式中 m、G——转动部分的质量与重量；

ρ、D——转动部分的惯性半径与直径；

g——重力加速度，$g = 9.81\ \mathrm{m/s^2}$。

再将机械角速度 Ω 用转速 n 表示，则可得运动方程式的实用形式

$$T - T_Z = \frac{GD^2}{375}\frac{\mathrm{d}n}{\mathrm{d}t} \tag{2-4}$$

电动机的工作状态可由运动方程式判断：

（1）当 $T = T_Z$ 时，$\frac{\mathrm{d}n}{\mathrm{d}t} = 0$，则 $n = 0$ 或 n 为常值，电动机静止或等速旋转，即拖动系统稳定运行。

（2）当 $T > T_Z$ 时，$\frac{\mathrm{d}n}{\mathrm{d}t} > 0$，电力拖动系统加速运行。

（3）当 $T < T_Z$ 时，$\frac{\mathrm{d}n}{\mathrm{d}t} < 0$，电力拖动系统减速运行。

2. 运动方程式中转矩的正负号

根据电动机、负载类型及运转状态的不同，运动方程式中的 T 和 T_Z 都有方向变化带来的正负号问题，一般作如下规定：先规定某一方向为 n 的正方向，则转矩 T 的方向与此方向相同为正，反之为负，转矩 T_Z 的方向与此方向相反为正，相同为负。$\frac{\mathrm{d}n}{\mathrm{d}t}$ 的大小及正负符号由 T 和 T_Z 的代数和来决定。

上述运动方程式是对一根轴而言的，适用于单轴系统。对于多轴系统，应列出多个方程联立求解，比较麻烦。为此，通常只要把电动机轴作为研究对象即可，这就需要把实际的拖动系统折算为等效的单轴系统。

（二）生产机械的负载转矩特性

由电力拖动系统的运动方程式可知，系统的运行状态取决于电动机和负载双方，因此用运动方程式分析系统运行状态前，必须知道电动机的电磁转矩和负载转矩与转速的关系。通常将电动机的电磁转矩与转速的关系称为机械特性，负载转矩与转速的关系称为生产机械的负载转矩特性。

生产机械品种繁多，特性各不相同，但大多数生产机械的负载转矩特性可以归纳为以下三种类型。

1. 恒转矩负载特性

负载转矩 T_Z 的大小与转速 n 无关，转速 n 变化时，负载转矩 T_Z 恒定不变，这种负载称为恒转矩负载。恒转矩负载又分为反抗性恒转矩负载和位能性恒转矩负载两种，它们的负载转矩特性也分为两种。

1）反抗性恒转矩负载特性

T_Z 的大小恒定不变，方向总是与运动方向相反。负载转矩特性在第一和第三象限，

如图 2-1 所示，例如金属的压延、机床的平移机构都属于反抗性恒转矩负载。

2）位能性恒转矩负载特性

T_Z 的大小和方向均与转速无关，不随运动方向的变化而变化。其负载转矩特性在第一和第四象限，如图 2-2 所示，例如重物的提升与下放就属于位能性恒转矩负载。

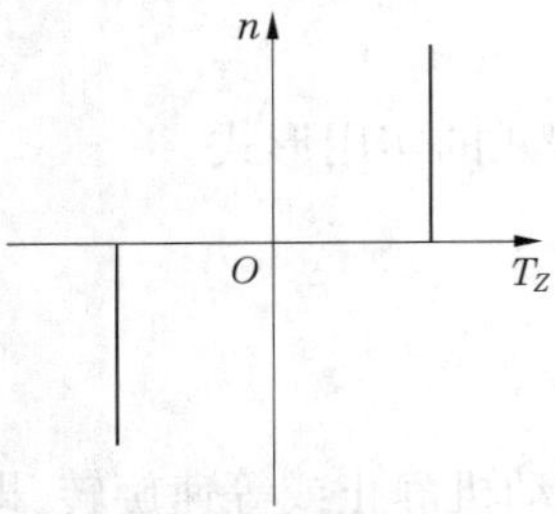

图 2-1 反抗性恒转矩负载特性

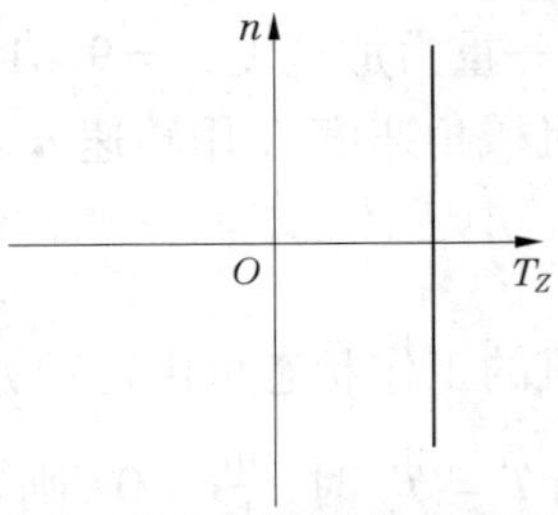

图 2-2 位能性恒转矩负载特性

2. 风机型负载特性

T_Z 的大小基本上与转速 n 的平方成正比，即

$$T_Z = kn^2 \tag{2-5}$$

式中 k——比例常数。

其特性如图 2-3 中曲线 1 所示，在第一、三象限，例如风机、水泵、油泵等都属于风机型负载。

3. 恒功率负载特性

T_Z 的大小基本上与转速 n 成反比，即

$$T_Z = \frac{k}{n}$$

这时

$$P_Z = T_Z\Omega = T_Z\frac{2\pi n}{60} = \frac{T_Z n}{9.55} = \frac{k}{9.55} = k_Z \tag{2-6}$$

即负载的功率不变，故称恒功率负载，如图 2-4 所示，切削机床属于此类。

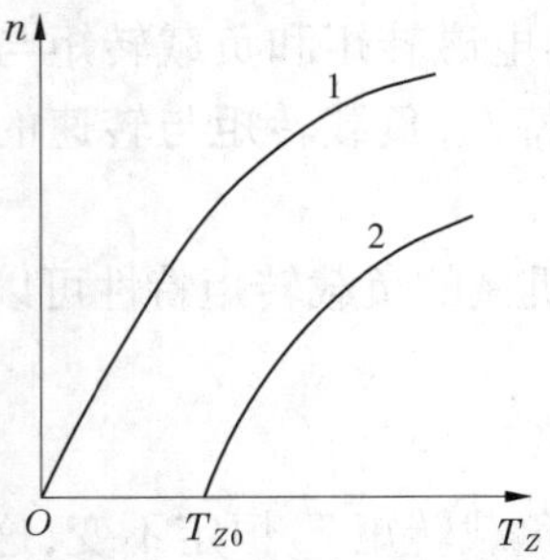

图 2-3 风机型负载特性

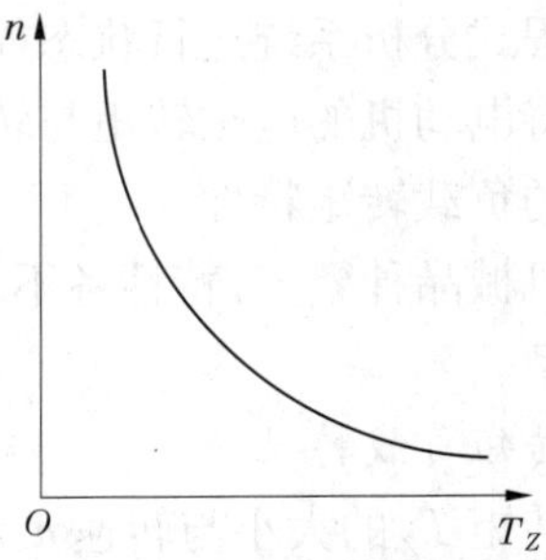

图 2-4 恒功率负载特性

实际生产机械的负载转矩特性可能是以上几种典型特性的综合。例如，实际的通风机除主要是风机型负载外，由于其轴承上还有一定的摩擦转矩，因而实际的通风机负载应是恒转矩负载和风机型负载的组合，如图 2-3 中曲线 2 所示。

二、他励直流电动机的机械特性

在电动机的电枢电压 U_a、励磁电流 I_f、电枢回路电阻 R_a 为恒定值时，电动机的转速 n 与电磁转矩 T_{em} 的关系曲线 $n=f(T_{em})$ 称为电动机的机械特性。它是电动机机械性能的主要表现，是电动机最重要的特性。运用电动机的机械特性、生产机械的负载转矩特性和运动方程式，就可对电力拖动系统进行分析和计算。本部分先导出直流电动机的机械特性方程式，再根据机械特性方程式分析他励直流电动机在各种不同情况下的机械特性。

（一）机械特性方程式

图 2-5 所示是他励直流电动机的电路原理图。根据任务一的分析，按图中标明的各个量的正方向，可以列出电枢回路的电压平衡方程式为

$$U = E_a + I_a R \tag{2-7}$$

式中　R——电枢回路总电阻。

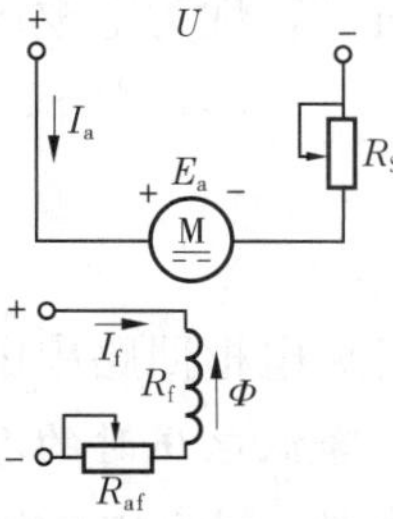

图 2-5　他励直流电动机的电路原理图

将 $T_{em}=C_T\Phi I_a$ 和 $E_a=C_e\Phi n$ 代入式（2-7），可得他励直流电动机的机械特性为

$$n=\frac{E_a}{C_e\Phi}=\frac{U-I_aR}{C_e\Phi}=\frac{U}{C_e\Phi}-\frac{R}{C_eC_T\Phi^2}T_{em}=n_0-\beta T_{em}=n_0-\Delta n \tag{2-8}$$

式中　n_0——理想空载转速，$n_0=\dfrac{U}{C_e\Phi}$；

β——机械特性的斜率，$\beta=\dfrac{R}{C_eC_T\Phi^2}$；

Δn——转速降，$\Delta n=\beta T_{em}$。

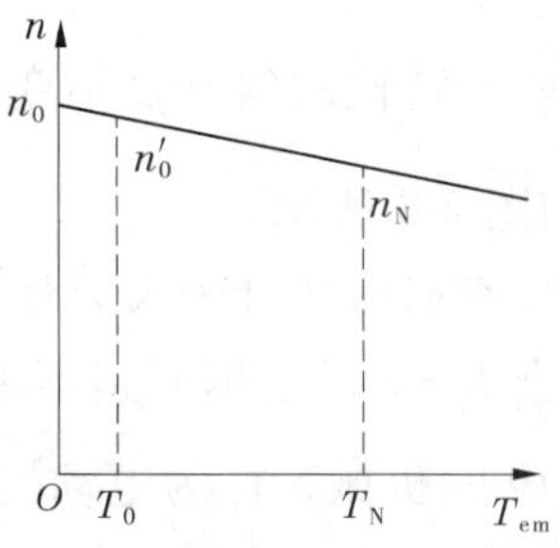

图 2-6　他励直流电动机的机械特性

转速降 Δn 是理想空载转速与实际转速之差，转矩一定时，它与机械特性的斜率 β 成正比。通常称 β 小的机械特性为硬特性，β 大的机械特性为软特性。

当 U、R、Φ 为常数时，$n=f(T_{em})$ 为一条向下倾斜的直线，如图 2-6 所示。电枢反应对机械特性的影响，可能使机械特性在电磁转矩 T_{em} 较大时上翘。

（二）固有机械特性与人为机械特性

他励直流电动机的机械特性方程式（2-8）中的电枢回路电阻 R、端电压 U 和励磁磁通 Φ 都是可以根据实际需要进行调节的，每调节一个参数即可对应得到一条机械特性。其中，电枢电压 U、励磁磁通 Φ 为额定值，且电枢回路不外串电阻时的机械特性，是电动机自身所固有的，这条机械特性称为电动机的固有机械特性。而通过调节 U、R、Φ 等参数得到的机械特性称为人为机械特性。

1. 固有机械特性

当 $U=U_N$，$\Phi=\Phi_N$，电枢回路不串电阻时，电动机的机械特性为电动机的固有机械特性。其方程式为

$$n=\frac{U_N}{C_e\Phi}-\frac{R_a}{C_eC_T\Phi_N^2}T_{em} \tag{2-9}$$

由于 R_a 较小，机械特性的斜率 β 小，所以他励直流电动机的固有机械特性是一条稍稍向下倾斜的直线，如图 2-7 所示。

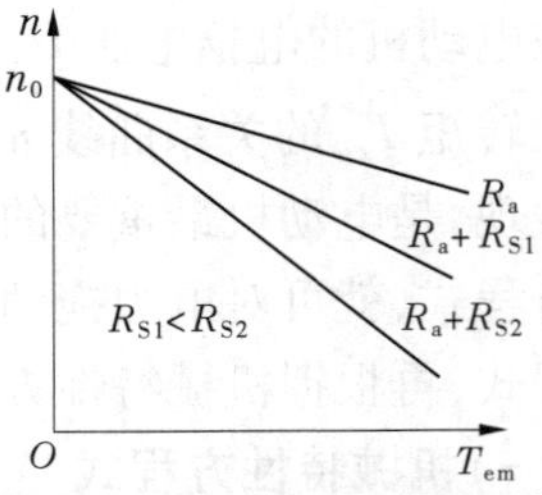

图 2-7　他励直流电动机的机械特性

2. 电枢串电阻时的人为机械特性

当 $U=U_N$，$\Phi=\Phi_N$，电枢回路串电阻 R_S 时，电动机的机械特性为电枢串电阻的人为机械特性。其方程式为

$$n=\frac{U_N}{C_e\Phi}-\frac{R_a+R_S}{C_eC_T\Phi_N^2}T_{em} \tag{2-10}$$

可见电枢回路串电阻 R_S 时，n_0 不变，特性的斜率随 R_S 的增大而增大，如图 2-7 所示。

3. 降低电压时的人为机械特性

当 $\Phi=\Phi_N$，电枢回路不串电阻时，降低电枢电压时的机械特性为降低电压的人为机械特性，其方程式为

$$n=\frac{U}{C_e\Phi_N}-\frac{R_a}{C_eC_T\Phi_N^2}T_{em} \tag{2-11}$$

机械特性的斜率 β 不变，$n_0=\frac{U}{C_e\Phi_N}$ 与 U 成正比变化，如图 2-8 所示。

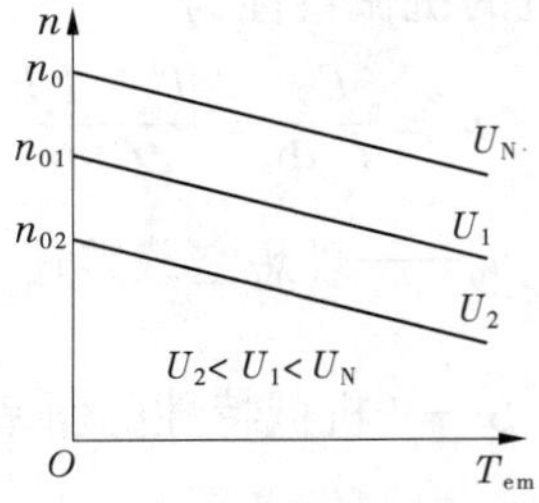

图 2-8　降低电压时的人为机械特性

4. 减弱磁通时的人为机械特性

当 $U=U_N$，电枢回路不串电阻时，减弱电动机励磁磁通 Φ 的机械特性为电动机的弱磁人为机械特性。其方程式为

$$n=\frac{U_N}{C_e\Phi}-\frac{R_a}{C_e\Phi}I_a=\frac{U_N}{C_e\Phi}-\frac{R_a}{C_eC_T\Phi^2}T_{em} \tag{2-12}$$

随着磁通的减弱，n_0 增大，堵转电流 I_K 一定，堵转转矩 T_K 减小，机械特性的斜率 β 增大，如图 2-9 所示。

（三）机械特性的绘制

1. 固有机械特性的绘制

两点决定一条直线，只要设法求得机械特性上的两点，就可得到电动机的机械特性。绘制固有机械特性，一般选择理想空载点（$T_{em}=0, n_0$）和额定运行点（T_N, n_N）较为方便，根据电机的额定值，可求取 n_0 和 T_N：

$$n_0=\frac{U_N}{C_e\Phi_N} \tag{2-13}$$

$$C_e\Phi_N=\frac{U_N-I_NR_a}{n_N} \tag{2-14}$$

式中 R_a 可用下式估算

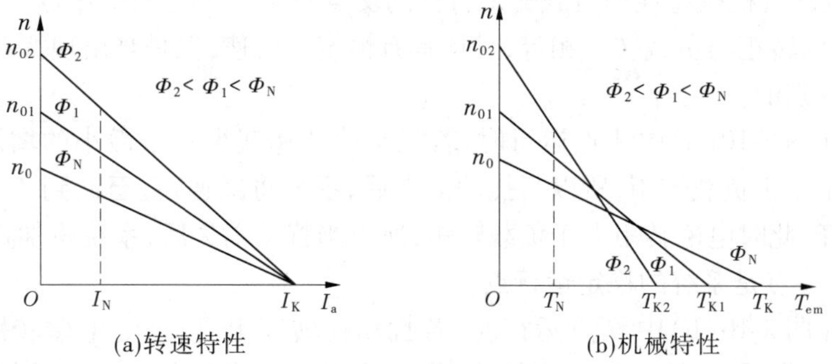

图 2-9 减弱磁通时的人为机械特性

$$R_a = \left(\frac{1}{2} \sim \frac{2}{3}\right) \frac{U_N I_N - P_N}{I_N^2} \tag{2-15}$$

$$T_N = C_T \Phi_N I_a = 9.55 C_e \Phi_N I_a \tag{2-16}$$

2. 人为机械特性的绘制

在固有机械特性方程式基础上，根据人为特性所对应的参数 U、R_S 或 Φ 变化，重新计算 n_0 和 β 值，便可求得人为特性方程式。若要画出人为特性，还需算出某一负载点数据，如点(T_N, n)，然后连接($T_{em}=0$, n_0)和(T_N, n)两点，便得到人为机械特性。

(四)电力拖动系统稳定运行的条件

设有一电力拖动系统，原来处于某一转速下运行，由于受到外界某种扰动，如负载的突然变化或电网电压的波动等，系统的转速发生变化而离开了原来的平衡状态。如果系统能在新的条件下达到新的平衡状态，或者当外界扰动消失后能自动恢复到原来的转速下继续运行，则称该系统是稳定的；如果当外界扰动消失后，系统的转速不能自动恢复到原来的转速，则称该系统是不稳定的。

一个电力拖动系统能否稳定运行，是由电动机机械特性和负载转矩特性的配合情况决定的。当把实际系统简化为单轴系统后，电动机的机械特性和负载的转矩特性可画在同一坐标图中，图 2-10 给出了恒转矩负载特性和电动机的两种不同机械特性的配合情况。下面以图 2-10 为例，分析电力拖动系统稳定运行的条件。

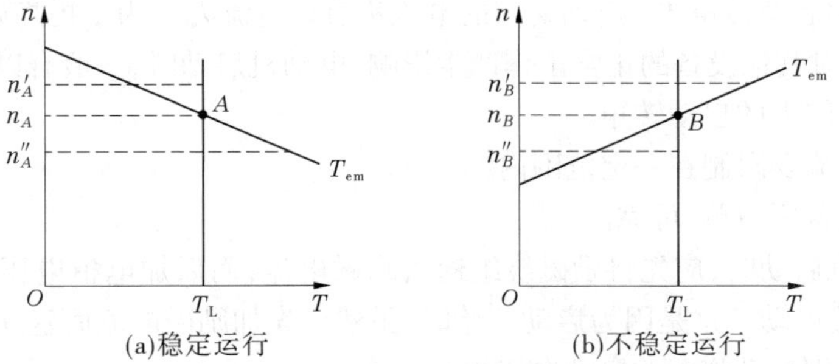

图 2-10 电力拖动系统稳定运行的条件

由运动方程式可知，系统处于恒转速运行的条件是电磁转矩与负载转矩相等，所以在

图 2-10 中,电动机机械特性和负载转矩特性的交点是系统运行的工作点。在交点 A 和 B 处,均满足电磁转矩与负载转矩相等,且均具有恒定的转速,但是当出现扰动时,它们的运行情况是有区别的。

当系统在图 2-10(a)中 A 点运行时,若扰动使转速获得一个微小的增量,转速上升,此时电磁转矩小于负载转矩,所以当扰动消失后,系统将减速,直至回到 A 点运行。若扰动使转速下降,此时电磁转矩大于负载转矩,所以当扰动消失后,系统将加速,直至回到 A 点运行,可见 A 点是系统的稳定运行点。

当系统在图 2-10(b)中 B 点运行时,若扰动使转速上升,这时电磁转矩大于负载转矩,即使扰动消失了,系统也将一直加速,不可能回到 B 点运行。若扰动使转速下降,则电磁转矩小于负载转矩,即使扰动消失了,系统也将一直减速,不可能回到 B 点运行。因此,B 点是不稳定运行点。

通过以上分析可见,电动机机械特性与负载特性的交点是电力拖动系统的工作点,但是并非所有的交点都是稳定工作点。也就是说,电动机的机械特性与负载特性有交点仅仅是系统稳定运行的一个必要条件,而不是充分条件。要实现稳定运行,还需要电动机机械特性与负载转矩特性在交点处配合得好。因此,电力拖动系统稳定运行的充分必要条件是:

(1)必要条件:电动机的机械特性与负载的转矩特性必须有交点,即存在 $T_{em}=T_L$。

(2)充分条件:在交点 $T_{em}=T_L$ 处,满足 $\frac{dT_{em}}{dn}<\frac{dT_L}{dn}$。或者说,在交点以上的转速部分满足 $T_{em}<T_L$,而在交点以下的转速部分满足 $T_{em}>T_L$。

由于大多数负载转矩都随转速的升高而增大或者保持恒定,因此只要电动机具有下降的机械特性,就能满足稳定运行的条件。

上述电力拖动系统的稳定运行条件,无论对直流电动机还是对交流电动机都是适用的,具有普遍意义。

三、他励直流电动机的启动

(一)对电动机启动的要求

电动机的启动是指电动机接通电源后,由静止状态加速到某一稳定转速的过程。启动瞬间的转矩称启动转矩 T_{st},启动瞬间的电流称启动电流 I_{st}。为了提高启动速度和工作效率,同时又不对其他设备的正常工作产生影响,电动机启动时,一般有以下要求:

(1)要有足够大的启动转矩。

(2)启动电流要限制在一定范围内。

(3)启动设备要简单、可靠。

直流电动机启动时,应先将励磁绕组通入励磁电流,而后加电枢电压,并且一般不能加额定电压直接启动。这是因为启动开始时,虽然已先加励磁电流而建立起了磁场,但由于 $n=0$,$E_a=0$,则启动瞬间的启动电流为

$$I_{st}=\frac{U-E_a}{R_a+R_{st}}=\frac{U}{R_a+R_{st}} \tag{2-17}$$

若 $R_{st}=0$,则启动电流

$$I_{st}=\frac{U}{R_a} \tag{2-18}$$

由于 R_a 很小,U 较大,启动电流 I_{st} 可能达到额定电流的十多倍,换向将严重恶化,同时也将产生很大的冲击转矩,损坏传动机构。

为此,启动时,应设法限制启动电流,一般规定不超过额定电流的 1.5～2 倍。方法有两种:一是电枢回路中串电阻启动;二是降压启动。

(二)电枢回路电阻启动

图 2-11 是他励直流电动机电枢回路串三段电阻 R_{st1}、R_{st2}、R_{st3} 进行三级启动的电路图和相应的机械特性。图中 T_1 为启动过程中最大的转矩,T_2 是切换转矩,T_L 为启动时的负载转矩。其中,$R_3=R_a+R_{st1}+R_{st2}+R_{st3}$,$R_2=R_a+R_{st1}+R_{st2}$,$R_1=R_a+R_{st1}$。启动过程中,每一级的 $T_1(I_1)$ 与 $T_2(I_2)$ 大小均一致,以使电动机有较均匀的加速度。

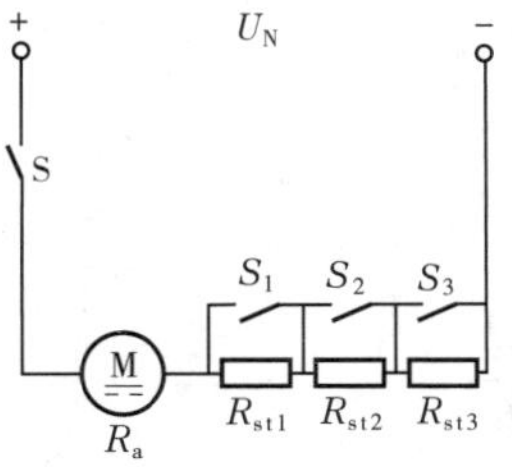

(a)启动电路

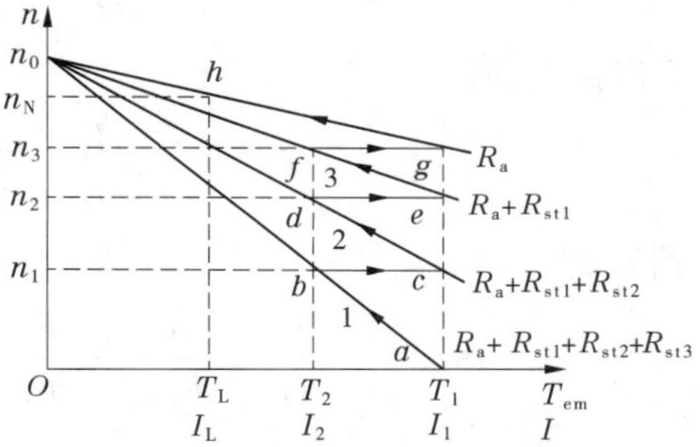

(b)机械特性

图 2-11 他励直流电动机电枢回路串电阻启动

启动开始时,S 闭合,而 S_1、S_2、S_3 断开,如图 2-11 所示,额定电压加在电枢回路总电阻 R_3 上,启动电流为 I_1,此时启动电流 I_1 和启动转矩 T_1 均达到最大值(通常取额定值的 2 倍左右)。接入全部启动电阻时的机械特性如图 2-11 中的曲线 1 所示。启动瞬间对应于 a 点,因为启动转矩 T_1 大于负载转矩 T_L,所以电动机开始加速,电动势 E_a 逐渐增大,电枢电流和电磁转矩逐渐减小,工作点沿曲线 1 箭头方向移动。当转速升到 n_1、电流降至 I_2、转矩减至 T_2(图中 b 点)时,触点 S_3 闭合,切除电阻 R_{st3},I_2 称为切换电流,一般取 $I_2=(1.1\sim1.2)I_N$ 或 $T_2=(1.1\sim1.2)T_N$。切除 R_{st3} 后,电枢回路电阻减小为 R_2,与之对应的机械特性如图 2-11 中的曲线 2。在切除电阻瞬间,由于机械惯性,转速不能突变,所以电动机的工作点由 b 点沿水平方向跃变到曲线 2 上的 c 点。选择适当的各级启动电阻,可使 c 点的电流仍为 I_1,这样电动机又处在最大转矩 T_1 下进行加速,工作点沿曲线 2 箭头方向移动。当到达 d 点时,转速升至 n_2,电流又降至 I_2,转矩也降至 T_2,此时触点 S_2 闭合,将 R_{st2} 切除,电枢回路电阻变为 R_1,工作点由 d 点平移到机械特性曲线 3 上的 e 点。e 点的电流和转矩仍为最大值,电动机又处在最大转矩 T_1 下加速,工作点在曲线 3 上移动。当转速升至 n_3 时,即在 f 点切除最后一级电阻 R_{st1} 后,电动机将过渡到固有特性 g 点上,并加速到 h 点处于稳定运行,启动过程结束。

下面以图 2-11 为例,讨论他励直流电动机启动电阻的计算方法。

取 $I_2=(1.1\sim1.2)I_N$ 或 $I_2\geqslant(1.2\sim1.5)I_L$,$I_1=(1.5\sim2.0)I_N$,一般要经过多次调

整,才能绘出图 2-11(b)所示特性图,由此图可以推导得计算分级电阻数值的公式。

由于 $n_b = n_c$,故有 $E_b = E_c$,在 b 点:

$$I_2 = \frac{U - E_b}{R_3}$$

在 c 点:

$$I_1 = \frac{U - E_c}{R_2}$$

两式相除,考虑 $E_b = E_c$,得

$$\frac{I_1}{I_2} = \frac{R_3}{R_2}$$

同样,由 d 点和 e 点,可得

$$\frac{I_1}{I_2} = \frac{R_2}{R_1}$$

对于 f 和 g 点,有

$$\frac{I_1}{I_2} = \frac{R_1}{R_a}$$

推广到 m 级

$$\frac{I_1}{I_2} = \frac{R_m}{R_{m-1}} = \frac{R_{m-1}}{R_{m-2}} = \cdots = \frac{R_1}{R_a}$$

设 $\frac{I_1}{I_2} = \beta$($\frac{T_1}{T_2} = \beta$),称为启动电流比(启动转矩比),则得各级电枢电路总电阻的计算公式:

$$\left.\begin{aligned} R_1 &= \beta R_a \\ R_2 &= \beta R_1 = \beta^2 R_a \\ &\vdots \\ R_m &= \beta R_{m-1} = \beta^m R_a \end{aligned}\right\} \tag{2-19}$$

可见

$$\beta = \sqrt[m]{\frac{R_m}{R_a}} \tag{2-20}$$

如果给定 β,需求 m,则

$$m = \frac{\lg \frac{R_m}{R_a}}{\lg\beta} \tag{2-21}$$

如需求分段电阻值,有前面公式可得

$$\left.\begin{aligned} R_{st1} &= R_1 - R_a = (\beta - 1) R_a \\ R_{st2} &= R_2 - R_1 = \beta R_{st1} \\ &\vdots \\ R_{stm} &= R_m - R_{m-1} = \beta^{m-1} R_{st1} \end{aligned}\right\} \tag{2-22}$$

计算分级启动电阻,有两种情况:

(1) 启动级数 m 已定,选定 I_1 ,求 $R_m = \dfrac{U}{I_1}$,计算 $\beta = \sqrt[m]{\dfrac{R_m}{R_a}}$ 值,校验 I_2 ,若 I_2 不满足要求,调整 I_1 及 β ,直到 I_2 满足要求,计算各级电阻或分段电阻。

(2)启动级数 m 未定:初选 I_1、I_2、β ,计算 $R_m = \dfrac{U}{I_1}$,求 $m = \dfrac{\lg \dfrac{R_m}{R_a}}{\lg\beta}$,取成整数 m ,再由 m 计算 $\beta = \sqrt[m]{\dfrac{R_m}{R_a}}$ 值,校验 I_2 ,计算各级电阻或分段电阻。

(三)降压启动

当直流电源电压可调时,可以采用降压方法启动。启动时,以较低的电源电压启动电动机,启动电流便随电压的降低而正比减小。随着电动机转速的上升,反电动势逐渐增大,再逐渐提高电源电压,使启动电流和启动转矩保持在一定的数值上,从而保证电动机按需要的加速度升速。

可调压的直流电源,在过去多采用直流的“发电机-电动机组”,即每一台电动机专门由一台直流发电机供电。当调节发电机的励磁电流时,便可改变发电机的输出电压,从而改变加在电动机电枢两端的电压。近年来,随着晶闸管技术的发展,直流发电机正在被晶闸管整流电源所取代。降压启动虽然需要专用电源,设备投资较大,但它启动平稳,启动过程中能量损耗小,因而同样得到了广泛应用。

四、他励直流电动机的调速

大量生产机械(如各种机床、轧钢机、造纸机、纺织机械等)的工作机构要求在不同的情况下以不同的速度工作,要求用人为的方法改变其速度,一般采用机械方法、电气方法或机械电气配合的方法。

电气调速是指在负载转矩不变的条件下,通过人为的方法改变电动机的有关参数,从而调节电动机和整个拖动系统的转速。

从他励直流电动机的机械特性方程式 $n = \dfrac{U}{C_e\Phi} - \dfrac{R_a + R_\Omega}{C_e C_T \Phi^2}T_{em}$ 可以看出,电气调速方法有三种:电枢回路串电阻调速、降压调速和弱磁调速。

如何评价这几种调速方法的优缺点是一个重要的问题,比如要为生产机械选择调速方案,必须先进行技术指标和经济指标的比较。下面首先介绍调速的技术、经济指标。

(一)调速指标

1. 调速的技术指标

1)调速范围 D

额定负载时电动机可能调到的最高转速 n_{max} 与最低转速 n_{min} 之比,称为调速范围,即

$$D = \frac{n_{max}}{n_{min}} \tag{2-23}$$

式中, n_{max} 受电动机换向及机械强度的限制, n_{min} 受生产机械对转速相对稳定性要求的限

制。不同的生产机械要求的调速范围是不同的,如车床 $D=20\sim120$、龙门刨床 $D=10\sim40$、造纸机 $D=3\sim20$、轧钢机 $D=3\sim120$ 等。

2)静差率 δ

电动机由理想空载到额定负载运行的转速降 Δn_N 与理想空载转速 n_0 之比,叫静差率 δ,用百分数表示

$$\delta=\frac{\Delta n}{n_0}\times100\%=\frac{n_0-n_N}{n_0}\times100\% \tag{2-24}$$

静差率 δ 一般为 5%~10%。

静差率 δ 的大小反映静态转速相对稳定的程度,δ 越小,转速降 Δn_N 越小,转速相对稳定性越好。不同的生产机械要求不同的静差率,例如普通车床 $\delta\leqslant30\%$,龙门刨 $\delta\leqslant10\%$,造纸机 $\delta\leqslant0.1\%$。

静差率与机械特性硬度有关。机械特性越硬,静差率越小,相对稳定性越好,但机械特性的硬度相同时,静差率 δ 并不相等,n_0 较低的 δ 较大,所以静差率 δ 与特性的硬度有关,但又不是同一个概念。

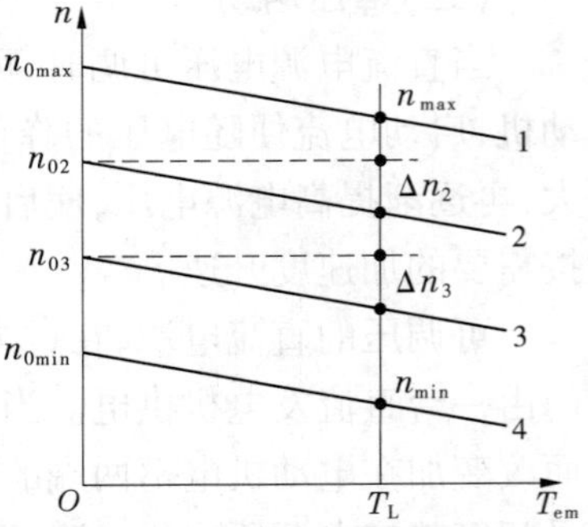

图 2-12 不同机械特性的静差率

生产机械对静差率的要求限制了电动机允许达到的最低转速 n_{min},从而限制了调速范围。下面以调压调速的情况为例推导 D 与 δ 的关系,图 2-12 中曲线 1 和 4 为不同电压下的两条机械特性,由机械特性可得

$$D=\frac{n_{max}}{n_{min}}=\frac{n_{max}}{n_{0min}-\Delta n_N}=\frac{n_{max}}{\dfrac{\Delta n_N}{\delta}(1-\delta)}=\frac{n_{max}\delta}{\Delta n_N(1-\delta)} \tag{2-25}$$

式中 Δn_N——最低转速机械特性上的转速降;

δ——最低转速时的静差率,即系统的最大静差率。

可见,生产机械允许的最低转速时的静差率 δ 越大,电动机允许的调速范围 D 越大。所以,调速范围 D 只有在对 δ 有一定要求的前提下才有意义。

3)平滑性

在一定的调速范围内,调速的级数越多,调速越平滑,平滑程度用平滑系数 φ 衡量。φ 的定义是相邻两级转速或线速度之比,即

$$\varphi=\frac{n_i}{n_{i-1}}=\frac{v_i}{v_{i-1}} \tag{2-26}$$

显然,φ 越接近于 1,调速平滑性越好,当 $\varphi=1$ 时,转速可以连续调节,平滑性最好,称为无级调速。

2. 调速的经济指标

经济指标包含三个方面:一是调速设备初投资的大小;二是运行过程中能量损耗的多少;三是维护费用的高低。三者总和较小者经济指标较好。

（二）调速方法

1. 电枢回路串电阻调速

保持 $U=U_N$，$\Phi=\Phi_N$，电枢回路串入适当大小的电阻 R_S，可以使电动机的转速改变。原理可从图 2-13 所示机械特性上看出。

据图 2-13，串电阻调速的物理过程可分析如下：

设电动机工作在 A 点，转速为 n_N，电磁转矩 T_{em} 等于负载转矩 T_L。在电枢回路中串入电阻 R_{S1}，由于转速不能突变，感应电动势 E_a 不变，电枢电流下降，工作点移到串入电阻 R_{S1} 后的机械特性上的 A' 点，电磁转矩 T_{em} 小于负载转矩 T_L，转速下降。当转速下降时，E_a 减小，电枢电流不断增大，直到转速等于 n_1 时，电磁转矩 T_{em} 等于负载转矩 T_L，电机转速稳定在 B 点。再改变电枢回路串电阻的值，转速将再作相应变化。

串电阻调速时，静差率明显增大，调速范围 D 较小，平滑性差，损耗大。优点是设备简单，投资少。

串电阻调速属于恒转矩调速，适用于容量不大，低速运行时间不长，对调速性能要求不高的场合。

2. 降低电源电压调速

保持 $\Phi=\Phi_N$，$R_S=0$，降低电源电压 U，同样可以使电动机的转速改变，如图 2-14 所示，降压调速一般只在额定电压以下进行。

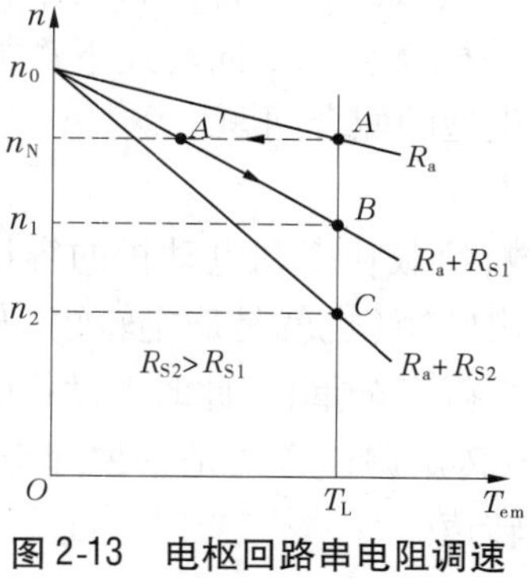

图 2-13　电枢回路串电阻调速

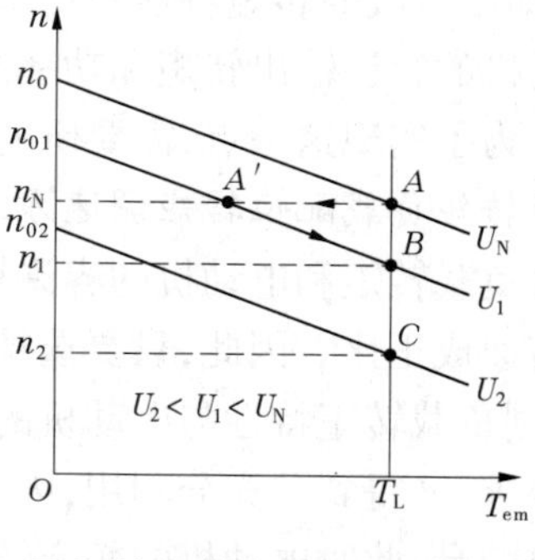

图 2-14　降低电源电压调速

降压调速的物理过程为：

设电动机工作在 A 点，转速为 n_N，电磁转矩 T_{em} 等于负载转矩 T_L。将电源电压降为 U_1，由于转速不能突变，感应电动势 E_a 不变，电枢电流下降，工作点移到电源电压降为 U_1 后的机械特性上的 A' 点，电磁转矩 T_{em} 小于负载转矩 T_L，转速下降。当转速下降时，E_a 减小，电枢电流不断增大，直到转速等于 n_1 时，电磁转矩 T_{em} 等于负载转矩 T_L，电机转速稳定在 B 点。

电动机降压调速时，特性平行下移，δ 变化不明显，调速范围 D 较大，平滑性好，损耗小，但电动机降压调速需可调直流电源，投资较大。

降压调速也属于恒转矩调速，适用于对调速性能要求较高的中大容量拖动系统，例如重型机床（龙门刨）、精密机床和轧钢机等。

3. 弱磁调速

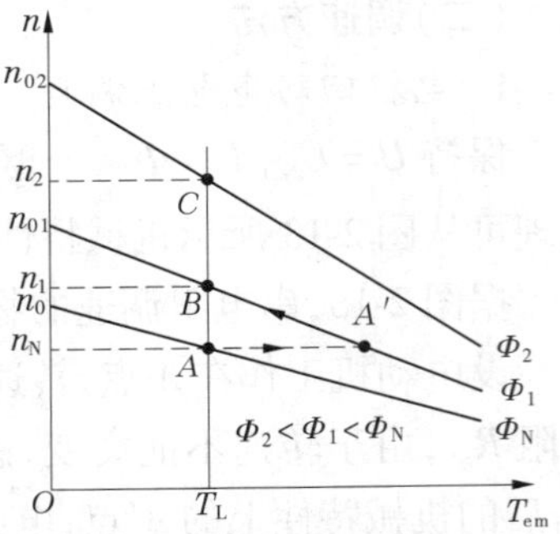

图 2-15　直流电动机的弱磁调速

保持 $U = U_N, R_S = 0$，调节励磁电流使之减小，亦即减弱磁通，也可以使电动机的转速改变，如图 2-15 所示。

弱磁调速的物理过程为：

设电动机工作在 A 点，转速为 n_N，电磁转矩 T_{em} 等于负载转矩 T_L。将磁通降为 Φ_1，由于转速不能突变，感应电动势 E_a 减小，电枢电流增大，由于电枢电流增大的程度超过磁通减小的程度，电磁转矩 T_{em} 增大，电磁转矩 T_{em} 大于负载转矩 T_L，工作点移到磁通降为 Φ_1 后的机械特性上的 A' 点，转速上升。当转速增大时，E_a 增大，电枢电流不断减小，直到转速等于 n_1 时，电磁转矩 T_{em} 等于负载转矩 T_L，电机转速稳定在 B 点。

弱磁调速时，只能向上调，受换向和机械强度限制，调速范围不大，但静差率小，平滑性好，设备简单，损耗小。

弱磁调速属于恒功率调速，通常与调压调速联合使用，以扩大调速范围。

（三）调速方式与负载类型的配合

作为一种理想情况，调速运行的电动机，在整个调速范围内的不同转速上，电动机都能得到充分利用。然而，电动机实际输出转矩和功率随转速如何变化，这要由负载的性质来决定，即由负载的转矩特性和功率特性来决定。如果负载的转矩特性和功率特性曲线能与电动机的容许输出转矩和功率曲线重合，那么电动机就会在不同转速下都能得到充分利用。为了实现这一点，需要研究调速方式与负载类型的配合问题。

1. 恒转矩负载配恒转矩调速方式

此时负载转矩和电动机的容许输出转矩均为常数，负载功率和电动机的容许输出功率均与转速成正比。因此，只要选择电动机的容许输出转矩（也就是额定转矩）与负载转矩相等，则负载转矩特性与电动机的容许输出转矩特性就完全重合，此时电动机既满足了负载的要求，又得到了充分利用，因此恒转矩负载配恒转矩调速方式是一种理想的配合。需要指出的是，此时电动机的额定转速为系统的最高转速。

2. 恒功率负载配恒功率调速方式

此时负载功率和电动机的容许输出功率均为常数，负载转矩和电动机的容许输出转矩均与转速成反比。因此，只要选择电动机的容许输出功率（也就是额定功率）与负载功率相等，则负载转矩特性也与电动机的容许输出转矩特性完全重合，在任何转速下，电动机既满足了负载的要求，又得到了充分利用，这也是一种理想的配合。恒功率调速时，转速是从额定转速往上调的，故电动机的额定转速为系统的最低转速。

3. 恒转矩负载配恒功率调速方式

恒转矩负载，即负载转矩为常数；恒功率调速方式，即电动机的容许输出转矩与转速成反比变化。显然，此时的负载转矩特性与电动机的容许输出转矩特性不可能重合。为了满足负载转矩的需要，使电动机容许输出转矩的最小值（此时转速最高）等于恒定的负载转矩。可见，恒转矩负载配恒功率调速方式时，只有在最高转速这一点上电动机才被充分利用。而在低于最高转速时，电动机的实际输出小于容许输出，电动机没有充分利用。

4. 恒功率负载配恒转矩调速方式

恒功率负载,其转矩与转速成反比变化;恒转矩调速方式时,电动机的容许输出转矩为常数。显然,此时的负载转矩特性与电动机的容许输出转矩特性也是不能重合的。为了满足负载的需要,只能使恒定的容许输出转矩等于变化的负载转矩的最大值(此时转速最低)。可见,恒功率负载配恒转矩调速方式时,只有在最低转速时电动机才被充分利用。而在高于最低转速时,电动机不能被充分利用。显然,这种配合同样会造成电动机容量的浪费。

5. 风机型负载与两种调速方式的配合

风机型负载因为负载转矩随转速的升高而增大,为了使电动机在最高转速时(所需要的转矩最大)仍能满足负载的需要,对于恒转矩调速方式,只有在最高转速这一点上电动机才被充分利用,而在其他转速下电动机得不到充分利用。风机型负载配恒功率调速方式相比配恒转矩调速方式所造成的电机容量浪费更大一些。

根据以上五种情况分析可得,调速方式与负载类型的适当配合是:

(1)电枢串电阻调速和降压调速属于恒转矩调速方式,适用于恒转矩负载。

(2)弱磁调速属于恒功率调速方式,适用于恒功率负载。

(3)对于风机型负载,三种调速方法都不十分合适,但采用电枢串电阻调速和降压调速要比弱磁调速合适一些。

五、他励直流电动机的制动

许多生产机械的快速减速或停车以及提升装置的匀速下放重物,都需要产生一个与旋转方向相反的制动转矩。利用机械摩擦获得制动转矩的方法称为机械制动,例如常见的抱闸装置;设法使电动机的电磁转矩与旋转方向相反,使电动机的电磁转矩成为制动转矩的方法称为电气制动。与机械制动相比,电气制动没有机械磨损,容易实现自动控制,应用较为广泛。在某些特殊场合,也可同时采用电气制动和机械制动。

电动机制动运行的主要特征是电磁转矩的方向与转速的方向相反,从能量观点看是将机械能变为电能全部消耗掉或大部分回馈电网。制动运行的作用是使电力拖动系统快速减速或停车和匀速下放重物。

根据实现制动的方法和制动时电机内部能量传递关系的不同,制动方法分为三种,即能耗制动、反接制动和回馈制动。

(一)能耗制动

1. 实现能耗制动的方法

能耗制动时电路如图 2-16 所示,将电枢从电源上断开,通过制动电阻 R_B 闭合。电枢由于惯性继续朝原来的方向旋转,切割磁场,感应电动势 E_a,方向与电动状态时相同,不同的是电枢电流 I_a 变为由 E_a 产生,与原来方向相反,电磁转矩 $T_{em}=C_T\Phi I_a$ 随之反向,T_{em} 与 n 反向,进入制动状态。制动过程中,电动机靠系统的动能发电,消耗在电枢回路的电阻上,故称为能耗制动。

2. 能耗制动时的机械特性

此时 $U=0$,$R=R_a+R_B$,机械特性方程式为

$$n = \frac{R_a + R_B}{C_e C_T \Phi^2} T_{em} \tag{2-27}$$

可见,机械特性为通过零点且位于第二、四象限的直线,如图 2-17 所示,其斜率取决于所串制动电阻的大小。

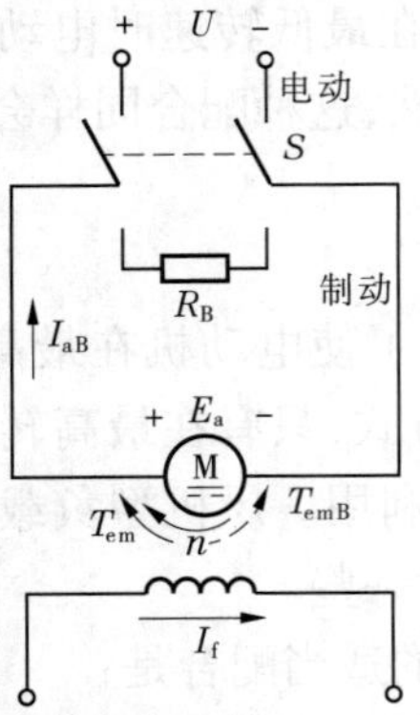

图 2-16　能耗制动时的电路

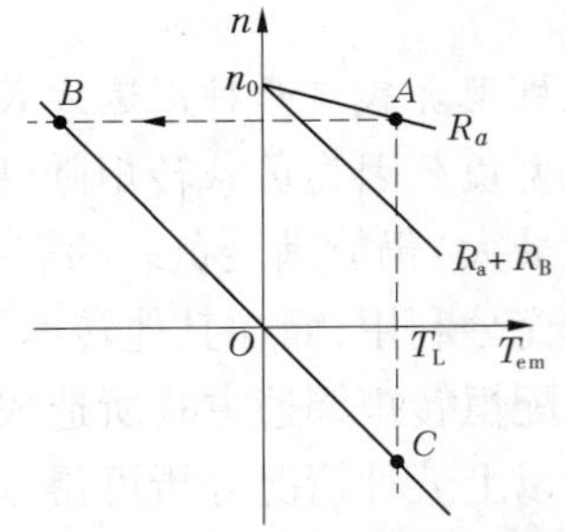

图 2-17　能耗制动时的机械特性

3. 能耗制动的分析

制动电阻 R_B 越小,机械特性斜率越小,制动开始瞬间的转矩(T_1)和电流(I_1)越大,一般电流的最大值不允许超过 $2I_N$,为此 $R_a + R_B \geqslant \frac{E_a}{2I_N}$ 即

$$R_B \geqslant \frac{E_a}{2I_N} - R_a \tag{2-28}$$

如果电动机带的是位能性负载,则当 $T_{em}=0, n=0$ 时,由于 T_L 仍大于零,将倒拉电动机反向运转,转速沿能耗制动机械特性第四象限部分升高,至 $T_{em}=T_L$,转速稳定在 C 点,匀速下放重物。

(二)反接制动

1. 转速反向的反接制动

1)实现方法

他励直流电动机拖动位能性负载,电枢回路串入较大电阻,使 $n=0$ 时的电磁转矩(启动转矩)小于负载转矩 T_L,即进入转速反向的反接制动。

2)机械特性

$$n = \frac{U}{C_e \Phi} - \frac{R_a + R_B}{C_e C_T \Phi^2} T_{em} = n_0 - \frac{R_a + R_B}{C_e C_T \Phi^2} T_{em} \tag{2-29}$$

机械特性为电枢回路串较大电阻时的人为特性,在第四象限,也就是正向电动运行时机械特性向第四象限的延伸,如图 2-18 所示。

3)转速反向反接制动的分析

反接制动时

$$I_a(R_a + R_B) = U - (-E_a) = U + E_a \tag{2-30}$$

两边同乘以 I_a,则得

$$I_a^2(R_a + R_B) = UI_a + E_a I_a \tag{2-31}$$

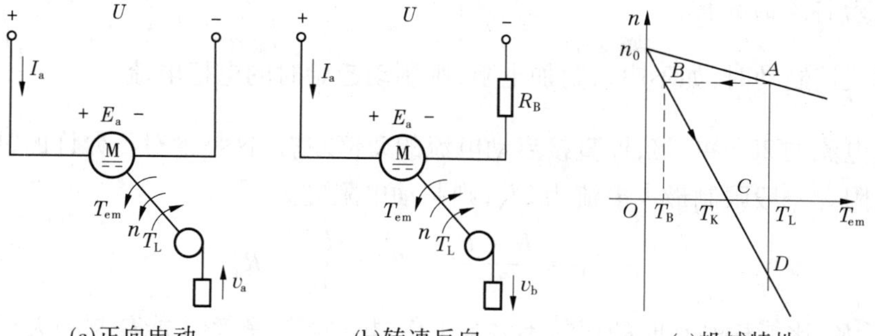

(a)正向电动　(b)转速反向　(c)机械特性

图 2-18　转速反向的反接制动

式中，UI_a 为电网输入电动率，E_aI_a 为由负载的位能自轴上输入转换而来的电磁功率，两部分均消耗在电枢回路的电阻上，能量损耗大。

4）适用场合

这种制动方法所用设备简单，操作方便，电枢回路串联电阻较大，机械特性较软，转速稳定性差，能量损耗大，适用于低速匀速下放重物。

2. 电枢反接的反接制动

1）实现方法

如图 2-19 所示，将开关 S 从电动打向制动，使电枢电源反接的同时串入一个制动电阻 R_B，这时由于 U 反向，电流 $I_a = \dfrac{-U-E_a}{R_a+R_S} = -\dfrac{U+E_a}{R_a+R_S}$ 反向，T_{em} 反向，进入制动状态。

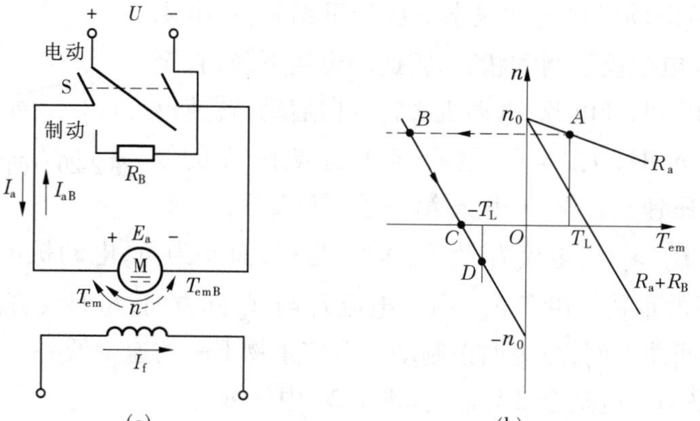

(a)　(b)

图 2-19　电枢反接的反接制动

2）机械特性

$$n = \frac{-U}{C_e\Phi} - \frac{R_a+R_B}{C_eC_T\Phi^2}T_{em} = -n_0 - \frac{R_a+R_B}{C_eC_T\Phi^2}T_{em} \tag{2-32}$$

机械特性在第二象限，如图 2-19 中的 BC 段所示。设电动机制动以前工作在电动状态，在固有特性上的 A 点运行，电枢反接，转矩瞬时变为 $-T_B$，转速沿 BC 迅速下降。

3）制动特性的分析

电源反接制动时，如不串入附加电阻，则制动起始时的电枢电流 $I_a = -\frac{U+E_a}{R_a}$，其值将达额定电流的 20 ~40 倍，即直接启动电流的 2 倍左右，这是绝对不允许的，所以必须串入制动电阻。一般限制最大电流为 $2I_N$，则制动电阻应为

$$R_B \geqslant \frac{U+E_a}{2I_N} - R_a \approx \frac{U_N}{I_N} - R_a \tag{2-33}$$

可见，R_B 比能耗制动时的值差不多大 1 倍，机械特性斜率比能耗制动大得多。

4）适用场合

所用设备简单，操作方便，制动转矩平均值较大，制动强烈，但能量损耗大，适用于要求快速停车的拖动系统，对于要求快速并立即反转的系统更为理想。

（三）回馈制动

电动机运行在电动状态时，在某些条件下会出现实际转速高于理想空载转速的情况，此时，电枢电流反向，电磁转矩的方向也随之改变，由驱动转矩变为制动转矩。从能量传递方向看，电机处于发电状态，将机械能变换成电能回馈给电网，因此称为回馈制动状态。

1. 特性分析

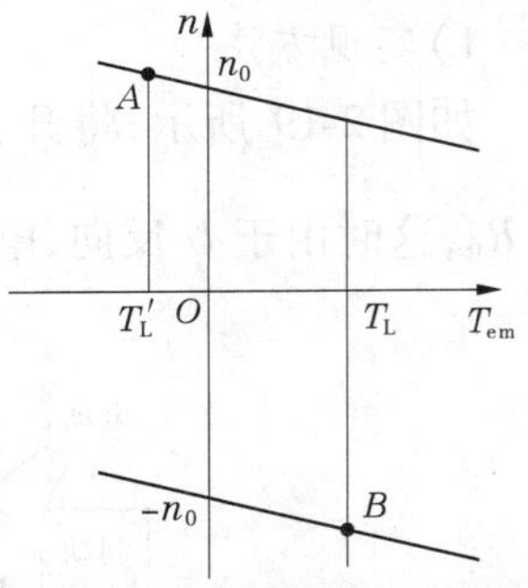

图 2-20 回馈制动的机械特性

（1）电车下坡时，实际转速可能超过理想空载转速，电动机进入第二象限运行，如图 2-20 中的 A 点，这时电机处于正向回馈制动状态下稳定运行。

（2）他励直流电动机在电动状态下提升重物时，将电源反接，电动机进入电枢反接制动状态，转速 n 迅速下降，直至转速降到零时，如不断开电源，电动机必将反向启动，转速反向升高，当 $n=-n_0$ 时，$T_{em}=0$，但 $T_L \neq 0$，系统在 T_L 的作用下继续反向升速，工作点进入第四象限部分，这时 $|-n| > |-n_0|$，$E_a > U$，电流 I_a 及 T_{em} 均变为正，而 n 为负，电动机进入制动状态。当 $T=T_L$ 时，稳速下放重物。由于 $E_a > U$，电流 I_a 与 E_a 同方向，与 U 反方向，所以电动机将位能转换为电能回馈电网，故为回馈制动。若使重物下降的速度低一些，通常可在回馈制动后，将电枢回路串联电阻全部切除，如图 2-20 中的 B 点。

（3）回馈制动除以上两种情况外，还会发生在瞬态过程中的回馈制动，如降低电枢电压调速时和弱磁调速的增磁调速时都可能出现回馈制动过程，如图 2-21 所示。

通过以上分析可知，其机械特性可能在第四象限，也可能在第二象限。在回馈制动过程中，有功功率 UI_a 回馈电网，能量损耗最少。

2. 使用场合

回馈制动主要用于高速匀速下放重物和降压、增加磁通调速过程中自动加快减速过程。

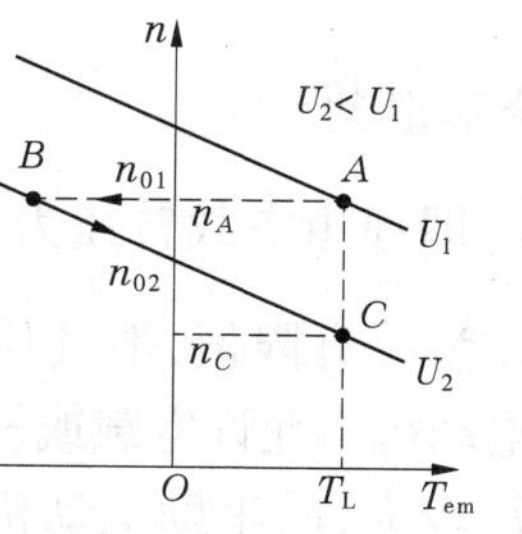

(a)降压调速产生的回馈制动

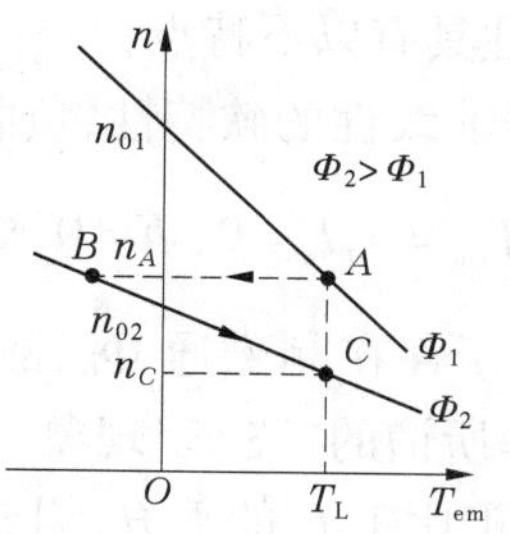

(b)增磁调速产生的回馈制动

图 2-21 降压调速和增磁调速时产生的回馈制动

六、串励及复励直流电动机的电力拖动

(一)串励电动机的机械特性

图 2-22 所示是串励电动机的接线图,串励电动机的励磁绕组与电枢绕组串联,励磁电流 I_f 等于电枢电流 I_a。当 I_a 较小,磁路未饱和时,磁通 Φ 与电枢电流 I_a 成正比,即

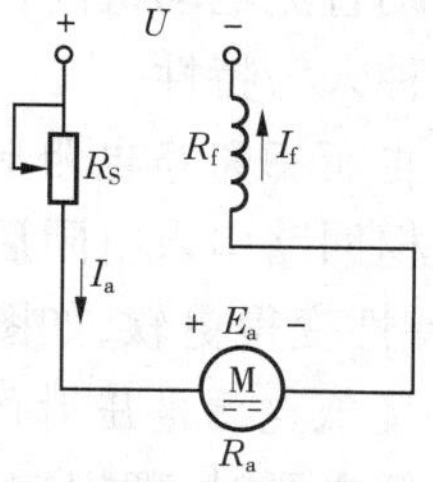

图 2-22 串励电动机的接线图

$$\Phi = kI_a \tag{2-34}$$

式中 k——比例常数。

电磁转矩 T_{em} 为

$$T_{em} = C_T\Phi I_a = C_T kI_a^2 \tag{2-35}$$

由此式可得

$$I_a = \sqrt{\frac{T_{em}}{C_T k}} \tag{2-36}$$

将以上各式代入直流电动机机械特性的一般表达式,可得出磁路不饱和时串励电动机的机械特性为

$$n = \frac{U}{C_e\Phi} - \frac{R}{C_e C_T\Phi^2}T_{em} = \frac{\sqrt{C_T k}}{C_e k}\frac{U}{\sqrt{T_{em}}} - \frac{R}{C_e k} \tag{2-37}$$

式中 R——电枢回路总电阻,$R = R_a + R_f + R_s$。

1. 固有机械特性

串励电动机的固有特性是在 $U = U_N$,$R_S = 0$ 时的机械特性,如图 2-23 所示。

当磁路不饱和时,串励电动机的转速 n 与 $\sqrt{T_{em}}$ 成反比,其机械特性为非线性软特性,如图 2-23 中曲线 AB 段;当 I_a 较大,磁路饱和时,Φ 基本保持不变,这时串励电动机的机械特性与他励电动机的机械特性相似,变为较硬的直线特性,如图 2-23 中曲线 BC 段。

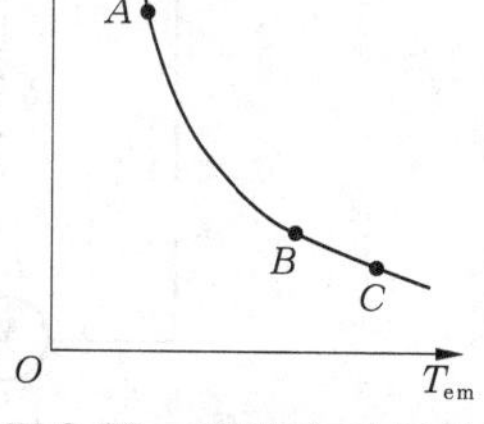

图 2-23 串励电动机的固有机械特性

固有机械特性具有以下特点：

(1)它是一条非线性的软特性，负载时的转速降落很大。

(2)空载时，$T_{em}=0, I_a=0, \Phi=0, n_0=\dfrac{U}{C_e\Phi}=\infty$，即理想空载转速为无穷大。但实际上，即使 $I_a=0$，由于存在剩磁通 Φ_0，故空载转速 n_0 为一有限值，但其值很高，一般可达 $(5\sim6)n_N$，这就是所谓的“飞车”现象。因此，串励电动机不允许空载或轻载运行。

(3)由于 T_{em} 正比于 I_a 的平方，启动和过载时 I_a 较大，故串励电动机的启动转矩大，过载能力强。

2. 人为特性

串励直流电动机同样可以采用电枢回路串电阻、降低电源电压和改变磁通的方法来获得各种人为特性。

1)电枢回路串电阻时的人为特性

电枢回路串入电阻后，转速降增大，所以电枢串电阻的人为特性位于固有特性的下方，且特性变得更软，如图 2-24 所示。

2)降低电源电压时的人为特性

降低电压时，理想空载转速降低，其人为特性向下平移，如图 2-25 所示。

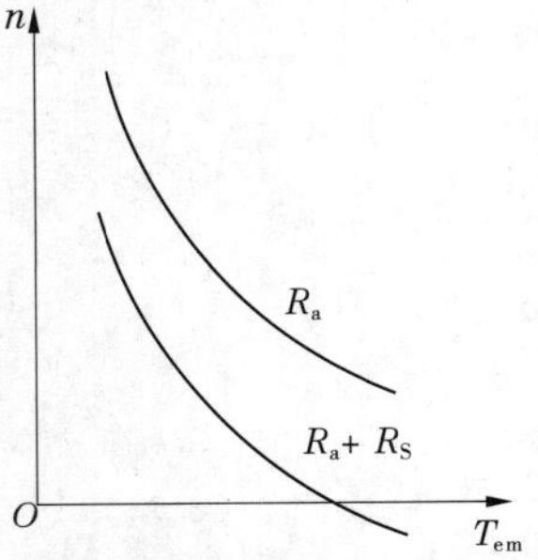

图 2-24　电枢串电阻时的人为特性

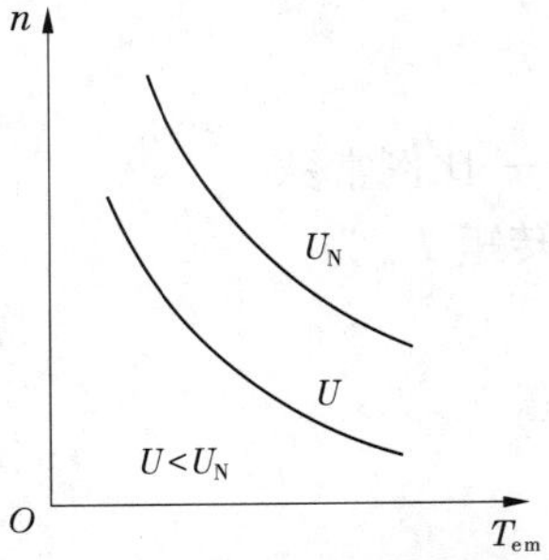

图 2-25　降低电压时的人为特性

3)改变磁通时的人为特性

串励电动机改变磁通的方法之一是在励磁绕组上并联一个分流电阻 R_{Pf}，如图 2-26(a)所示。与固有特性相比，在 I_a 相同的情况下，此时，因 $I_f<I_a$，故 Φ 减小，因此人为特性位于固有特性的上方，如图 2-26(b)所示。

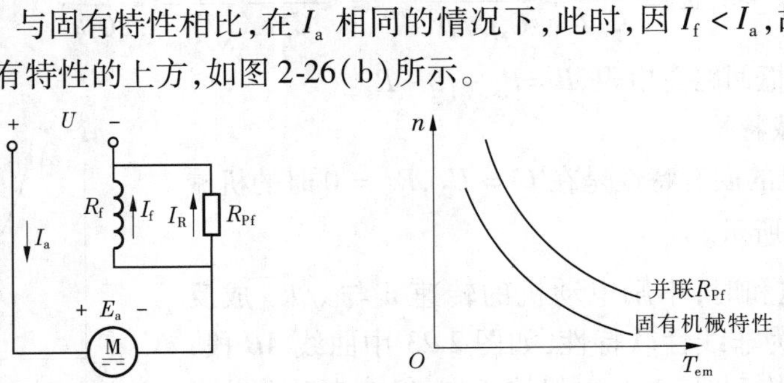

(a)接线图　(b)人为机械特性

图 2-26　改变磁通时的人为特性

(二)串励电动机的电力拖动

1. 串励电动机的启动

为了限制启动电流,串励电动机的启动方法与他励电动机一样,也是采用电枢串电阻启动和降低电源电压启动。但由于 T_{em} 与 I_a^2 成正比,所以串励电动机的启动转矩较大,适用于重载启动的生产机械上,例如起重、运输设备等。

2. 串励电动机的调速

串励电动机的调速也是采用电枢回路串电阻、降压和弱磁三种调速方法。其中,电枢串电阻调速比较常用,弱磁调速用得较少。

3. 串励电动机的制动

对于串励电动机,若不考虑剩磁,只有趋于无穷大时,才能出现 $E_a = U$,要使 $E_a > U$ 显然无法实现。虽然电机中存在少量的剩磁,但要使 $E_a > U$,转速将高达不能允许的数值,故串励电动机不存在回馈制动状态。串励电动机只有能耗制动和反接制动两种制动方法。

(三)复励直流电动机

复励电动机有两个励磁绕组,分别为串励绕组和并励绕组,如图 2-27 所示。通常这两个绕组的磁势方向是相同的,因此称为积复励电动机。

积复励电动机的机械特性介于他励电动机与串励电动机之间,如图 2-28 所示。当并励绕组磁势较大而起主要作用时,机械特性接近于他励特性;当串励绕组磁势较大而起主要作用时,机械特性便接近于串励特性。

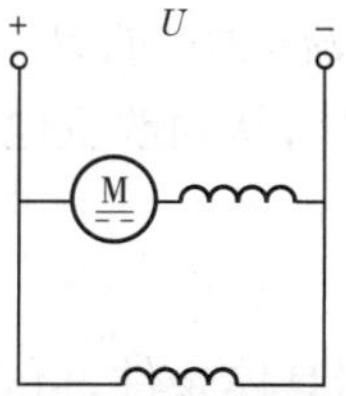

图 2-27　复励电动机的接线图

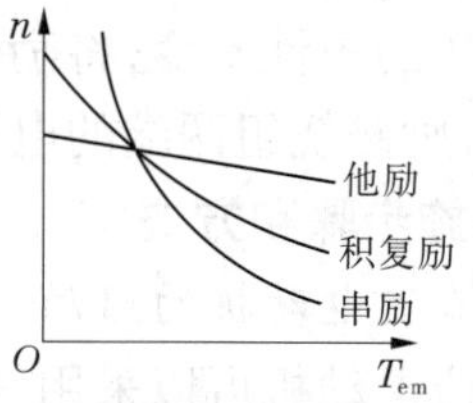

图 2-28　复励电动机机械特性

复励电动机既具有串励电动机的启动转矩大、过载能力强等优点,又因为有并励绕组,使得理想空载转速不至于太高,因而避免了“飞车”的危险。

复励电动机的启动和调速方法与他励电动机相同。复励电动机也可进行能耗制动、反接制动和回馈制动。反接制动时的接线与串励电动机类似,而回馈制动和能耗制动时,由于电枢电流反向,串励磁势也反向,它对并励磁势起去磁作用,这将影响制动效果,故在这两种制动时,往往将串励绕组短接起来。

任务实施

一、直流电动机的启动和反转

(一)任务目的

(1)学习并掌握并励直流电动机的启动方法及启动器的使用。

(2)熟悉并掌握改变电动机转向的方法。

(二)实施内容

(1)并励直流电动机的启动。

(2)并励直流电动机的反转。

(三)预习要点

(1)并励直流电动机启动时为什么需将励磁回路串联的电阻短接?

(2)并励直流电动机励磁回路为什么不能断路?

(3)若将并励电动机所接电源极性对调,能否改变电动机转向?

(四)原理简述

启动性能是电动机的主要指标。启动时要求启动转矩大,以缩短启动时间,提高生产率。启动转矩的表达式为

$$T_{st} = C_T \Phi I_{st} \tag{2-38}$$

式中　I_{st}——启动电流。

由于在启动瞬间,I_{st}很大,不利于电机换向,过大的转矩和加速度使传动机构受到很大的冲击力,并引起较大的线路压降,因而对启动电流必须给予限制。通常采用降压启动和电枢回路串电阻启动。降压启动只有在专用电源时才能采用,而串电阻启动常将启动电流限制在$(1.5 \sim 2)I_N$。

电动机的转向取决于电磁转矩的方向,而$T_{em} = C_T \Phi I_a$,要改变电磁转矩的方向,只要改变磁通或电枢电流的方向即可。因此,改变直流电动机方向的方法有两种:一是保持电动机电枢电压的极性不变,将励磁绕组反接,即改变励磁电流的方向,从而改变磁通的方向;二是保持励磁绕组两端的电压极性不变,将电枢绕组反接,从而改变电枢电流的方向。

(五)实施步骤和方法

1. 并励直流电动机的启动

并励直流电动机可以采用三级或四级串电阻启动,根据具体条件,可自绘实训线路图进行接线。在电动机启动前,应保证启动电阻处在具有最大电阻值的位置。将励磁回路串联的电阻短接,以保证启动时励磁磁场最强。在接线时,注意励磁电路不能错接或断路,以防止在此种情况下启动电动机而出现转速过高或电流过大。

闭合电源开关,然后缓慢地调节启动电阻,逐步减小启动电阻,使电动机启动,观察电动机转速的变化和电压表的变化情况。

2. 并励直流电动机的反转

切断电源,在励磁绕组接法不变的情况下,将电枢绕组两端反接,然后重新启动电动机,观察电动机的旋转方向。

切断电源,在电枢绕组接法不变的情况下,将励磁绕组反接,然后重新启动电动机,观察电动机的旋转方向。

切断电源,将电枢绕组和励磁绕组同时反接,即改变电源的极性,然后重新启动电动机,观察电动机的旋转方向。

(六)任务报告

总结并励直流电动机启动和反转的方法。

二、直流电动机的调速

（一）任务目的

熟悉并掌握调节直流电动机转速的方法。

（二）实施内容

测取并励直流电动机的调速特性。

（三）预习要点

并励直流电动机的运行原理及机械特性。

（四）原理简述

由 $n=\dfrac{U-I_aR}{C_e\Phi}$可知，直流电动机的调速方法有三种：改变电枢回路的串联电阻，使转速下降；减弱每极磁通使转速上升；降低电源电压使转速下降。前两种属改变电动机回路的参数，而后一种是改变电源供电的条件。

（五）实施步骤和方法

1. 电枢电路串电阻调速

启动电动机，在电枢回路所串电阻为零时，调节励磁电阻，使电动机的转速 $n=n_N$，然后增加电枢回路电阻，使转速下降，直至 $n=\dfrac{n_N}{3}$时，测量并记录转速、电枢两端电压值(5～7)组。

2. 改变励磁电流调速

缓慢增加励磁回路电阻，因为励磁电流的微小变化都将引起 n 的较大变化。随着励磁电流的减小，电动机的转速逐步升高，直至 $n=1.2n_N$ 时，读取并记录励磁电流及转速值(5～7)组。注意由于电磁惯性和机械惯性，每次调速要在达到新的稳定值后才能读数。

（六）任务报告

(1)用改变电枢电路电阻调速所测得的数据，绘制 $n=f(U)$ 曲线。

(2)用改变励磁电路电阻调速所测得的数据，绘制 $n=f(I_f)$ 曲线。

练习与提高

2-1　什么叫电力拖动系统？举例说明电力拖动系统都由哪些部分组成。

2-2　写出电力拖动系统的运动方程式，并说明该方程式中转矩正、负号的确定方法。

2-3　生产机械的负载转矩特性常见的有哪几类？何谓反抗性负载，何谓位能性负载？

2-4　电动机的理想空载转速与实际空载转速有何区别？

2-5　什么叫固有机械特性？什么叫人为机械特性？他励直流电动机的固有特性和各种人为特性各有何特点？

2-6　电力拖动系统稳定运行的条件是什么？一般来说，若电动机的机械特性是向下倾斜的，则系统便能稳定运行，这是为什么？

2-7　他励直流电动机稳定运行时，其电枢电流与哪些因素有关？如果负载转矩不变，改变电枢回路的电阻，或改变电源电压，或改变励磁电流，对电枢电流有何影响？

2-8　直流电动机为什么不能直接启动？如果直接启动会引起什么后果？

2-9　怎样实现他励直流电动机的能耗制动？试说明在反抗性恒转矩负载下，能耗制动过程中的 n、E_a、I_a 及 T_{em} 的变化情况。

2-10　采用能耗制动和电压反接制动进行系统停车时，为什么要在电枢回路中串入制动电阻？哪一种情况下串入的电阻大？为什么？

2-11　实现倒拉反转反接制动和回馈制动的条件各是什么？

2-12　试分别说明在反抗性恒转矩负载和位能性负载下，将他励直流电动机的电压反接后，最终将进入什么运行状态？

2-13　当提升机下放重物时，要使他励电动机在低于理想空载转速下运行，应采用什么制动方法？若在高于理想空载转速下运行，又应采用什么制动方法？

2-14　试说明电动状态、能耗制动状态、回馈制动状态及反接制动状态下的能量关系。

2-15　直流电动机有哪几种调速方法，各有何特点？

2-16　什么叫静差率？它与哪些因素有关？为什么低速时的静差率较大？

2-17　电动机在不同转速下的容许输出转矩和功率是由什么决定的？

2-18　何谓恒转矩调速方式及恒功率调速方式？他励直流电动机的三种调速方法各属于什么调速方式？

2-19　为什么要考虑调速方式与负载类型的配合？怎样配合才合理？

2-20　串励电动机为何不能空载运行？

2-21　积复励电动机与他励、串励电动机比较有何特点？

2-22　某他励直流电动机，$P_N=10$ kW，$U_N=220$ V，$I_N=54.3$ A，$n_N=1\ 500$ r/min，$R_a=0.4\ \Omega$。求：(1)额定运行时的电磁转矩、输出转矩及空载转矩；(2)理想空载转速和实际空载转速；(3)半载时的转速；(4)$n_N=1\ 600$ r/min 时的电枢电流。

2-23　电动机数据同题 2-22，试求出下列几种情况下的机械特性方程式，并在同一坐标上画出机械特性曲线。(1)固有特性；(2)电枢回路串入 1.6 Ω 电阻；(3)电源电压降至原来的一半；(4)磁通减少 30%。

2-24　他励直流电动机的 $U_N=220$ V，$I_N=207.5$ A，$R_a=0.067\ \Omega$。试问：直接启动时的启动电流是额定电流的多少倍？如限制启动电流为 $1.5I_N$，电枢回路应串入多大的电阻？

2-25　他励直流电动机的 $P_N=7.5$ kW，$U_N=110$ V，$I_N=85.2$ A，$n_N=750$ r/min，$R_a=0.13\ \Omega$。如采用三级启动，最大启动电流限制为 $2I_N$，求各段启动电阻。

2-26　他励直流电动机的 $P_N=2.5$ kW，$U_N=220$ V，$I_N=12.5$ A，$n_N=1\ 500$ r/min，$R_a=0.8\ \Omega$。求：(1)当电动机以 1 200 r/min 的转速运行时，采用能耗制动停车，若限制最大制动电流为 $2I_N$，则电枢回路中应串入多大的制动电阻？(2)若负载为位能性恒转矩负载，负载转矩为 $T_L=0.9T_N$，采用能耗制动使负载以 120 r/min 转速稳速下降，电枢回路应串入多大电阻？

2-27 他励直流电动机的 $P_N=4$ kW, $U_N=220$ V, $I_N=22.3$ A, $n_N=1\ 000$ r/min, $R_a=0.91\ \Omega$。运行于额定状态,为使电动机停车,采用电压反接制动,串入电枢回路的电阻为 9 Ω,求:(1)制动开始瞬间电动机的电磁转矩;(2) $n=0$ 时电动机的电磁转矩;(3)如果负载为反抗性负载,在制动到 $n=0$ 时不切断电源,电机能否反转?为什么?

2-28 他励直流电动机的 $P_N=29$ kW, $U_N=440$ V, $I_N=76$ A, $n_N=1\ 000$ r/min, $R_a=0.377\ \Omega$, $T_L=0.8T_N$,求:(1)电动机以 500 r/min 的转速吊起重物时,电枢回路应串多大电阻?(2)用哪几种方法可使电动机以 500 r/min 的转速下放重物?每种方法电枢回路应串入的电阻是多少?(3)电动机以 500 r/min 的转速吊起重物时,突然将电压反接,并使 $I_a=I_N$,此时电枢回路应串入多大的电阻?电动机最终的稳态转速是多少?

2-29 一台他励直流电动机, $P_N=29$ kW, $U_N=440$ V, $I_N=76$ A, $n_N=1\ 000$ r/min, $R_a=0.38\ \Omega$,采用调压及弱磁调速,要求最低理想空载转速为 250 r/min,最高理想空载转速为 $n_N=1\ 500$ r/min,求在额定转矩时的最高转速和最低转速,并比较这两条机械特性的静差率。

2-30 一台直流电动机, $P_N=74$ kW, $U_N=220$ V, $I_N=378$ A, $n_N=1\ 430$ r/min,采用降压调速,已知 $R_a=0.023\ \Omega$,直流电源内阻为 0.022 Ω,当生产机械要求静差率为 20% 时,系统的调速范围是多少?若静差率为 30%,则调速范围又为多少?

任务三　变压器的拆装与维护

【能力要求】

本任务要求学生掌握变压器的基本工作原理，掌握变压器的种类和用途及变压器各额定值的含义，并能熟练地通过空载试验、短路试验、负载试验测量变压器基本运行参数。

【引入】

本任务主要分析单相变压器的结构、原理、运行分析及三相变压器的特性和应用，对自耦变压器、仪用互感器等其他常用变压器也作了简单阐述。通过学习，应掌握变压器的基本结构、原理及运行分析，为实际工作中应用这些变压器打下一定的基础。

任务资讯

一、变压器概述

不同类型的变压器，尽管它们在外形、体积、重量上有很大的差异，但是它们的原理和基本结构是相同的，本节以简单的单相变压器为例介绍变压器的工作原理和结构。

（一）变压器的应用及分类

1. 变压器的应用

变压器是利用电磁感应原理，将某一数值的交流电压转换为另一数值的交流电压（相同频率）的电磁转换装置，是一种进行电能传递的静止电器。它的用途极为广泛，在电力系统中，变压器是电能输配的主要电气设备，如满足远距离高压输电的升压变压器，为满足负载用电要求的降压变压器。另外，在电子线路中，变压器还用来耦合、传递信号，并进行阻抗匹配。

从节能方面考虑，用高压输电较为经济。因为当输送电功率 $S=UI$ 一定时，电压 U 越高，则输电线上的电流 I 越小，这样一方面导线截面可以减小，节省了有色金属；另一方面当输电距离、输电线材料及截面一定时，输电线路的电能损失减小。

从输电电压等级方面考虑，电网电压等级有 35 kV、110 kV、220 kV、500 kV 等，而发电机端电压因受绝缘及制造技术上的限制，远远不能达到这样高的电压等级，因此必须在发电机端用变压器将电压升高。

从用电安全、降低用电设备的绝缘等级及降低制造成本方面考虑，必须用降压变压器将输电线路上的高电压降低到配电系统的电压等级，然后再经过配电变压器将电压降低到用电器的额定电压以供使用。在我国，大型动力负荷一般采用 3 kV 或 6 kV，而小型动力负荷采用 380 V，单相动力负荷和照明采用 220 V。

2. 变压器的分类

变压器的分类方法很多，根据其用途不同可分为：

(1)电力变压器：供输配电系统中升压或降压用的变压器，这种变压器在工矿企业中用得最多，是常见而又十分重要的电气设备，有单相和三相之分。

(2)特殊电源用变压器：如电炉变压器、电焊变压器和整流变压器。

(3)仪用互感器：供测量和继电保护用的变压器，如电压互感器和电流互感器。

(4)试验变压器：供电气设备做耐压试验用的变压器，如做高压试验的高压变压器。

(5)调压器：能均匀调节输出电压的变压器，如自耦调压器。

(6)控制用变压器：用于自动控制系统中的小功率变压器。

(二)变压器的工作原理

变压器是传送交流电能的一种电气设备，它通过磁路的耦合作用将交流电从原边送到副边，利用原边和副边绕组匝数的不同，使副边输出的电压和电流等级与原边的不一样。

单相变压器的原理图如图 3-1 所示，它由一个铁芯和两个独立绕组组成。铁芯构成变压器的磁路部分，绕组构成变压器的电路部分。接交流电源的绕组称为原绕组，接负载的另一绕组称为副绕组。原绕组的电压、电流、阻抗、功率等量，叫作原边量，常用下标 1 表示；副绕组的各量叫作副边量，以下标 2 表示。因此，原边又称为一次侧，副边称为二次侧。

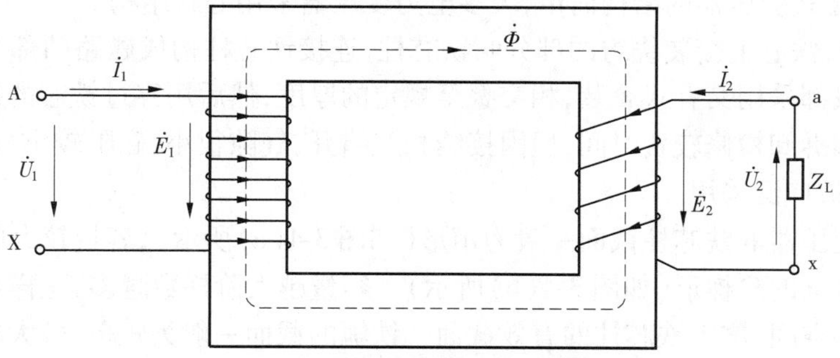

图 3-1　单相变压器的工作原理示意图

在变压器原边加上交流电压 u_1，原边绕组中产生交流电流，这个电流在铁芯中建立交变磁通 Φ，它穿过变压器的两个绕组，并使两个绕组中产生感应电动势，它们的大小分别为

$$e_1 = -N_1 \frac{d\Phi}{dt} \tag{3-1}$$

$$e_2 = -N_2 \frac{d\Phi}{dt} \tag{3-2}$$

式中　N_1、N_2——原、副绕组的匝数。

忽略变压器绕组内部压降不计，原副边电压之比为

$$\frac{U_1}{U_2} \approx \frac{e_1}{e_2} = \frac{N_1}{N_2} \tag{3-3}$$

变压器原、副边电压之比等于绕组的匝数比。调节原、副绕组的匝数，就可以把原边

交流系统转变为不同电压的副边交流系统。

（三）变压器的基本结构

一般的电力变压器由铁芯、绕组及其附件组成。其结构如图 3-2 所示，其中图 3-2（a）为单相双绕组变压器的结构示意图，图 3-2（b）为切面示意图。

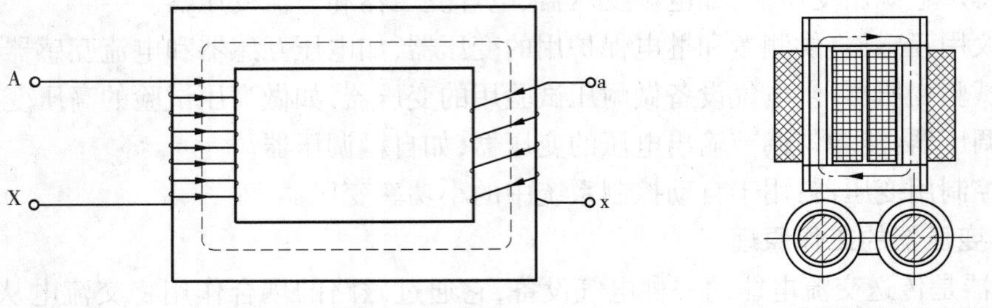

(a)单相双绕组变压器　　(b)变压器切面示意图

图 3-2　单相双绕组变压器的结构示意图

1. 铁芯

铁芯是变压器的磁路部分，为了减小交变磁通引起的磁滞损耗和涡流损耗，铁芯采用厚度为 0. 35 ~0. 5 mm、表面涂有绝缘漆的硅钢片叠合而成。

根据绕组与铁芯配置方式的不同，变压器铁芯的结构通常分为心式和壳式两种。心式变压器的绕组包围着铁芯（如图 3-3（a）所示）；壳式变压器的铁芯围绕着绕组（如图 3-3（b）所示）。心式变压器的结构简单，大多电力变压器采用心式结构。

图 3-3 中，铁芯上套装绕组的部分叫铁芯柱，连接铁芯柱构成磁路的部分叫铁轭。变压器铁芯一般都采用交叠式叠装，相交叠至规定的厚度，然后用穿过铁芯的螺栓夹紧。这种方法装配和拆卸检修较费时间，但因接缝相互错开，气隙很小，磁阻较小，可减小空载励磁电流，因而被广泛采用。

小容量变压器的铁芯柱截面一般为矩形（如图 3-4（a）所示），容量较大的变压器铁芯截面做成内接圆的阶梯形（如图 3-4（b）所示）。容量越大阶梯数越多，这样可以充分利用绕组内的圆形空间，增大铁芯柱的有效截面。铁轭的截面一般为矩形，较大容量变压器做成级数较少的阶梯形。

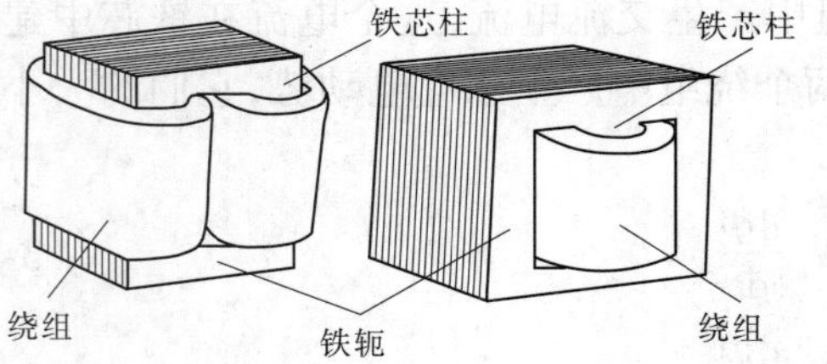

(a)心式　　(b)壳式

图 3-3　单相变压器的结构

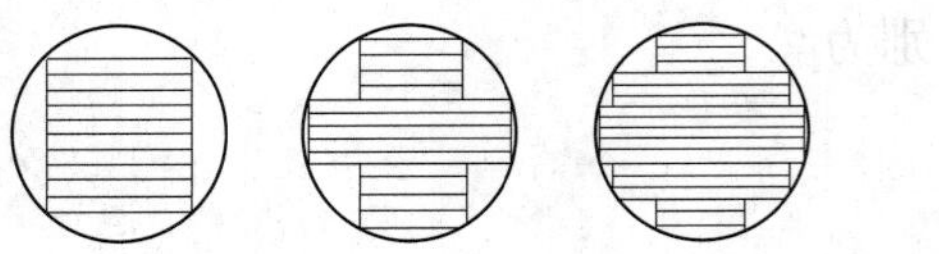

(a)小容量　(b)较大容量　(c)大容量

图 3-4　铁芯柱的截面积

2. 绕组

变压器的高低压绕组实际上并不是如图 3-2 那样分别套装在两个铁芯柱上的，而是套装在同一铁芯柱上，如图 3-5 所示，以尽可能减小漏磁。

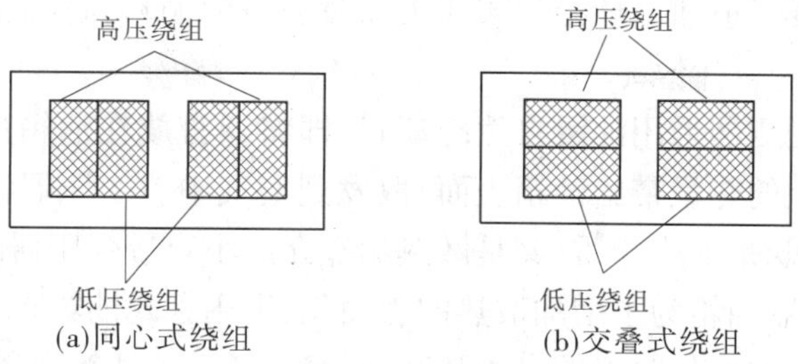

图 3-5　高低压绕组在铁芯柱上的布置方式

高低压绕组在铁芯柱上的布置方式有同心式和交叠式两种。同心式绕组布置方式如图 3-5(a)所示,低压与高压绕组在同一铁芯柱上同心排列,一般低压绕组在内,高压绕组在外。绕组与绕组、绕组与铁芯间用电木纸或钢纸板做成圆筒绝缘。交叠式布置方式如图 3-5(b)所示,把高低压绕组分成几部分,使高压绕组和低压绕组沿芯柱高度交错地套装在芯柱上。这种布置方式结构比较牢固,但绝缘比较复杂,所以只适用于电炉变压器。我国电力变压器一般都采用同心式。

3. 其他部件

三相油浸式电力变压器的结构和外形如图 3-6 所示,除绕组和铁芯主要部件外,它还有一些附件。

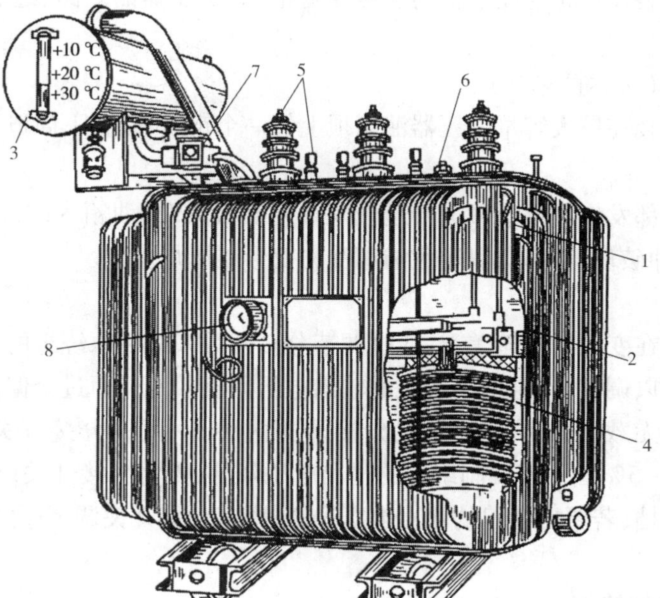

1—油箱;2—铁芯及绕组;3—储油柜;4—散热器;

5—高低压套管;6—分接开关;7—气体继电器;8—信号温度计

图 3-6　三相油浸式电力变压器

1)油箱及储油柜

变压器的冷却方式可分为干式自然冷却式、油浸自然冷却式、油浸风冷式、油浸强迫油循环冷却式。油浸强迫油循环冷却式即用油泵强迫油循环，将油抽送到冷却器冷却后再送回油箱。

中小型的电力变压器采用油浸自然冷却式，即将器身放在油箱里面。通过油的对流作用将绕组及铁芯上的热量带给油箱表面，散发到空气中。变压器油是一种从石油中提炼出来的绝缘油，它既是绝缘介质，又是散热的媒介。小容量变压器的油箱做成平面式油箱，中等容量的变压器油箱为了增加散热的表面积，采用管式油箱。

为了使油箱内的油发热时能够自由膨胀，小容量变压器油箱内留出一定的空间，发热时，空气从油箱内经特殊阀门挤出，此阀门同时也可用来注入变压器油。容量较大的变压器（容量大于 75 kVA，高压侧电压大于 6 kV）都装有储油柜（或称油枕），以避免油箱中的油和空气直接接触。储油柜装在油箱盖上面，通过油管和油箱相连，油枕内的油面高度随变压器的温度而变化，为了观察油枕内部的油面，在它的一端装有油位表。油枕上部设置呼吸器用于排出内部空气，呼吸器的空气进出口内装有吸潮剂，当油枕油面下降时，空气进入油枕前先被吸去水分。

2）绝缘套管

变压器的绝缘套管装在变压器的油箱盖上，多用瓷质绝缘套管。其作用是把绕组的引线端头从油箱中引出，并使引线与油箱绝缘。

3）气体继电器（又称瓦斯继电器）

气体继电器装在油箱与储油柜的连通导管中，对变压器的短路、过载、漏油等故障起到保护作用。

4）安全气道（又称防爆管）

安全气道是装在较大容量变压器油箱顶上的一个钢质长筒，下筒口与油箱连通，上筒口以玻璃板封口。

当变压器内部发生严重故障又恰逢气体继电器失灵时，油箱内的高压气体便会沿着安全气道上冲，冲破玻璃封口，以避免油箱受力变形或爆炸。

5）分接开关

分接开关装在变压器油箱盖上，通过调节分接开关来改变原绕组的匝数，从而使副绕组的输出电压可以调节，以避免副绕组的输出电压因负载变化而过分偏离额定值。

分接开关有无载分接开关和有载分接开关两种，一般的分接开关有三个挡位，即 +5% 挡、0 挡和 −5% 挡。若要副绕组的输出电压降低，则将分接开关调至原绕组匝数多的一挡，即 +5% 挡；若要副绕组的输出电压升高，则将分接开关调至原副绕组匝数少的一挡，即 −5% 挡。

（四）变压器的铭牌

变压器的箱体表面都镶嵌有铭牌，主要包含两方面内容。

1. 变压器型号

按照国家标准的规定，变压器的型号由汉语拼音字母和数字组成，表明变压器的系列和规格。例如，某变压器型号为

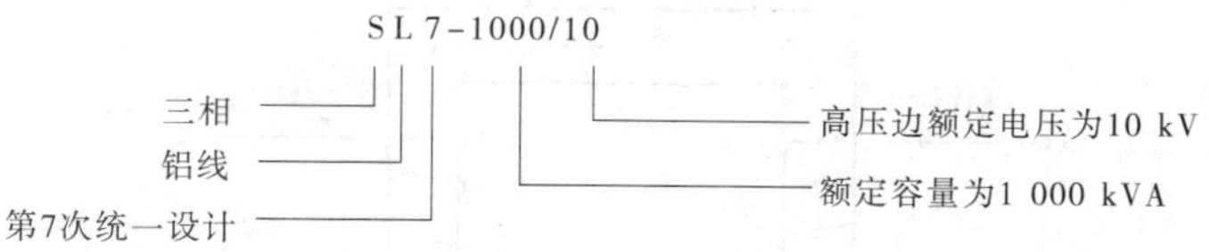

2. 变压器铭牌数据

(1)额定容量 S_N。是指额定工作状态下变压器二次侧的视在功率,单位为 VA 或 kVA。对于双绕组电力变压器,原绕组与副绕组的容量应该相等。

(2)额定电压 U_{1N}/U_{2N}。额定电压 U_{1N}是指变压器原绕组外加电压最大值,额定电压 U_{2N}是指原绕组加上额定电压,副绕组开路时的端电压,单位为 V 或 kV。对三相变压器,额定电压指线电压值。

(3)额定电流 I_{1N}/I_{2N}。指变压器原、副绕组长期工作允许通过的最大电流值,单位为 A。对三相变压器,额定电流指线电流值。

额定容量、额定电压、额定电流之间的关系为

对于单相变压器

$$S_N = U_{1N}I_{1N} = U_{2N}I_{2N} \tag{3-4}$$

对于三相变压器

$$S_N = \sqrt{3}U_{1N}I_{1N} = \sqrt{3}U_{2N}I_{2N} \tag{3-5}$$

(4)额定频率 f_N。是指变压器电压式电流每秒交变的次数,我国规定的标准工业用电频率为 50 Hz。

二、单相变压器的运行原理

单相变压器可以代表对称负载下运行的三相变压器中任意一相,它的运行原理及结论适用于三相变压器,为了分析问题的方便,主要讨论单相变压器的运行原理。

(一)变压器的空载运行

变压器的空载运行,是指变压器原边加额定电压,副边开路时的运行状态。空载运行是负载运行的一种特殊情况,它的运行理论是负载运行理论的基础。由于副边电流为零,对原边没有影响,所以原边实际上是一个有铁芯的电感电路。

在变压器原边加上交变电压,绕组中产生交变电流,铁芯中有交变的磁场,磁场又在原、副绕组中产生感应电动势,各电磁量均标注于图 3-7 中。

1. 空载运行时的磁场

如图 3-7 所示,变压器的原绕组匝数为 N_1,副绕组匝数为 N_2。当原边接上电源电压 $\dot{U}_1$,副边开路时,原绕组中流过的电流为 $\dot{I}_0$(称作空载电流),产生的磁势为 $\dot{F}_0 = \dot{I}_0 N_1$(称作空载磁势)。在空载磁势 $\dot{I}_0 N_1$ 的作用下,磁路中产生交变磁通,因此空载磁势又叫作励磁磁势,空载电流又叫作励磁电流。

产生的交变磁通分为两部分:一部分同时交链着原绕组和副绕组,称为主磁通,用 $\dot{\Phi}_m$ 表示;另一部分经由原绕组周围的空气或变压器油只与原绕组交链的磁通,称为原绕组的漏磁通,用 $\dot{\Phi}_{1\sigma}$表示。主磁通通过的路径称为主磁路,铁芯就是变压器的主磁路。漏

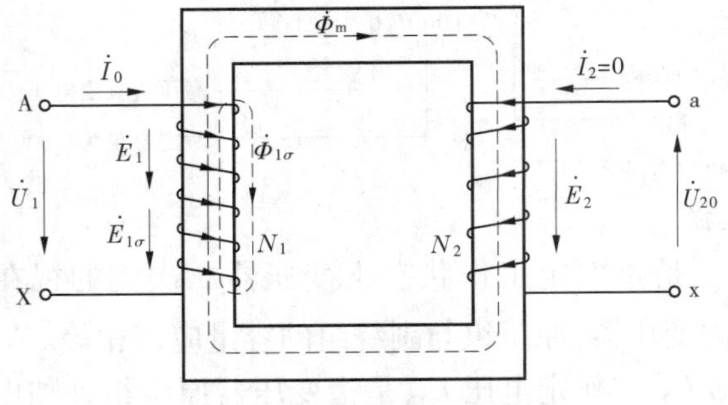

图 3-7　变压器的空载运行

磁通通过的路径称作漏磁路,主要由铁芯和变压器油(或空气)构成。铁磁材料的磁导率比非铁磁材料的磁导率大几百倍,磁路的磁阻值正比于磁路的长度,反比于磁路的截面面积和磁导率。漏磁路由铁磁材料和非铁磁材料两段组成,其磁阻为这两部分磁阻串联相加,但铁磁材料磁阻很小,漏磁路的磁阻基本上取决于变压器油(或空气)这一部分的磁阻,因此与主磁路的磁阻相比较,漏磁路磁阻数值要大得多。所以在同一个励磁磁势作用下,空载运行时主磁通 $\dot{\Phi}_m$ 的数值大大超过原绕组漏磁通 $\dot{\Phi}_{1\sigma}$,一般 $\dot{\Phi}_{1\sigma}$ 只有 $\dot{\Phi}_m$ 的千分之几。

2. 空载运行时的电磁关系

电源电压 $\dot{U}_1$ 是频率为 50 Hz 的正弦交流电压,因此励磁电流 $\dot{I}_0$、主磁通 $\dot{\Phi}_m$ 及原绕组漏磁通 $\dot{\Phi}_{1\sigma}$ 都是频率为 50 Hz 的正弦交流量。主磁通 $\dot{\Phi}_m$ 在原绕组中的感应电势为 $\dot{E}$,在副绕组中的感应电势为 $\dot{E}_2$;原绕组漏磁通 $\dot{\Phi}_{1\sigma}$ 在原绕组中感应电势为 $\dot{E}_{1\sigma}$,副绕组的端电压为 $\dot{U}_{20}$,各电磁量的参考方向如图 3-7 所示。

1)空载电流

空载电流的大小与铁芯的材料、要求额定磁通的大小有关。由于变压器的铁芯采用高磁化能力、低损耗的硅钢片叠压而成,因此空载电流很小,一般只占原边额定电流的 4% ~10%,甚至更低。

由于交变磁通在铁芯中产生涡流,同时又使铁磁材料中的磁畴随磁场方向的交变而运动,致使铁芯发热,将消耗一部分能量。通常,把这两种电能损耗分别称为涡流损耗和磁滞损耗,统称为空载损耗或铁芯损耗(简称铁耗)。

由此可见,空载电流 $\dot{I}_0$ 的作用有两个:一是产生交变磁通,使铁芯磁化,这一部分电流分量称为磁化电流分量,用 $\dot{I}_{0\omega}$ 表示,它是空载电流的无功分量,与 $\dot{\Phi}_m$ 的相位相同,滞后于 $\dot{U}_1$ 的角度为 90°;另一个作用是产生铁芯损耗,使铁芯发热,这一部分电流分量称为铁耗电流分量,用 $\dot{I}_{0y}$ 表示,它是空载电流的有功分量,与 $\dot{U}_1$(或 $-\dot{E}_1$)同相。空载电流相量图如图 3-8 所示。

由图 3-8 可见

$$\dot{I}_0 = \dot{I}_{0y} + \dot{I}_{0\omega} \tag{3-6}$$

$$I_0 = \sqrt{I_{0y}^2 + I_{0\omega}^2} \tag{3-7}$$

一般来讲，磁化电流分量 $\dot{I}_{0\omega}$ 比铁损电流分量 $\dot{I}_{0y}$ 大 10 倍左右，$\varphi_0 \approx 90°$，这就说明变压器空载时功率因数很低。因此，空载运行的变压器使电力系统的功率因数大大降低。

如果忽略铁芯损耗，则 $\varphi_0 = 90°$，$\dot{I}_0$ 与 $\dot{\Phi}_m$ 同相，此种变压器称为理想变压器。

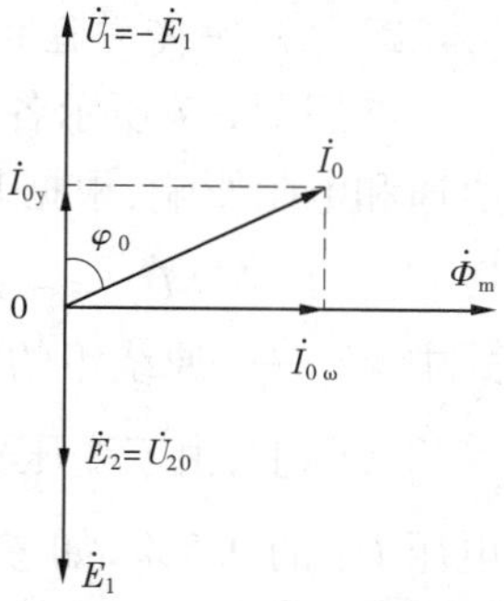

图 3-8 空载电流相量图

2）感应电动势

设主磁通 $\dot{\Phi} = \Phi_m \sin\omega t$，根据电磁感应定律 $e = -N\dfrac{d\Phi}{dt}$，可得原副绕组中的感应电动势分别为

$$e_1 = -N_1\frac{d\Phi}{dt} = -N_1\frac{d(\Phi_m\sin\omega t)}{dt} = -N_1\omega\Phi_m\cos\omega t$$

$$= N_1\omega\Phi_m\sin(\omega t - 90°) = E_{1m}\sin(\omega t - 90°) \tag{3-8}$$

$$e_2 = N_2\omega\Phi_m\sin(\omega t - 90°) = E_{2m}\sin(\omega t - 90°) \tag{3-9}$$

其中，E_{1m}、E_{2m} 分别为原、副绕组电动势的最大值，它们的有效值分别为

$$E_1 = \frac{N_1\omega\Phi_m}{\sqrt{2}} = \frac{2\pi}{\sqrt{2}}fN_1\Phi_m = 4.44fN_1\Phi_m \tag{3-10}$$

$$E_2 = \frac{N_2\omega\Phi_m}{\sqrt{2}} = \frac{2\pi}{\sqrt{2}}fN_2\Phi_m = 4.44fN_2\Phi_m \tag{3-11}$$

可以看出，变压器绕组中感应电动势的大小与电源的频率、绕组匝数和主磁通最大值三者乘积成正比，相位上滞后主磁通 90°，用复数表示为

$$\dot{E}_1 = -j4.44fN_1\dot{\Phi}_m \tag{3-12}$$

$$\dot{E}_2 = -j4.44fN_2\dot{\Phi}_m \tag{3-13}$$

同理可得漏磁感应电动势为

$$\dot{E}_{1\sigma} = -j\frac{1}{\sqrt{2}}N_1\omega\Phi_{1\sigma m} = -jN_1\omega L_{1\sigma}\frac{\dot{I}_{0m}}{\sqrt{2}} = -jx_1\dot{I}_0 \tag{3-14}$$

式中 $L_{1\sigma}$——原绕组的漏电感；

x_1——原绕组的漏电抗，$x_1 = N_1\omega L_{1\sigma}$。

由于漏磁磁路主要由非磁性介质组成，可近似看成是线性磁路，其磁阻及漏电感 $L_{1\sigma}$ 和漏电抗 x_1 也可以近似认为是常数。因此，漏磁感应电动势 $\dot{E}_{1\sigma}$ 可以看成是漏电抗上的压降。

【例 3-1】 某单相变压器的额定电压为 6 000/400 V，$f = 50$ Hz，测知磁通最大值为 $\Phi_m = 0.02$ Wb，问高压侧和低压侧的匝数各是多少？

解 设高压侧为一次侧，由 $U_1 \approx E_1 = 4.44fN_1\Phi_m$ 求得

$$N_1 = \frac{U_1}{4.44f\Phi_m} = \frac{6\,000}{4.44\times 50\times 0.02} = 1\,351\text{（匝）}$$

$$N_2 = \frac{U_{20}N_1}{U_1} = \frac{400\times 1\,351}{6\,000} = 90\text{（匝）}$$

3) 电压平衡方程式

参照图 3-7 所示各电量，下面来考虑变压器空载时的电压平衡方程式。如果考虑漏磁通和电阻影响，根据基尔霍夫第二定律，可得一次电路的电压平衡方程式为

$$\dot{U}_1 = -\dot{E}_1 + \dot{U}_{1\sigma} + \dot{U}_{r1} = -\dot{E}_1 + \dot{I}_0(r_1 + jx_1) = -\dot{E}_1 + \dot{I}_0 z_1 \tag{3-15}$$

式中　z_1——原绕组的漏阻抗，简称一次漏阻抗，$z_1 = r_1 + jx_1$。

实际上，由于变压器空载电流 $\dot{I}_0$ 很小，一次漏阻抗压降 $\dot{I}_0 z_1$ 通常不超过一次侧额定电压 $\dot{U}_1$ 的 0.5%，如忽略其影响，则式(3-15)变为

$$\dot{U}_1 \approx -\dot{E}_1 \tag{3-16}$$

变压器副边的端电压，由绕组的电动势决定，由基尔霍夫第二定律得

$$\dot{U}_{20} = \dot{E}_2 \tag{3-17}$$

由此可得

$$\frac{U_1}{U_{20}} \approx \frac{E_1}{E_2} = \frac{N_1}{N_2} \tag{3-18}$$

由式(3-18)可以看出，空载运行的变压器原、副边电压之比近似等于变压器的匝数比。对于单相变压器，原、副边电压之比称为变压器的变比，用 k 表示。

$$k = \frac{U_1}{U_2} \tag{3-19}$$

$k > 1$ 为降压变压器，$k < 1$ 为升压变压器。

对于三相变压器，变比是指原、副边线电压之比。

根据电压平衡方程式可以画出实际变压器空载运行时 $\dot{U}_1$、$\dot{I}_0$、$\dot{E}_1$、$\dot{E}_2$ 各量的相量关系图，如图 3-9 所示。

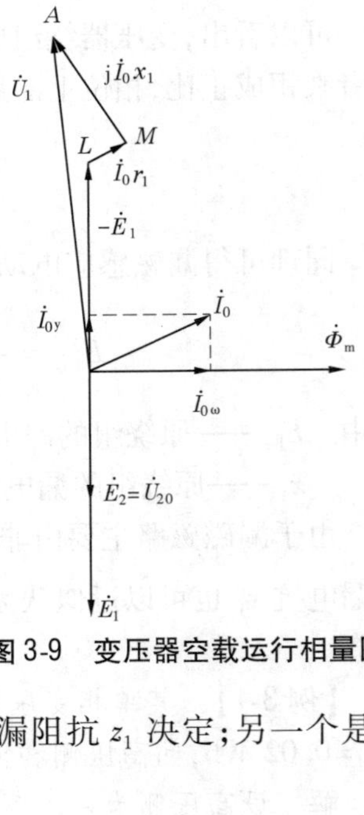

图 3-9　变压器空载运行相量图

3. 空载变压器的等效电路

根据电压平衡方程式及电路基础知识，可以将空载运行的变压器等效成一个简单的交流电路，如图 3-10所示。用这个电路代替变压器，其效果与变压器完全一样。

由电压平衡方程式 $\dot{U}_1 = -\dot{E}_1 + \dot{I}_0(r_1 + jx_1)$ 可知，电源电压由两部分平衡，其中 $\dot{I}_0(r_1 + jx_1)$ 可表示一个阻抗为 $z_1 = r_1 + jx_1$ 空心绕组两端的电压，$-\dot{E}_1$ 可表示一个铁芯电感绕组两端的电压。这样，空载变压器就可等效为两个串联的电感绕组，如图 3-10(a)所示。一个是反映变压器原绕组电阻和漏磁通作用的空心绕组，它的阻抗由变压器一次漏阻抗 z_1 决定；另一个是反映主磁通作用的铁芯绕组，其阻抗为励磁阻抗 z_m，即

$$-\dot{E}_1 = \dot{I}_0 z_m \tag{3-20}$$

式中，$z_m = r_m + jx_m$ 称为励磁阻抗，其模为 $|z_m| = \sqrt{r_m^2 + x_m^2}$。其中，$x_m$ 是对应主磁通的电抗，r_m 是反映铁芯损耗的等效电阻，通常情况下 $x_m \gg r_m$。x_m 与铁芯饱和程度有关，但变压器的外加电压通常是一定的，在正常工作范围内，主磁通基本不变，铁芯的饱和程度也基

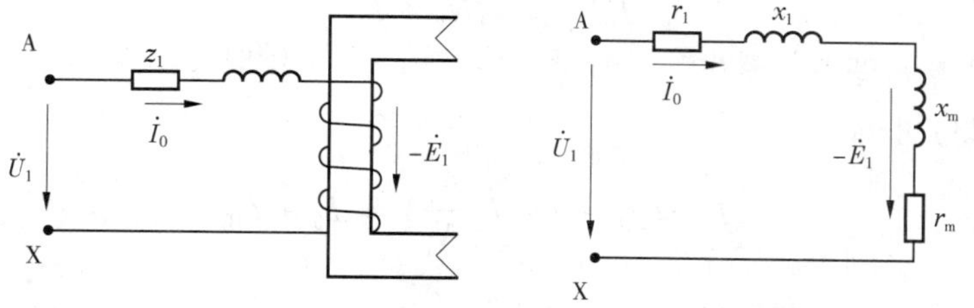

(a)　　(b)

图 3-10　空载变压器的等效电路图

本不变,在这个条件下,x_m 可以看作是一个常量。通过空载试验,可以测量一台变压器的励磁阻抗参数 z_m、r_m 和 x_m 值,即可得到空载变压器的等效电路,如图 3-10(b)所示。

(二)负载运行

我们知道,变压器一次绕组接上交流电源后,二次绕组就有端电压输出。当二次电路接通负载时,就有电流 I_2 流过,I_2 的存在对变压器各电磁量将会产生一定的影响。

图 3-11 为变压器负载运行的原理图。当副边接上负载 $Z_L = R_L + jX_L$ 时,副边回路中有电流 $\dot{I}_2$ 流过。负载阻抗 Z_L 值越小,副边电流 $\dot{I}_2$ 的值越大,反之则 $\dot{I}_2$ 的值减小。由于 $\dot{I}_2$ 的数值反映了负载的大小,因而 $\dot{I}_2$ 又叫做负载电流。

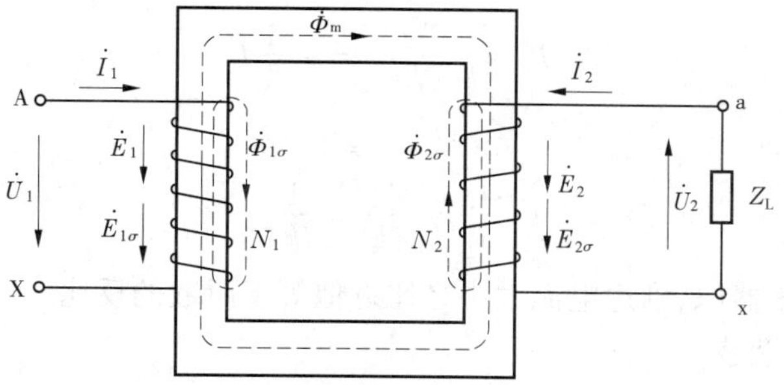

图 3-11　变压器负载运行原理图

1. 平衡方程式

1) 磁势平衡方程式

由式(3-16)可知, $U_1 \approx E_1 = 4.44fN_1\Phi_m$,所以

$$\Phi_m \approx \frac{U_1}{4.44fN_1} \tag{3-21}$$

可以看出,对于匝数一定的变压器,其主磁通大小取决于电源电压的大小和频率,与是否带负载及负载电流无关。只要外加电源大小和频率不变,主磁通基本不变。因此,变压器负载运行时的磁势应与空载运行磁势相等。

前已讨论,空载时变压器磁势为 $\dot{F}_0 = \dot{I}_0N_1$。负载时,变压器的磁势是一、二次绕组电流所产生的磁势共同建立的,即

$$\dot{F}_1 + \dot{F}_2 = \dot{I}_1N_1 + \dot{I}_2N_2 \tag{3-22}$$

于是有

$$\dot{I}_0 N_1 = \dot{I}_1 N_1 + \dot{I}_2 N_2 \tag{3-23}$$

2) 电流平衡方程式

由式(3-23)可得

$$\dot{I}_1 = \dot{I}_0 + \left(-\dot{I}_2 \frac{N_2}{N_1}\right) = \dot{I}_0 + \dot{I}_{1fz} \tag{3-24}$$

式中　I_{1fz}——电流的负载分量，$\dot{I}_{1fz} = -\dot{I}_2 \dfrac{N_2}{N_1}$。

由此可知，在外加电源电压不变的条件下，当变压器接上负载时，由于电流 $\dot{I}_2$ 所建立的磁势 $\dot{F}_2$ 力图改变铁芯磁通 $\dot{\Phi}_m$，为保持 $\dot{\Phi}_m$ 不变，在一次绕组中除原有的 $\dot{I}_0$ 外，必须从电源吸取电流 $\dot{I}_{1fz}$ 建立磁势 $-\dot{F}_2$，以补偿 $\dot{I}_2$ 对磁场的影响。所以变压器负载运行时，一次绕组的电流 $\dot{I}_1$ 由两个分量组成，其中 $\dot{I}_0$ 用来产生主磁通，叫作励磁分量；而 $\dot{I}_{1fz}$ 用来补偿二次电流 $\dot{I}_2$ 对磁场的影响，叫负载分量。在外加电压不变的条件下，空载电流 $\dot{I}_0$ 不变，而负载分量 $\dot{I}_{1fz}$ 随负载电流 $\dot{I}_2$ 成正比变化。因此，变压器二次绕组电流的变化，必将引起一次绕组电流的变化，当二次绕组电流增大时，一次绕组电流也会相应增大。

当负载为额定值时，$\dot{I}_0$ 与 $\dot{I}_{1fz}$ 相比，可忽略 I_0 不计，此时

$$\dot{I}_1 \approx -\frac{N_2}{N_1}\dot{I}_2 = -\frac{1}{k}\dot{I}_2 \tag{3-25}$$

即

$$\frac{I_1}{I_2} \approx \frac{N_2}{N_1} = \frac{1}{k} \tag{3-26}$$

可以看出，变压器原、副边电流大小之比近似等于匝数的反比。

3) 电压平衡方程式

变压器负载运行时一次侧电压方程式与空载时基本上相同，只是绕组电流不再是空载电流 $\dot{I}_0$ 而是 $\dot{I}_1$，因此只要把空载时一次侧电压方程式中的 $\dot{I}_0$ 换成 $\dot{I}_1$，便可得到负载时的电压平衡方程式，即

$$\dot{U}_1 = -\dot{E}_1 + \mathrm{j}\dot{I}_1 x_1 + \dot{I}_1 r_1 = -\dot{E}_1 + \dot{I}_1 z_1 \tag{3-27}$$

同理，加在变压器一次侧的电源电压 $\dot{U}_1$ 包含两个分量，一个是平衡一次绕组电动势 $\dot{E}_1$ 的分量 $-\dot{E}_1$，另一个是一次绕组漏阻抗压降 $\dot{I}_1 z_1$。通常电力变压器的漏阻抗压降 $\dot{I}_1 z_1$ 对端电压 $\dot{U}_1$ 来说是很小的，可以忽略，所以在正常工作情况下，仍然可以认为 $\dot{U}_1 \approx -\dot{E}_1$。

二次电路接上负载后，在电动势 $\dot{E}_2$ 作用下，产生电流 $\dot{I}_2$，$\dot{I}_2$ 的正方向应与 $\dot{E}_2$ 的正方向相同，如图 3-11 所示。

二次电流 $\dot{I}_2$ 所产生的磁通 Φ，也有一少部分不穿过一次绕组，只穿过二次绕组经过变压器油及空气而闭合，叫作二次漏磁通，用 $\dot{\Phi}_{2\sigma}$ 表示。由 $\dot{\Phi}_{2\sigma}$ 产生的二次漏感电动势

$\dot{E}_{2\sigma}$和一次侧的$\dot{E}_{1\sigma}$一样，可用漏抗压降表示，即

$$\dot{E}_{2\sigma} = -\mathrm{j}\dot{I}_2 x_2 \tag{3-28}$$

除此之外，电流通过二次绕组还产生电阻压降$\dot{I}_2 r_2$，根据基尔霍夫第二定律，可写出二次电路的电压方程

$$\dot{U}_2 = \dot{E}_2 + \dot{E}_{2\sigma} - \dot{U}_{r2} = \dot{E}_2 - \mathrm{j}\dot{I}_2 x_2 - \dot{I}_2 r_2 = \dot{E}_2 - \dot{I}_2 z_2 \tag{3-29}$$

式中　z_2——二次漏阻抗，$z_2 = r_2 + \mathrm{j}x_2$，其模为$|z_2| = \sqrt{r_2^2 + x_2^2}$。

变压器负载运行时的二次电压，等于二次绕组的感应电动势减去二次绕组漏抗压降。

2. 等效电路

利用上面的基本方程式，便可以对变压器进行定量计算了。但因原、副绕组的匝数不同，而且它们没有直接电的联系，只有磁耦合关系，因此实际求解时相当困难。如果能够找到一个能正确反映变压器的电、磁关系和功率关系的纯电路，就可以将变压器的分析计算变为电路的分析计算，使问题变得简单。

1）折算

使变压器原、副边的各量转化为同一匝数下的量的计算过程称为折算。折算的前提条件是保证变压器折算前后的电、磁关系和功率关系不变。下面以单相变压器为例，说明副绕组参数折算成原绕组参数的计算过程，副边各参数折算后的值用原有符号加“′”表示。

（1）副边电流折算。

保证折算后副边磁势不变，于是有

$$\dot{I}_2 N_2 = \dot{I}'_2 N_1$$

$$\dot{I}'_2 = \frac{N_2}{N_1}\dot{I}_2 = \frac{1}{k}\dot{I}_2 \tag{3-30}$$

（2）副边电动势和电压的折算值。

由于折算后的二次绕组和一次绕组有相同的匝数，即$N'_2 = N_1$，而电动势与匝数成正比，则

$$\frac{E'_2}{E_2} = \frac{N'_2}{N_2} = \frac{N_1}{N_2} = k$$

所以

$$E'_2 = kE_2 \tag{3-31}$$

同理，二次侧电压的折算值为

$$U'_2 = kU_2 \tag{3-32}$$

（3）二次侧阻抗的折算值。

根据折算前后二次绕组铜损不变及漏抗中无功功率不变的原则，有

$$I'^2_2 R'_2 = I_2^2 R_2$$

$$I'^2_2 x'_2 = I_2^2 x_2$$

可得

$$R_2' = \left(\frac{I_2}{I_2'}\right)^2 R_2 = k^2 R_2 \tag{3-33}$$

$$x_2' = k^2 x_2 \tag{3-34}$$

负载阻抗的折算值为

$$Z_L' = \frac{U_2'}{I_2'} = \frac{kU_2}{\frac{1}{k}I_2} = k^2 Z_L \tag{3-35}$$

综上所述,将变压器二次侧各量折算到一次侧后,电压和电动势的折算值等于原来实际值的 k 倍,电流的折算值等于原来实际值的 $1/k$ 倍,而电阻、电抗和阻抗折算值为原来实际值的 k^2 倍。

2)等效电路

当采用折算法将变压器原、副绕组各量统一成为同一匝数下的各量时,便能用一个纯电路形式的等效电路来直接表示变压器负载运行时内部的电、磁关系和功率关系,这将对分析变压器的运行情况,对电力系统的计算带来很大的方便。同时,将变压器负载运行时的基本方程组所表示的电磁关系用电路的形式表现出来,也是研究变压器和电动机理论的基本方法之一。

折算后,变压器负载运行时的基本方程式组变为

$$\left.\begin{aligned} \dot{I}_1 + \dot{I}_2' &= \dot{I}_0 \\ \dot{U}_1 &= -\dot{E}_1 + \dot{I}_1 z_1 \\ \dot{U}_2' &= \dot{E}_2' - \dot{I}_2' z_2' \\ -\dot{E}_1 &= \dot{I}_0 z_m \\ \dot{U}_2' &= \dot{I}_2' Z_L' \end{aligned}\right\} \tag{3-36}$$

根据以上方程式,作出如图 3-12 所示的 T 形等效电路图。

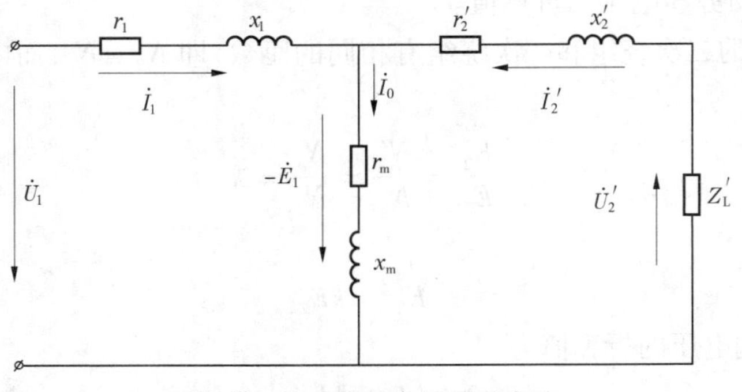

图 3-12　变压器的 T 形等效电路

由于 $z_m \gg z_1$, $E_1 \gg I_1 z_1$, $U_1 \approx E_1$,为分析问题方便,可将励磁支路移到 z_1 的前面,如图 3-13(a)所示,得到"Γ"形等效电路(近似等效电路)。

变压器负载运行时,励磁电流 $I_0 \ll I_{1N}$,通常只占 I_{1N} 的 2% ~10%,可忽略 I_0,即去掉励磁支路而得到一个更为简单的阻抗串联电路,称为变压器的简化等效电路,如图 3-13(b)所示,图中

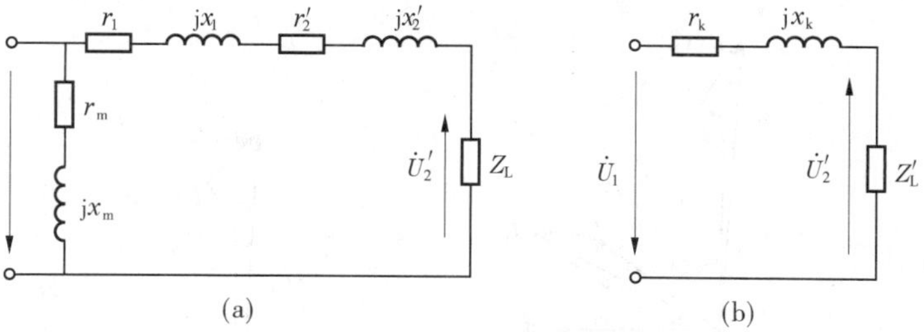

图 3-13 变压器简化等效电路

$$\left.\begin{aligned} r_k &= r_1 + r_2' \\ x_k &= x_1 + x_2' \\ z_k &= r_k + jx_k \end{aligned}\right\} \tag{3-37}$$

其中,r_k 称作变压器的短路电阻;x_k 称作变压器的短路电抗;z_k 称作变压器的短路阻抗。变压器的短路电阻、短路电抗和短路阻抗可以通过短路试验测得。

短路阻抗决定着变压器短路时短路电流的大小和变压器运行时内部电压降落的大小,是变压器的重要参数之一。

3. 相量图

根据变压器折算后的基本方程式组(3-36)及 T 形等效电路,可以画出变压器负载运行的相量图。图 3-14(a)表示变压器带感性负载时的相量图。为了清楚起见,图中各漏阻抗压降及励磁电流 $\dot{I}_0$ 的相量都做了夸大,实际上 $\dot{U}_1$ 与 $\dot{E}_1$ 大小相差不多,$\dot{U}_2$ 与 $\dot{E}_2$ 大小也相差不多。图 3-14(a)相量图最大的优点就是直观,它把六个方程式的关系清清楚楚地体现出来了,这在理论上分析是有意义的。但对于已制好的变压器,很难用试验方法把 x_1 和 x_2'分开,因此实际应用时常常采用简化相量图,它与简化的串联型简化等效电路相对应,图 3-14(b)画出了感性负载时的简化相量图。

简化等效电路中的关系式 $\dot{U}_1 = -\dot{U}_2' + \dot{I}_1(r_k + jx_k)$、$\dot{U}_2' = \dot{I}_2' Z_L'$、$\dot{I}_1 = -\dot{I}_2'$ 是简化相量图的依据,为了简化可以不画出 $\dot{U}_2'$ 和 $\dot{I}_2'$ 两个相量,而直接画出 $-\dot{U}_2'$ 和 $-\dot{I}_2'$ 两个相量,后两个相量夹角显然也是 φ_2。从简化相量图 3-14(b)比较清楚地看出,变压器运行时,$\dot{U}_1$ 与 $\dot{U}_2'$ 近似相等,φ_1 与 φ_2 的大小也近似相等,若忽略 $\dot{I}_0$,则 $\dot{I}_1 = -\dot{I}_2'$。

以上分析了变压器负载运行的基本方程式、等效电路和相量图。其中,基本方程式是变压器电磁关系的数学表达式,等效电路是基本方程式的电路表示形式,相量图是基本方程式的图示表示。三者都能各自独立地表示变压器在一定条件下运行时各个电磁量之间的关系,既可分别独立使用,也可联合使用。例如,定量计算时,往往使用基本方程式与等效电路;定性分析变压器运行情况和各相量方向时,往往使用相量图;在实验室里研究电网的运行情况时,则用等效电路。这三个工具,使分析研究变压器的运行情况变得非常方便。

【例 3-2】 一台单相电力变压器的额定容量 $S_N = 4.6$ kVA,额定电压 $\frac{U_{1N}}{U_{2N}} = 380/115$ V,$r_1 = 0.15\ \Omega$,$r_2 = 0.024\ \Omega$,$x_1 = 0.27\ \Omega$,$x_2 = 0.053\ \Omega$,其负载阻抗为 $z_L = 4 + j3\ \Omega$,当外

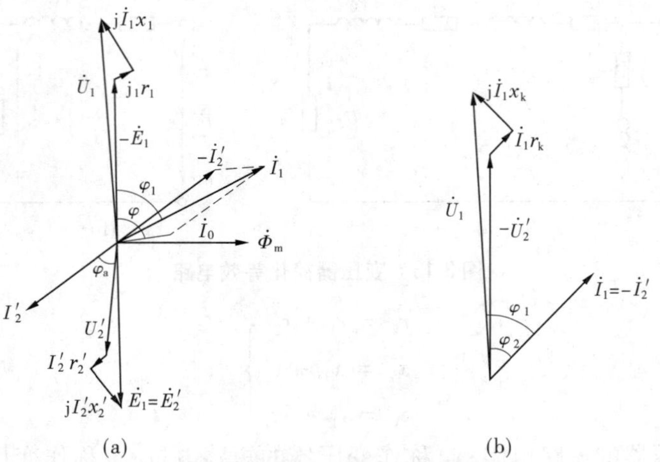

图 3-14　负载运行时变压器负载的相量图

加电压为额定值时，试计算：(1)变压器原、副边电流；(2)副边电压。

解　(1)原、副边电流

变比

$$k=\frac{U_{1N}}{U_{2N}}=\frac{380}{115}=3.30$$

原边电流

$$\dot{I}_1=-\dot{I}_2'=\frac{\dot{U}_{1N}}{(r_1+r_2'+r_L')+\mathrm{j}(x_1+x_2'+x_L')}$$

$$=\frac{380\angle 0^\circ}{(0.15+3.30^2\times 0.024+3.30^2\times 4)+\mathrm{j}(0.27+3.30^2\times 0.053+3.30^2\times 3)}$$

$$=6.87\angle-37.32^\circ(\mathrm{A})$$

副边电流

$$\dot{I}_2=k\dot{I}_2'=-3.3\times 6.87\angle-37.32^\circ=-22.67\angle-37.32^\circ(\mathrm{A})$$

(2)副边电压

$$\dot{U}_2=\dot{I}_2Z_L=-22.67\angle-37.32^\circ\times(4+\mathrm{j}3)=-113.35\angle-0.45^\circ(\mathrm{V})$$

(三)标幺值

在变压器的分析中，原、副边物理量比较多，还要进行折算，计算量往往比较大。而且，直接用实际值计算时，原、副边数量可能差别比较大，不便于分析其物理意义。因此，常引入标幺值进行计算。

1. 标幺值的定义

一个物理量的数值与选定的一个同单位的基值进行比较，所得的比值称为标幺值，即

$$标幺值=\frac{实际值(任意单位)}{基值(与实际值同单位)}$$

标幺值的符号由原实际值的符号右上角加“ * ”表示，实际值与基值的单位应一致。

对变压器而言，通常取原、副边的额定电压、额定电流分别作为原、副边电压、电流的基值，其他物理量的基值，可由它们与原、副边额定电压、额定电流的相互关系来确定。

2. 常用电量的标幺值

(1)电压、电流的标幺值

$$U_1^* = \frac{U_1}{U_{1N}} \quad , \quad U_2^* = \frac{U_2}{U_{2N}} \tag{3-38}$$

$$I_1^* = \frac{I_1}{I_{1N}} \quad , \quad I_2^* = \frac{I_2}{I_{2N}} \tag{3-39}$$

(2)原、副边阻抗的标幺值为

$$z_1^* = \frac{z_1}{z_{1N}} = I_{1N}\frac{z_1}{U_{1N}} \quad , \quad z_2^* = \frac{z_2}{z_{2N}} = I_{2N}\frac{z_2}{U_{2N}} \tag{3-40}$$

(3)输入、输出功率的标幺值为

$$P_1^* = \frac{P_1}{P_{1N}} = \frac{I_1U_1}{I_{1N}U_{1N}} = \frac{I_1}{I_{1N}}\frac{U_1}{U_{1N}} = I_1^*U_1^* \quad , \quad P_2^* = \frac{P_2}{P_{2N}} = \frac{I_2U_2}{I_{2N}U_{2N}} = \frac{I_2}{I_{2N}}\frac{U_2}{U_{2N}} = I_2^*U_2^* \tag{3-41}$$

3. 标幺值的特点

使用标幺值计算有如下一些优点:

(1)同单位的两个物理量之间的比较更加直观,使不同的变压器具有可比性。如有两台变压器,其中一台的额定电流为 95 A、负载电流等于 50 A,另一台的额定电流为 18 A、负载电流等于 15 A,显然不能因为前一台的负载电流比后一台的大,就认为前一台所带的负载相对较大。如果用标幺值表示,则前一台的负载电流标幺值为 $I_2^* \approx 0.5$,后一台的负载电流标幺值为 $I_2^* \approx 0.8$,显然后一台变压器所带的负载相对较大。

(2)利用等效电路进行计算时,因为各物理量的标幺值与其折算后的标幺值相同,所以计算工作更为简便,不必考虑折算问题。如 $U'^*_2 = U'_2/U_{1N} = kU_2/(kU_{2N}) = U_2/U_{2N} = U_2^*$。

(3)三相变压器的线电压、线电流的标幺值与对应的相电压、相电流标幺值相同。

(4)变压器中的许多物理量都具有相同的标幺值,使一些计算更为简便。比如,短路电压和短路阻抗具有相同的标幺值,即 $u_k^* = z_k^*$;短路损耗与短路电阻具有相同的标幺值,即 $p_k^* = r_k^*$;输入、输出功率与原、副边电流具有相同的标幺值,即 $P_1^* = I_1^*$、$P_2^* = I_2^*$。

三、变压器的参数测定

变压器的参数可通过空载试验和短路试验来测定,下面仍以单相变压器为例进行讨论。

(一)变压器的空载试验

1. 基本原理与电路

变压器空载试验可以测量变压器的变比 k、铁损耗 Δp_{Fe} 和励磁阻抗 z_m。

空载试验的电路图如图 3-15 所示。一般地,为方便测量仪表的选用,并确保试验安全,空载试验常在低压边进行。即将高压侧开路,在低压加电压为额定值 U_2、频率为额定值的正弦交变电源,测量开路电压 $\dot{U}_{10}$、空载电流 $\dot{I}_{20}$、空载损耗 P_0。

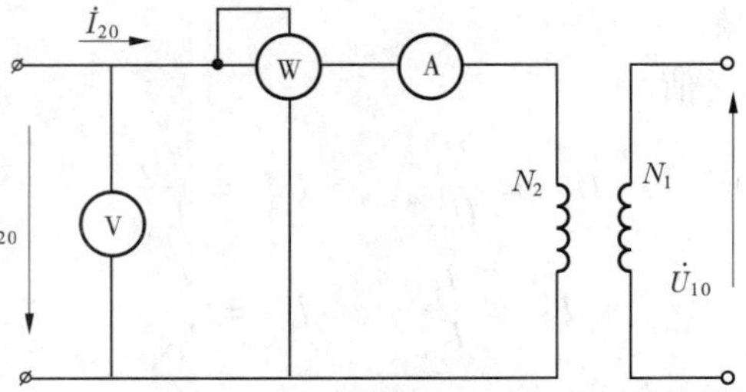

图 3-15　空载试验接线图

2. 参数计算

对单相变压器，有

$$k = \frac{U_{10}}{U_{2N}} \tag{3-42}$$

根据变压器空载运行时的等效电路，以及 $z'_m \gg z_2$，$r'_m \gg r_2$，有

$$z'_m = \frac{U_{2N}}{I_{20}} - z_2 \approx \frac{U_{2N}}{I_{20}} \tag{3-43}$$

$$r'_m = \frac{P_0}{I_{20}^2} - r_2 \approx \frac{P_0}{I_{20}^2} \tag{3-44}$$

励磁感抗 x'_m 可由 z'_m、r'_m 计算

$$x'_m = \sqrt{z'^2_m - r'^2_m} \tag{3-45}$$

如果用向高压边折算的等效电路进行计算，励磁参数应为

$$r_m = k^2 r'_m, x_m = k^2 x'_m, z_m = k^2 z'_m \tag{3-46}$$

根据变压器空载运行时的功率关系，考虑到 I_{20} 很小，有

$$\Delta p_{Fe} = P_0 - \Delta p_{Cu} \approx P_0 - I_{20}^2 r_2 \approx P_0 \tag{3-47}$$

对于三相变压器的空载试验，测出的电压、电流均为线值，测出的功率为三相功率值，计算时应进行相应的换算，即将电压、电流换算为相值，将功率换算为单相值。

（二）变压器的短路试验

1. 基本原理与电路

变压器短路试验的目的是确定变压器的短路阻抗 z_k、铜损耗 Δp_{Cu}。

短路试验的电路如图 3-16 所示。短路试验通常在高压边进行，将低压边的出线端短接，高压边通过自耦变压器接正弦交流电源，缓慢升压的同时观察电流表的指示值，至 $I_1 = I_{1N}$ 时停止加压，测出短路电压 U_k、短路电流 I_k、短路损耗 P_k。

2. 参数计算

从试验看出，短路电压 U_k 相对于额定电压 U_{1N} 来说是很小的，短路电压通常用 U_k 与该绕组额定电压 U_N 比值的百分数表示，此值通常只有百分之几。因而铁芯中的磁通 $\dot{\Phi}_m$ 也很小，即此时的铁损耗 Δp_{Fe} 很小。根据功率关系，有

$$\Delta p_{Cu} = P_K - \Delta p_{Fe} \approx P_k \tag{3-48}$$

式中　Δp_{Cu}——变压器原、副绕组铜损耗之和，$\Delta p_{Cu} = \Delta p_{Cu1} + \Delta p_{Cu2}$。

由于此时的铜损耗是在原边电流等于额定值时测出的，所以 Δp_{Cu} 就是变压器额定运

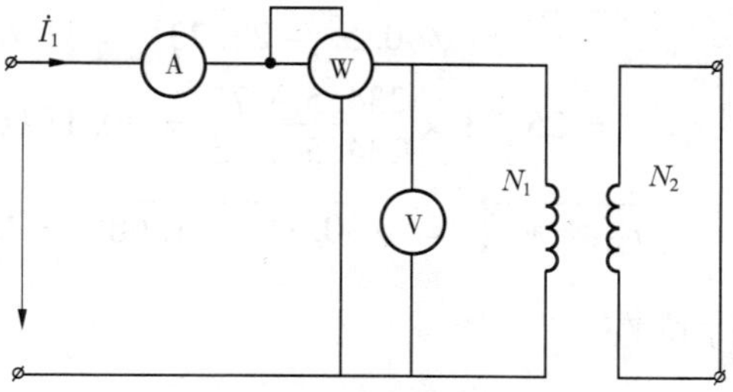

图 3-16　短路实验接线图

行时的铜损耗。

由于短路试验时，$z'_L=0$，又有 $z_m \gg z'_2$，因此可以用简化等效电路来进行计算。则可得

$$z_k = \frac{U_k}{I_{1N}} \tag{3-49}$$

$$r_k = \frac{P_k}{I_{1N}^2} \tag{3-50}$$

$$x_k = \sqrt{z_k^2 - r_k^2} \tag{3-51}$$

需要注意，电阻值是随温度变化而变化的，不同室温下测得的电阻值也会有所不同。因此，短路试验时测出的短路电阻 r_k 要进行换算，换算成国家标准规定的温度（75 ℃）下的值。

对于铜线绕组的变压器，换算公式为

$$r_{k75℃} = r_k \frac{234.5+75}{234.5+\theta} \tag{3-52}$$

式中　θ——试验时的室温。

对于铝线绕组的变压器，换算公式为

$$r_{k75℃} = r_k \frac{228+75}{228+\theta} \tag{3-53}$$

变压器给定铭牌上标注的技术数据中，与短路电阻有关系的量，都是指换算到 75 ℃的数值。求得短路电阻后，可得短路阻抗

$$z_{k75℃} = \sqrt{r_{k75℃}^2 + x_k^2} \tag{3-54}$$

与空载试验一样，上面计算同样适用于三相变压器，但应使用相值。

【例 3-3】　一台 50 kVA、6 600/230 V 的单相变压器，在高压侧做短路试验时，测得短路损耗 $P_k = 1\,450$ W，短路电压 $U_k = 307$ V，室温为 25 ℃。求短路电阻 z_k 和折算到 75 ℃时的 $r_{k75℃}$ 和 $z_{k75℃}$。

解　原边额定电流为

$$I_{1N} = \frac{S_N}{U_{1N}} = \frac{50\,000}{6\,600} = 7.58(\text{A})$$

则

$$r_k = \frac{P_k}{I_{1N}^2} = \frac{1\,450}{7.58^2} = 25.23(\Omega)$$

$$z_k = \frac{U_k}{I_{1N}} = \frac{307}{7.58} = 40.5(\Omega)$$

$$x_k = \sqrt{z_k^2 - r_k^2} = \sqrt{40.5^2 - 25.23^2} = 31.68(\Omega)$$

故

$$r_{k75℃} = 25.23 \times \frac{234.5 + 75}{234.5 + 25} = 30.1(\Omega)$$

$$z_{k75℃} = \sqrt{r_{k75℃}^2 + x_k^2} = \sqrt{30.1^2 + 31.68^2} = 43.7(\Omega)$$

四、变压器的运行特性

变压器的运行特性是指变压器带负载运行时输出电压等各物理量随负载变化而变化的规律，运行特性主要有外特性和效率特性。

（一）外特性

变压器带负载运行时，变压器就是负载的电源，由于其内部存在电阻和漏电抗，负载电流流过时内部将产生漏阻抗压降，使变压器的输出电压随负载大小的变化而发生变化。当变压器原边外加电源电压及负载功率因数一定时，副边端电压随副边电流变化而变化的曲线 $U_2=f(I_2)$ 称为变压器的外特性，如图 3-17 所示。外特性直观反映了变压器输出电压随负载电流变化的趋势。

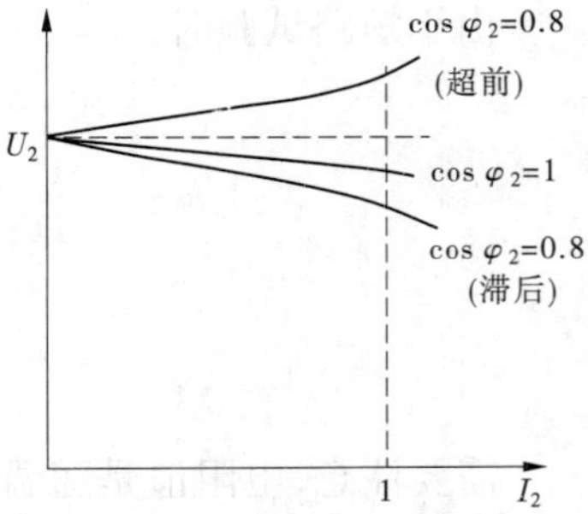

图 3-17　变压器的外特性

由图 3-17 可见，变压器带电容性负载运行时，U_2 随 I_2 的增大而增大（容性负载减小了无功电流分量）；带电阻性和电感性负载运行时，U_2 随 I_2 的增大而减小。U_2 随 I_2 变化而变化的程度大小可以用电压变化率来表示。

当变压器原边接额定电压、副边开路时，副边的端电压 U_{20} 就是副边的额定电压 U_{2N}，带上负载以后，副边电压 U_2 与空载时电压 U_{2N} 存在一个差值，这一差值与额定电压 U_{2N} 的比值称为电压调整率或电压变化率，用 $\Delta U\%$ 表示

$$\Delta U\% = \frac{U_{20} - U_2}{U_{2N}} \times 100\% = \frac{U_{2N} - U_2}{U_{2N}} \times 100\% \tag{3-55}$$

一般情况下，在 $\cos\varphi_2=0.8$（感性）左右时，额定负载的电压变化率为 5% 左右。

（二）效率特性

1. 功率关系

变压器是传递电能的设备，在能量传递过程中，变压器本身存在损耗。根据能量守恒定律，变压器副边输出的有功功率 P_2 等于原边输入的有功功率 P_1 减去总的有功功率损耗 Δp，即 $P_2=P_1-\Delta p$，其中各功率又可表示为

$$P_2 = U_2' I_2' \cos\varphi_2 \tag{3-56}$$

$$P_1 = U_1 I_1 \cos\varphi_1 \tag{3-57}$$

$$\Delta p = \Delta p_{Cu} + \Delta p_{Fe} \tag{3-58}$$

式中　U_2'、I_2'——副边电压、电流折算值；

φ_2、φ_1——副边、原边功率因数角；

U_1、I_1——原边输入电压、电流值。

（1）铁损：铁芯中的磁滞损耗和涡流损耗统称为铁损。在空载和负载运行时铁芯中的主磁通基本不变，因此变压器负载运行时的铁损等于空载时的铁芯损耗，即

$$\Delta p_{Fe} = P_0 = I_0^2 r_m \tag{3-59}$$

（2）铜损：变压器负载运行时原、副绕组中都有电流流过，因此绕组导线上将产生损耗，这一损耗称为铜损耗，简称铜损 Δp_{Cu}。原、副绕组的铜损分别为 $I_1^2 r_1$、$I_2'^2 r_2'$，即

$$\Delta p_{Cu} = \Delta p_{Cu1} + \Delta p_{Cu2} = I_1^2 r_1 + I'^2_2 r'_2 \tag{3-60}$$

变压器额定负载运行时的铜损耗 Δp_{Cu} 近似等于短路损耗 p_k，而任意负载下的铜损为

$$\Delta p_{Cu} = I_1^2 r_k = \frac{I_1^2}{I_{1N}^2} I_{1N}^2 r_k = \beta^2 p_k \tag{3-61}$$

式中 β——负载系数，$\beta = \frac{I_1}{I_{1N}}$ 或 $\beta = \frac{I_2}{I_{2N}}$。

可以看出，变压器从电源吸收的有功功率 P_1，扣除铁损及铜损的剩余部分就是变压器输出的有功功率，这一有功功率也就是负载上消耗的功率 P_2，在数值上等于 $I'^2_2 R'_L$。所以，变压器的能量传递可以用图 3-18 来形象描述。

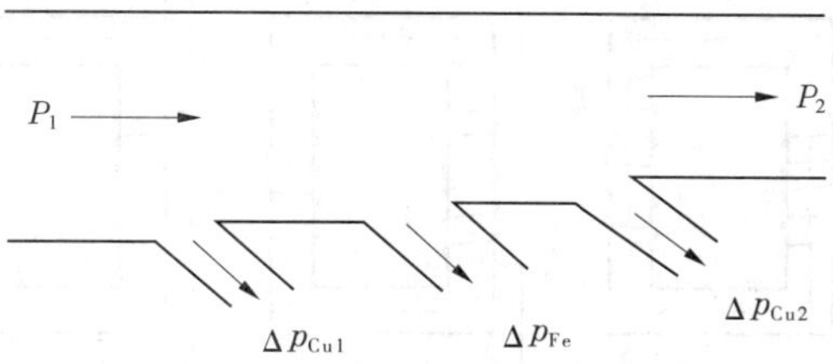

图 3-18 变压器的能量传递示意图

2. 效率

变压器的效率等于输出有功功率与输入有功功率比值的百分数，即

$$\eta = \frac{P_2}{P_1} \times 100\% \tag{3-62}$$

将各量代入上式，可得

$$\eta = 1 - \frac{P_0 + \beta^2 p_k}{\beta S_N \cos\varphi_2 + P_0 + \beta^2 p_k} \tag{3-63}$$

式(3-63)表明，变压器的效率 η 是随负载系数 β 或负载电流 $I_2 = \beta I_{2N}$ 变化而变化的，其变化曲线 $\eta = f(\beta)$ 称为变压器的效率特性，如图 3-19 所示。从效率特性看出，负载较小时，效率以较大的速度随负载的增加而增加；负载过大时，效率随负载的增加而减小。由于负载较小时，输出功率小，损耗占的比例大，故效率低；随着输出功率的增大损耗占的比例相对减小，效率提高；但当负载过大时，由于铜损耗是随电流的平方增大的，因此铜损耗急剧增大，效率开始下降。效率有一个最大值，常用 η_{max} 表示。一般当 $\beta =$ 0.5 ~0.7时，效率达到最大值。

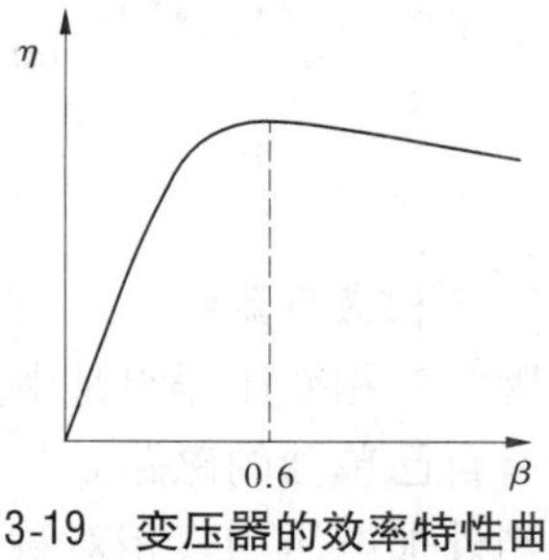

图 3-19 变压器的效率特性曲线

五、三相变压器

三相变压器的工作原理与单相变压器完全相同，三相变压器中每相情况是完全一样的，分析其中任意一相就可以了。因为三相中任意一相就是一个单相变压器，所以分析单相变压器时所用的方法和所得的结论完全适用于对称负载运行时的三相变压器，只是在计算时要注意三相和单相的换算。尽管如此，三相变压器还是有其特殊之处，比如它的磁路系统、三相绕组的连接方式、变压器的并联运行等。

（一）三相变压器的磁路系统

三相变压器可以用一个由三个相同的单相变压器通过一定方式连接组成三相变压器组（如图 3-20 所示），也可以将三相绕组同装在一个铁芯上，组成三相芯式变压器（如图 3-21所示）。

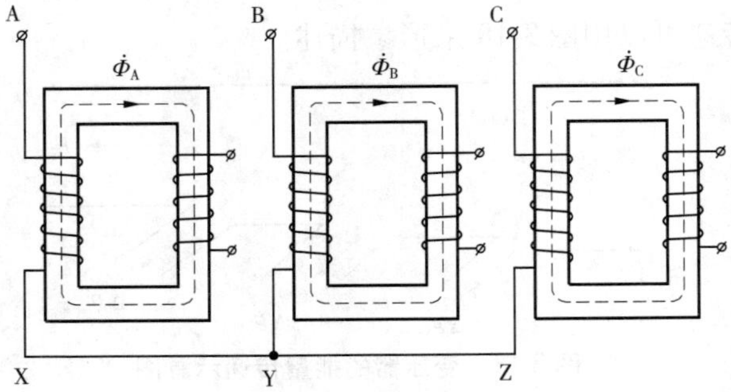

图 3-20　三相变压器组

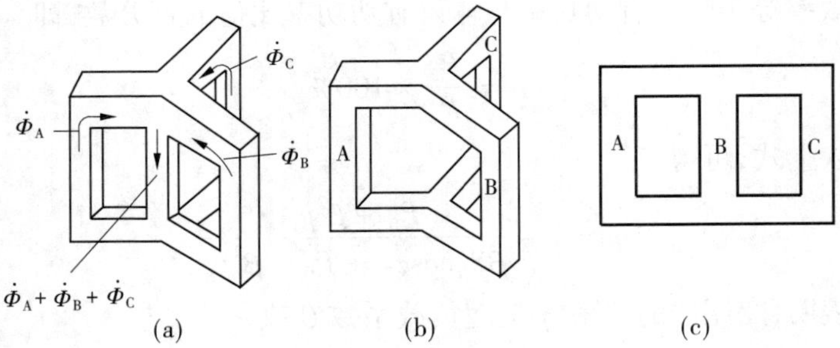

图 3-21　三相芯式变压器的磁路

1. 三相变压器组

因为三相变压器组是由三个同样的单相变压器组合而成的，它的磁路特点是三相磁通各有自己单独的磁路。

当外加电压为三相对称电压时，则三相铁芯磁通也一定是对称的，如图 3-20 所示。如果三个铁芯的材料和尺寸完全一样，即三相磁路的磁阻相等，那么按照磁路的欧姆定律，三相磁势或建立该磁势的三相空载电流也是对称的。

2. 三相芯式变压器

三相芯式变压器的磁路是由三相变压器组演变而来的。把组成变压器组的三个单相变压器的铁芯按图 3-21(a)所示的位置靠拢在一起，通过中间铁芯柱的磁通为三相磁通的合成,即 $\dot{\Phi}_A+\dot{\Phi}_B+\dot{\Phi}_C$。在对称的情况下,$\dot{\Phi}_A+\dot{\Phi}_B+\dot{\Phi}_C=0$,即中间芯柱在任何瞬间的磁通等于零,可以省掉这个芯柱,如图3-21(b)所示,再缩短B相铁轭的长度,将B相往里收缩;然后将A相和C相的铁芯间角度由120°变为180°,使三个铁芯柱排列在同一平面上,如图3-21(c)所示。目前,我国生产的三相变压器大多为芯式结构。

由图3-21(c)可见,芯式三相变压器的磁路是连在一起的,其特点是各相磁通都以另外两相的磁路作为自己的回路。因为中间B相磁路比两边A相和C相短,即B相磁阻较小,由磁路欧姆定律可知,B相磁势就比其他两相小,而三相绕组匝数一样多,所以B相的空载电流 I_{0B} 就比其他两相的小。但由于空载电流 I_0 只占额定电流的百分之几(中小型约为5%,大型约在3%以下),所以空载电流的不对称,对变压器运行的影响很小,可以不考虑。在工程上取三相空载电流的平均值作为空载电流值,即

$$I_0=\frac{I_{0A}+I_{0B}+I_{0C}}{3} \tag{3-64}$$

(二)变压器的连接方式和连接组别

1. 变压器绕组的标记和极性

变压器绕组的首端常用A、B、C,a、b、c标记,而其末端则用X、Y、Z,x、y、z标记,其中大写字母用于高压绕组,小写字母用于低压绕组。当三相绕组接成星形具有中线连接时,高压和低压方面的中点分别用N和n表示。

由于单相变压器的原、副绕组是绕在同一个铁芯柱上的,它们被同一主磁通 Φ_m 所交链。当主磁通 Φ_m 交变时,在原、副绕组中感应的电势有一定的极性关系。即任一瞬间,一个绕组的某一端点的电位为正时,另一绕组必有一个端点的电位也为正。这两个对应的同极性的端点称为同极性端,也称为同名端,在对应的两个端点旁边加一黑点“·”来表示。同极性端可能在绕组的相同端,也可能在绕组的不同端。

2. 单相变压器的连接组别

单相变压器绕组的首端与末端有两种不同的标法,随着标法的不同,所得原、副绕组电压之间的相位差也不同。一种是将原、副绕组的同极性端(同名端)都标为首端(或末端),这时原、副绕组电压 $\dot{U}_A$ 与 $\dot{U}_a$ 同相位(必须注意,电压的正方向均规定从首端到末端),用Ⅰ,Ⅰ12(或Ⅰ/Ⅰ-12)表示。其中,Ⅰ,Ⅰ(或Ⅰ/Ⅰ)表示原、副边均为单相绕组,12表示连接的组别。其含义如图3-22(a)所示,若将 $\dot{U}_A$ 与 $\dot{U}_a$ 分别看作时钟的分针与时针,则相量图中所表示的点数为12点整。

另一种标法是把原、副绕组的不同极性端点标为首端(或末端),这时 $\dot{U}_A$ 与 $\dot{U}_a$ 方向相差180°,用Ⅰ,Ⅰ6(或Ⅰ/Ⅰ-6)表示,也就是说其连接组的组别为6。如图3-22(b)所示,相量图中 $\dot{U}_A$ 与 $\dot{U}_a$ 表示的点数为6点。

3. 三相绕组的连接方式

三相绕组常用的连接方式有两种:

(1)星形(Y)连接法。它的绕组连接和相电压的相量如图3-23(a)所示。图中以线段 $\overrightarrow{AX}$ 表示 $\dot{U}_A$ 的正方向。同理,有向线段 $\overrightarrow{BY}$、$\overrightarrow{CZ}$ 分别表示相电压 $\dot{U}_B$、$\dot{U}_C$。

(2)三角形(D)连接法,这种接法又可分为两种:一是按AX—CZ—BY的顺序连接,

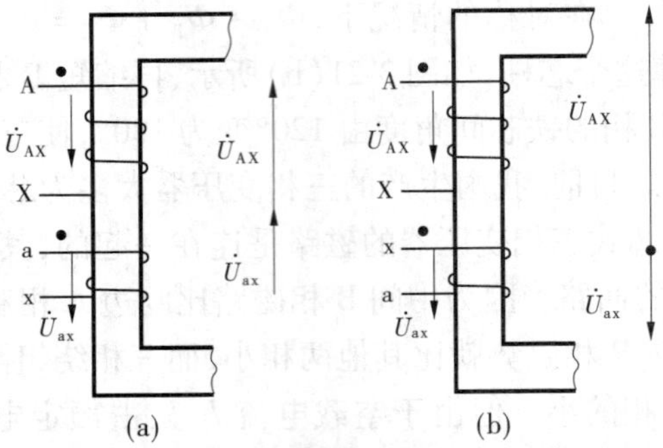

图 3-22 单相变压器原、副边电动势的关系

如图 3-23(b)所示，另一种按 AX—BY—CZ 的顺序连接，如图 3-23(c)所示。

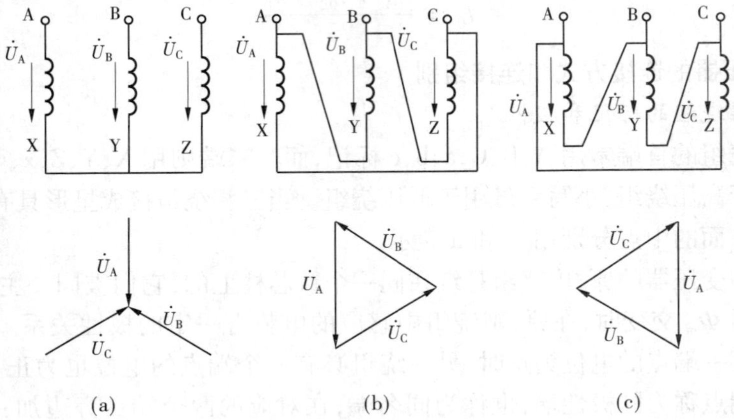

图 3-23 三相变压器的连接法

4. 三相变压器的连接组别

三相变压器的连接组别不仅与线圈的绕法和绕组同名端有关，还与三相绕组的连接方式有关。由于三相变压器的三个绕组可采用不同的连接方式，使得原、副绕组中的线电压具有不同的相位差。因此，按原、副边线电压的相位关系，把三相变压器绕组的连接分成各种不同的连接组别。对于三相绕组，无论采用哪种连接方式，原、副边线电压的相位差总是 30°的倍数。因此，采用时钟表面上的 12 个数字来表示这种相位差。这种表示法称为时针法，即把高压边线电压的相量作为钟表上的长针，始终指着"12"，而以低压边线电压的相量作为短针，它所指的数字即表示三相变压器的连接组别。

下面仅举几个连接组别的例子，更详细的介绍请参考其他资料。

1) Y，y 连接组

(1) Y，y12。

图 3-24 为 Y，y 连接的三相变压器，原、副绕组的同极性端为首端，这时与单相变压器一样，原、副绕组对应各相的相电压同相位，因而原绕组线电压 $\dot{U}_{AB}$ 和副绕组线电压 $\dot{U}_{ab}$ 也同相位，如果把 $\dot{U}_{AB}$ 指向 12 点，则 $\dot{U}_{ab}$ 也指向 12 点，所以用 Y，y12(或 Y/Y－12)表示。

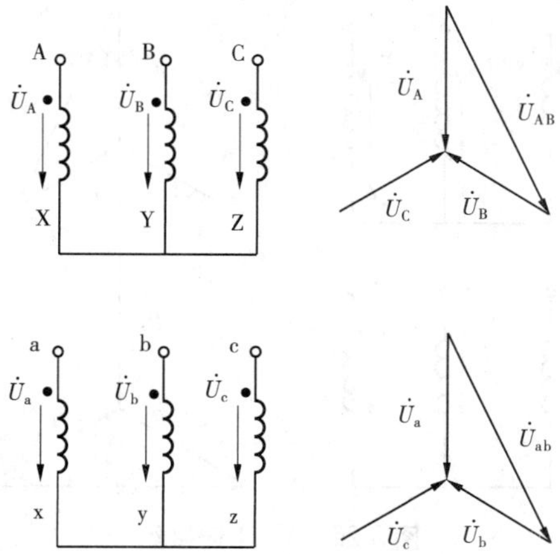

图 3-24 Y,y12 连接组

(2)Y,y6。

图 3-25 中,原边和副边是以不同极性端作为首端,相电压 $\dot{U}_a$ 与 $\dot{U}_A$ 方向相反,因此副边电压相量图正好与原边电压相量图相反,对应的线电压 $\dot{U}_{AB}$和 $\dot{U}_{ab}$也相差 180°,因此这种接法是 Y,y6(或 Y/Y-6)连接组。

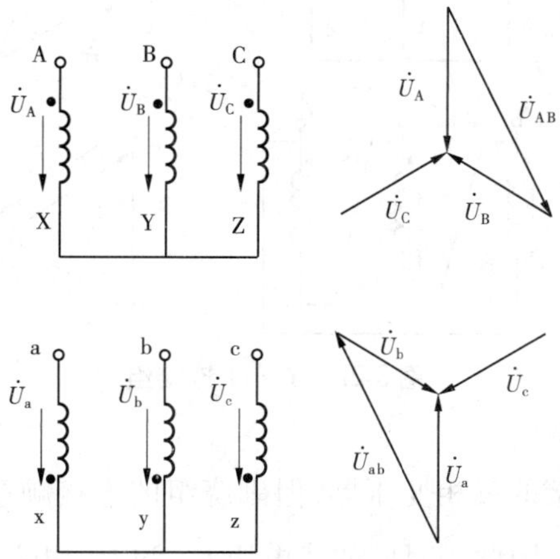

图 3-25 Y,y6 连接组

(3)Y,y4。

如图 3-26 所示,副边三相绕组相序改变。用同样的方法画出相量图,可以看出这种情况下的线电压 $\dot{U}_{ab}$和 $\dot{U}_{AB}$有 120°的相位差,这种接法是 Y,y4(或 Y/Y-4)连接组。

2)Y,d 连接组

(1)Y,d11。

图 3-27 所示为 Y,d 连接的三相变压器,其中原、副绕组同极性端标为首端,副绕组三角形连接次序为 AX—CZ—BY。由于原、副绕组首端为同极性端,它们对应相的相电压同

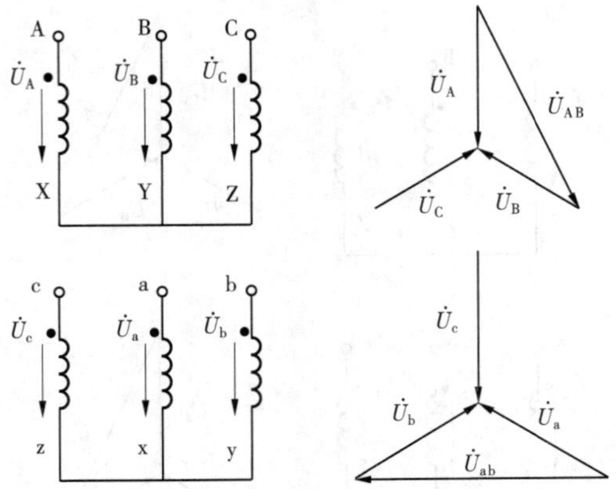

图 3-26　Y,y4 连接组

相位,但副绕组线电压 $\dot{U}_{ab}$ 等于相电压 $-\dot{U}_b$,因此原绕组线电压 $\dot{U}_{AB}$ 与副绕组线电压 $\dot{U}_{ab}$ 的相位差为 $330° = 30° \times 11$。$\dot{U}_{AB}$ 指向 12 点,则 $\dot{U}_{ab}$ 指向 11 点,这种连接组别为 Y,d11(或 Y/△ -11)。

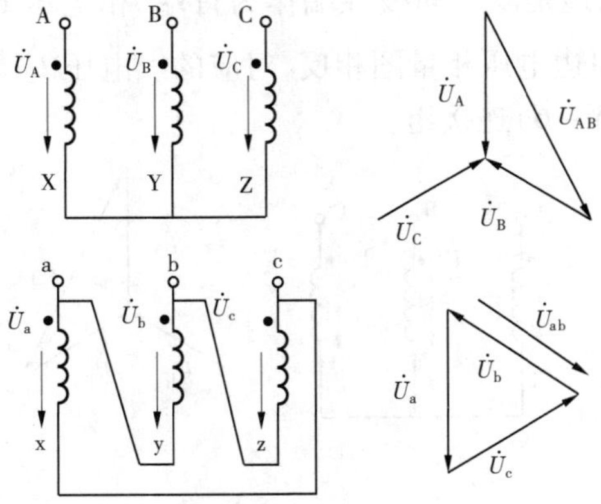

图 3-27　Y,d11 连接组

(2)Y,d1。

图 3-28 仍为 Y,d 连接的三相变压器,但副绕组的连接顺序为 AX—BY—CZ,副绕组线电压 $\dot{U}_{ab}$ 等于相电压 $\dot{U}_a$,因此相对应的线电压 $\dot{U}_{ab}$ 和 $\dot{U}_{AB}$ 相差 30°,而且 $\dot{U}_{ab}$ 滞后于 $\dot{U}_{AB}$,所以这种接法为 Y,d1(或 Y/△ -1)连接组。

综合以上分析可以看出,通过改变绕组极性及连接方式可以得到不同的连接组。实际上,连接组可多达上百种。但从原、副边线电压之间相位差的关系来看,只有 12 种。Y,y 连接可以得到时钟表面上偶数的连接组别,Y,d 连接则得到奇数的连接组别。此外,D,d 连接可以得到与 Y,y 连接同样的相位关系,D, y 连接则得到与 Y,d 连接相同的相位移。

目前,在电力变压器中大都采用国际标准所规定的几种连接组别,即 Y,yn0、Y_N,y0、Y,y0、Y,d11、Y_N,d11。而在同步变压器中则采用 Y,y2、Y,y4、Y,y6、Y,y8、Y,y10、Y,y0、D,y1、D,y3、D,y5、D,y7、D,y9、D,y11。

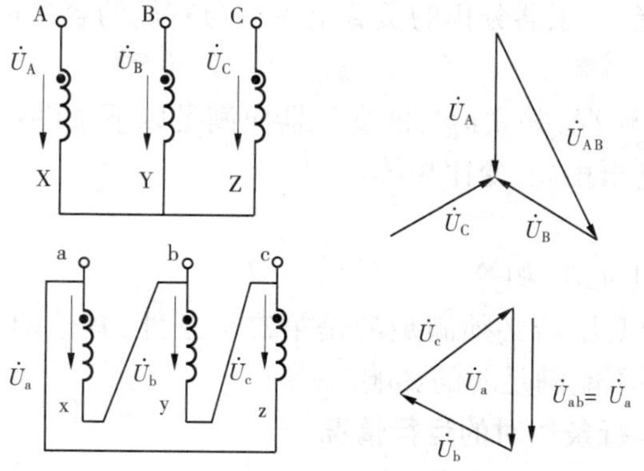

图 3-28　Y,d1 连接组

六、变压器的并联运行

(一)并联运行的定义

在发电厂和变电所,常采用两台以上的变压器并联运行方式供电。所谓变压器并联运行,就是将变压器的原、副绕组相同标号的出线端连在一起,分别接到公共的电源母线和负载母线上,如图 3-29 所示,其中图 3-29(a)为两台变压器并联运行时的接线图,图 3-29(b)为其简化的表示形式。

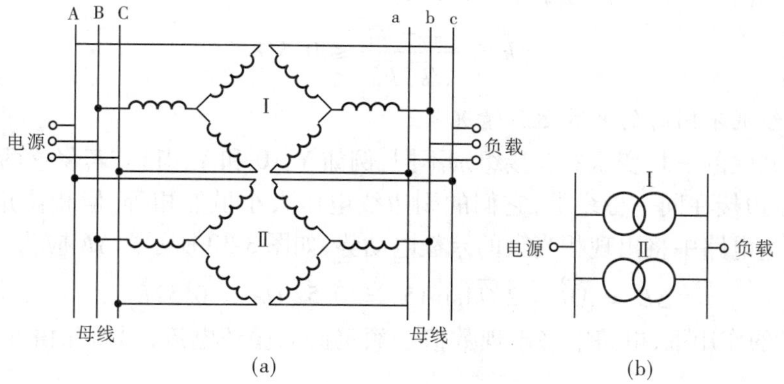

图 3-29　变压器的并联运行

通常情况下,变压器并联运行的台数是随负载而逐步增加的。实际运行时根据负载的变化投入相应的容量和台数,尽量使运行着的变压器接近满载,提高系统的运行效率和改善系统的功率因数。如果某台变压器发生故障需要检修时,可以从电网上切除,其他变压器继续运行,以保证电网正常供电。但是并联运行的台数也不宜过多,否则会增加设备的成本和安装面积。

(二)并联运行的理想情况和条件

1. 理想运行情况

并联运行变压器的理想运行情况是:

(1)空载时每一台变压器副边电流都为零,与单独空载运行时一样,各台变压器间无环流。

(2)负载运行时各台变压器分担的负载电流应与它们的容量成正比。

2. 并联运行条件

为了满足理想运行情况,并联运行的变压器应满足以下条件:

(1)原、副边额定电压相同,变比相等。

(2)连接组别相同。

(3)短路电压(或阻抗值)相等。

实际上并联运行的变压器必须满足的是第二个条件,其他两个条件允许稍有出入。下面分别讨论这些条件不能满足时的影响。

(三)不满足并联运行条件时的运行情况

1. 变比不等时的并联运行情况

设两台并联运行的变压器其他条件都具备,但变比不等。因并联的变压器一次绕组并联接到同一母线,故 $U_{1\mathrm{I}} = U_{1\mathrm{II}} = U_{1\mathrm{N}}$,而它们的二次空载电动势并不相等。在两台变压器的副边绕组闭合回路内产生一个差额电动势 $\Delta E = E_{2\mathrm{I}} - E_{2\mathrm{II}}$。在这个差额电动势的作用下,副边绕组就产生一个循环电流,原边绕组间也随之出现对应的循环电流。

循环电流不是负载电流,但它却占据了变压器的容量,增加了变压器的损耗和温升。由于变压器的内阻抗数值很小,即使两台变压器的变比相差不大,差额电动势 ΔE 不大,也能够引起较大的循环电流。因此,必须对并联的变压器提出限制,一般要求它们的变比差对变比的几何平均值的比应小于 0.5%,即

$$\Delta k = \frac{k_{\mathrm{II}} - k_{\mathrm{I}}}{\sqrt{k_{\mathrm{I}} k_{\mathrm{II}}}} \leqslant 0.5\% \tag{3-65}$$

2. 连接组别不同时的并联运行情况

设两台并联的三相变压器连接组别不同,例如 Y,y0 和 Y,d11。若将这两台变压器并联,它们的原边接在同一母线上,它们的副边线电压大小虽然相等,但相位角差 30°。在变压器的副边电路中将出现相当大的差额电动势,如图 3-30 所示。ΔE 应为

$$\Delta \dot{E} = \overrightarrow{AB} = 2\,\overrightarrow{OA}\sin 15^\circ = 0.52\,\overrightarrow{OA} = 0.52E_{2\mathrm{I}} \tag{3-66}$$

所以,在 ΔE 的作用下,电路中将出现数倍于额定值的循环电流,因而此情况是绝对不允许的。

3. 短路电压不等时的并联运行情况

设两台变压器的变比相等,连接组相同,所以在两台变压器所构成的闭合回路中,合成电动势为零,在回路中没有循环电流。如果变比相等、连接组相同,但这两台变压器的短路电压不相等,将形成负载分配不合理现象。现通过简化等效电路分析并联运行变压器中一相的情况,如图 3-31 所示。

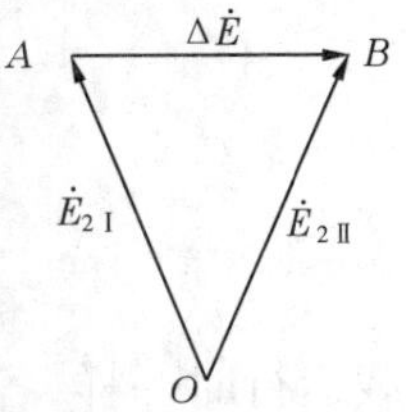

图 3-30　不同组别变压器的电动势相量图

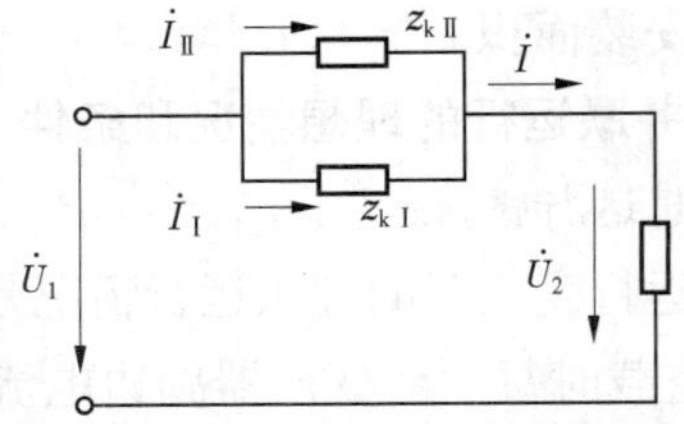

图 3-31　两变压器并联运行的等效电路

假设变压器Ⅰ的负载电流为 $\dot{I}_{\mathrm{I}}$、变压器Ⅱ的负载电流为 $\dot{I}_{\mathrm{II}}$。由图 3-31 的等效电路可以得到

$$\frac{\dot{I}_{\mathrm{I}}}{\dot{I}_{\mathrm{II}}}=\frac{z_{\mathrm{k\,II}}}{z_{\mathrm{k\,I}}} \tag{3-67}$$

通常情况下，$z_{\mathrm{k\,I}}$ 和 $z_{\mathrm{k\,II}}$ 即使有稍大的差别，$\dot{I}_{\mathrm{I}}$ 和 $\dot{I}_{\mathrm{II}}$ 在相位上的差别也不大，用代数关系代替式(3-67)的复数关系，误差很小，故可简化为

$$\frac{I_{\mathrm{I}}}{I_{\mathrm{II}}}=\frac{z_{\mathrm{k\,II}}}{z_{\mathrm{k\,I}}} \tag{3-68}$$

已知 $U_{\mathrm{k\,I}}=I_{\mathrm{I\,N}}z_{\mathrm{kI}}$、$U_{\mathrm{k\,II}}=I_{\mathrm{II\,N}}z_{\mathrm{k\,II}}$，代入上式可得

$$\frac{I_{\mathrm{I}}}{I_{\mathrm{II}}}=\frac{z_{\mathrm{k\,II}}}{z_{\mathrm{k\,I}}}=\frac{U_{\mathrm{k\,II}}/I_{\mathrm{II\,N}}}{U_{\mathrm{k\,I}}/I_{\mathrm{I\,N}}} \tag{3-69}$$

即

$$\frac{I_{\mathrm{I}}}{I_{\mathrm{II}}}=\frac{U_{\mathrm{k\,II}}}{U_{\mathrm{k\,I}}}\cdot\frac{I_{\mathrm{I\,N}}}{I_{\mathrm{II\,N}}} \quad 或 \quad \frac{I_{\mathrm{I}}/I_{\mathrm{I\,N}}}{I_{\mathrm{II}}/I_{\mathrm{II\,N}}}=\frac{U_{\mathrm{k\,II}}}{U_{\mathrm{k\,I}}} \tag{3-70}$$

式中　$I_{\mathrm{I\,N}}$、$I_{\mathrm{II\,N}}$——第一台与第二台变压器的额定电流。

式(3-70)可进一步用标幺值表示为

$$\frac{I_{\mathrm{I}}^{*}}{I_{\mathrm{II}}^{*}}=\frac{U_{\mathrm{k\,II}}}{U_{\mathrm{k\,I}}} \tag{3-71}$$

式(3-71)说明两台变压器短路电压相等时，负载电流 I_{I} 和 I_{II} 的分配与它们的额定电流成正比。若短路电压不相等，设 $U_{\mathrm{k\,II}}>U_{\mathrm{k\,I}}$，则短路电压小的第一台变压器满载时，短路电压大的第二台变压器还达不到额定负载，故变压器容量不能充分利用；若使第二台变压器的负载达额定值，则第一台变压器将会过载，损坏第一台变压器。

为使并联运行的变压器不致浪费设备容量，并联运行的变压器阻抗电压之差，不应超过它们平均值的 10%。

七、特殊变压器

(一)自耦变压器

1. 外形与结构

原、副边共用一部分绕组的变压器叫自耦变压器。自耦变压器有单相的，也有三相的。与双绕组变压器一样，单相自耦变压器的电磁关系，也适用于对称运行的三相自耦变压器的每一相。单相自耦变压器外形如图 3-32 所示，图 3-33 为其原理示意图，图中标出了各电磁量的参考方向。这是一台降压的自耦变压器，原绕组匝数 N_1 大于副绕组匝数 N_2，绕组 ax 段为高、低压共用的，叫公共绕组。

2. 电压、电流关系

1) 电压关系

自耦变压器与双绕组变压器一样，也有主磁通和漏磁通，主磁通在绕组中产生感应电动势 $\dot{E}_1$ 和 $\dot{E}_2$。由于主磁通比漏磁通大很多，且绕组电阻很小，因此可忽略漏阻抗压降，

只考虑主磁通的作用。这样，当原边接在额定电压 U_{1N} 上，空载时副边的端电压为 U_{2N}，它们的关系是

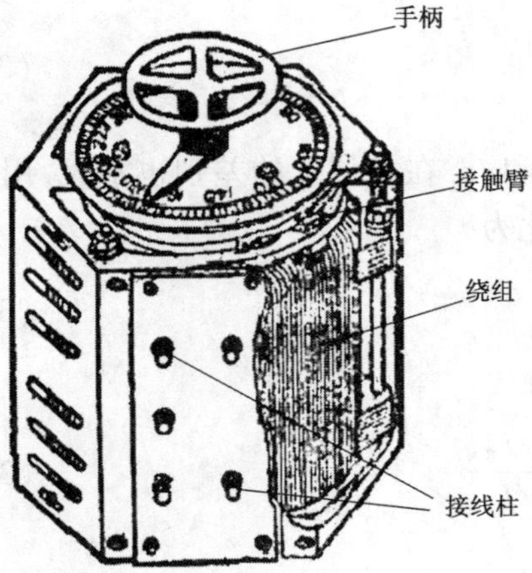

图 3-32　自耦变压器外形图

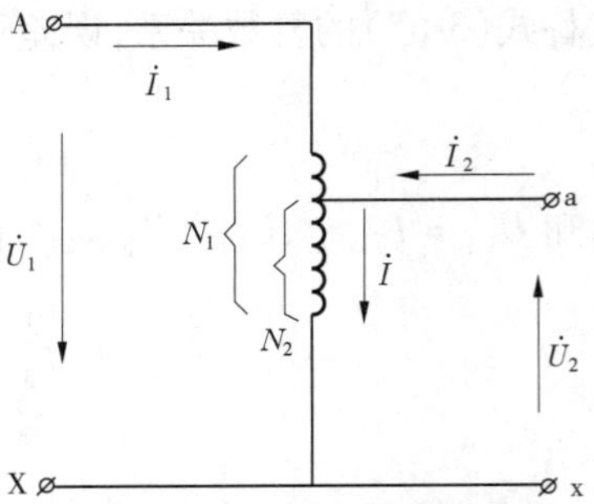

图 3-33　自耦变压器原理图

$$\frac{U_{1N}}{U_{2N}} \approx \frac{E_1}{E_2} = \frac{N_1}{N_2} = k_A \tag{3-72}$$

式中　k_A——自耦变压器的变比。

2）电流关系

同双绕组变压器一样，自耦变压器带负载时，由于电源电压保持额定值，主磁通为常数，因此也有同样的磁势平衡关系，即 $\dot{I}_1N_1 + \dot{I}_2N_2 = \dot{I}_0N_1$。分析负载运行时，可忽略 I_0，则有

$$\dot{I}_1N_1 + \dot{I}_2N_2 = 0 \quad 或 \quad \dot{I}_1 = -\frac{\dot{I}_2}{k_A} \tag{3-73}$$

由上两式可知，自耦变压器负载运行时，原、副边电压及电流之比，与双绕组变压器的关系相同。

由图 3-33 可以看出

$$\dot{I} = \dot{I}_1 + \dot{I}_2 = -\frac{\dot{I}_2}{k_A} + \dot{I}_2 = \dot{I}_2\left(1 - \frac{1}{k_A}\right) \tag{3-74}$$

3. 容量关系

对于自耦变压器，要分清变压器容量和绕组容量。所谓变压器容量，就是变压器在额定状态下运行时，副边输出的视在功率，即额定容量。对于单相变压器，额定容量等于副边额定电压与电流的乘积。所谓绕组容量（或电磁容量），就是该绕组的电压与电流的乘积。对于双绕组变压器，原绕组的绕组容量就是变压器输入容量，副绕组的绕组容量就是变压器的输出容量，都等于变压器额定容量。但是对自耦变压器来说，变压器容量与绕组容量却不相等。下面以单相自耦变压器为例进行分析。

单相自耦变压器的容量为

$$S_N = U_{1N}I_{1N} = U_{2N}I_{2N} \tag{3-75}$$

从图 3-33 的原理图可以看出，绕组 Aa 段的容量为

$$S_{Aa} = U_{Aa}I_{1N} = U_{1N}\frac{N_1 - N_2}{N_1}I_{1N} = S_N(1 - \frac{1}{k_A}) \qquad (3\text{-}76)$$

绕组 ax 段的容量为

$$S_{ax} = U_{ax}I = U_{2N}I_{2N}(1 - \frac{1}{k_A}) = S_N(1 - \frac{1}{k_A}) \qquad (3\text{-}77)$$

显然，自耦变压器负载运行时，绕组 AX 和 ax 的容量相等，并且均小于变压器容量，因此当变压器容量相同时，自耦变压器的绕组容量比双绕组变压器的绕组容量小。

由于自耦变压器的绕组容量小于变压器容量，当变压器额定容量相同时，自耦变压器与双绕组变压器比较，其单位容量所消耗的材料少，变压器体积小，造价低。同时，由于材料消耗少，故而铜损及铁损也较小，效率高。自耦变压器变比 k_A 越接近于 1，$(1 - k_A)$ 越小，其优点越突出。k_A 增大，则其优越性降低。一般电力系统使用的自耦变压器 $k_A = 1.5 \sim 2$。

自耦变压器的原、副边有电路的联系，因此电力系统中的自耦变压器内部绝缘与防过电压措施要加强，中点必须可靠接地，并且原、副边都要安装避雷器，如图 3-34 所示。

把自耦变压器的副绕组匝数 N_2 做成可调式，如图 3-35 所示，就成了自耦调压器。改变滑动触头 K 的位置，便可改变输出电压的大小，当 U_1 一定时，U_2 大小可以从零调到大于 U_1 的数值，例如 $U_1 = 220$ V，$U_2 = 0 \sim 250$ V。

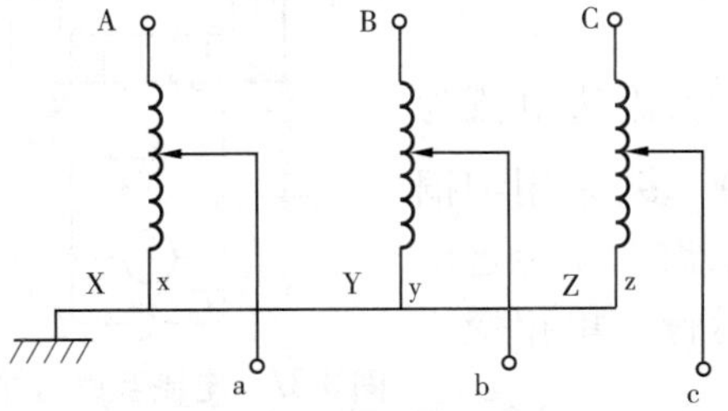

图 3-34　自耦变压器的中点接地

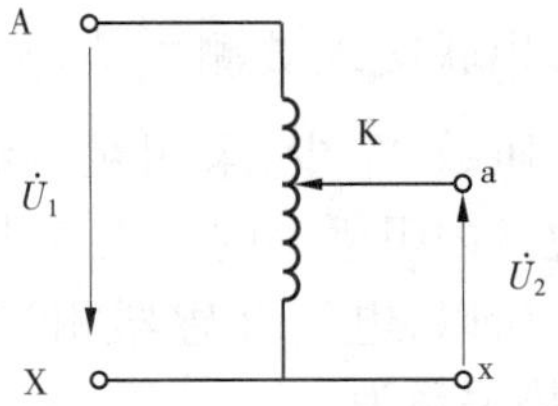

图 3-35　自耦调压器

（二）仪用互感器

电力系统中用来测量高电压、大电流的一种特殊变压器叫作仪用互感器。测量高电压用的仪用互感器叫作电压互感器，测量大电流用的仪用互感器叫作电流互感器。

1. 电压互感器

电压互感器是利用原、副边匝数不同，把原边的高电压变为副边的低电压，送到电压表或功率表的电压绕组进行测量。电压互感器接线图如图 3-36 所示。

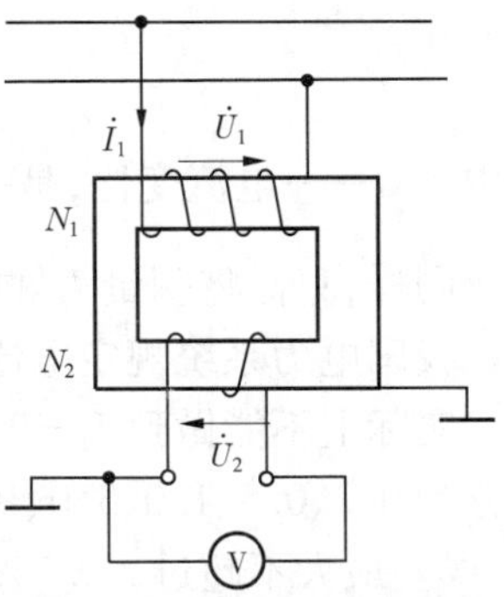

图 3-36　电压互感器接线图

原边并联接入主线路，被测电压为 $\dot{U}_1$，副边电压为 $\dot{U}_2$，接到电压表或功率表的电压绕组，由于阻抗很大，实际副边近似为开路。原边匝数 N_1 多，采用细铜线，副边匝数 N_2 少，采用粗铜线。

实际上，电压互感器是一个近似空载运行的单相变压器。其电压关系近似为

$$\frac{U_1}{U_2} \approx \frac{E_1}{E_2} = \frac{N_1}{N_2} = k_u \tag{3-78}$$

其中，k_u 称为电压变比，是一个数值较大的常数。实际应用中，常将测量 U_2 的电压表按 k_uU_2 来刻度，就可直接从表上读出被测电压 U_1 的大小。为选用电压表统一起见，我国电力系统电压互感器副边的额定电压规定为 100 V。

实际上，电压互感器的原、副边都有电阻及漏磁通，因此电压互感器存在着测量误差。根据误差的大小，电压互感器分为 0.2、0.5、1.0、3.0 等几个等级，对各级的允许误差见国家有关技术标准。

电压互感器使用时，应注意以下事项：

(1)副边绝对不允许短路。电压互感器正常运行时是接近空载，如副边短路，则电流很大，将烧毁电压互感器。

(2)二次绕组及铁芯必须牢固接地，以保证安全。

(3)二次侧所接电压表不宜过多，即二次负载的阻抗值不能太小。在被测电压一定时，二次电压也一定，如果二次负载的阻抗值太小，则负载上的电流过大，将使电压互感器的测量精度下降。

2. 电流互感器

电流互感器是利用原、副边匝数不等，把原边的大电流变成副边的小电流，送到电流表或功率表的电流线圈进行测量。电流互感器接线图如图 3-37 所示。

原边串联接入被测主线路，被测电流为 $\dot{I}_1$，副边电流为 $\dot{I}_2$。原边匝数 N_1 少，采用粗铜线，副边匝数 N_2 多，采用细铜线。副边接内阻极小的电流表或功率表的电流绕组，实际近似为短路。所以，电流互感器相当于一个短路运行的单相变压器，其磁势关系为

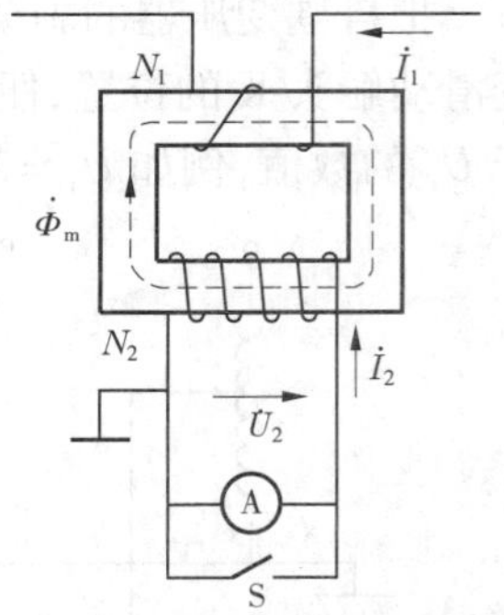

图 3-37 电流互感器接线图

$$\dot{I}_1N_1 + \dot{I}_2N_2 = \dot{I}_0N_1 \tag{3-79}$$

电流互感器在设计制造时采取一系列措施，比如采用导磁性能较好的材料做铁芯，采用很低的磁通密度，减少气隙，增加绕组匝数等，把励磁电流 I_0 限制得很小，即 $I_0 \approx 0$，这样可得到

$$\dot{I}_1 = -\frac{N_2}{N_1}\dot{I}_2 \quad 或 \quad \dot{I}_1 = -k_i\dot{I}_2 \tag{3-80}$$

式中 k_i——电流变比，是一个数值较大的常数，$k_i = \frac{I_1}{I_2} = \frac{N_2}{N_1}$。

同样，只需将测量 I_2 的电流表按 k_iI_2 来刻度，就能直接从表上读出被测电流 I_1 的大小。我国电力系统规定电流互感器副边的额定电流为 5 A。

实际上不能做到 $I_0 = 0$，因此电流互感器也存在着误差。根据误差的大小，电流互感器分为 0.2、0.5、1.0、3.0、10.0 等几个级别。例如，0.5 级的电流互感器表示在额定电流时，误差最大不超过 ±0.5%。对各级的允许误差见国家有关技术标准。

使用电流互感器时，应注意以下几个问题：

（1）副边绝对不许开路。从图3-37接线图中可以看到，电流互感器的副边与电流表并联着一个开关S，电流互感器不使用时或换接不同电流表时，为防止副边开路而把开关闭合，正常工作时将开关打开。下面简单分析一下原因。

电流互感器的电流平衡关系为

$$\dot{I}_1 = -\frac{\dot{I}_2}{k_A} + \dot{I}_0 \tag{3-81}$$

原边电流包含负载分量和励磁分量两部分。在正常情况下，负载分量的数值比励磁分量的数值要大得多，通常电流互感器负载分量是励磁电流的几百倍以上，其差值远远超过了正常运行的电力变压器。如果副边出现开路，电流互感器就成了一个空载运行的变压器，这时 $\dot{I}_1=\dot{I}_0$。但是，与一般电力变压器空载运行不同的是，电流互感器原边电流 I_1 是主线路电流，它的数值由电网运行情况决定，并不随电流互感器副边而改变。如果被测的主线路电流 I_1 成了励磁电流，将会造成电流互感器铁耗的急剧上升，引起过热甚至烧毁绝缘材料。同时，在电流互感器副边出现很高的电压，不但击穿绝缘，还会危及操作人员和其他设备的安全。

（2）副边必须接地，以保证操作人员及设备安全。

（3）副边回路串入的阻抗值不应超过有关技术标准的规定。也就是说，电流表不能串得太多。这是因为如果副边串联的阻抗值过大，则 I_2 变小，I_2/k_i 变小，而 I_1 不变，造成 I_0 增加，误差就要增加，电流互感器的精度等级将会降低。

3. 钳形电流表

实际应用中，经常将电流互感器和电流表组合，就构成了钳形电流表，如图3-38所示。

电流互感器的铁芯由两部分组成，可以张开或闭合，像一把钳子一样。测量时，被测电流导线即为原绕组，铁芯上有一个副绕组，副边经安培表构成短接回路，这样从安培表上可以直接读出被测电流数值。当电气设备运行时要检查某一相的电流，使用钳形电流表，可免去停机接入普通电流表的麻烦，可很方便地测出电流。

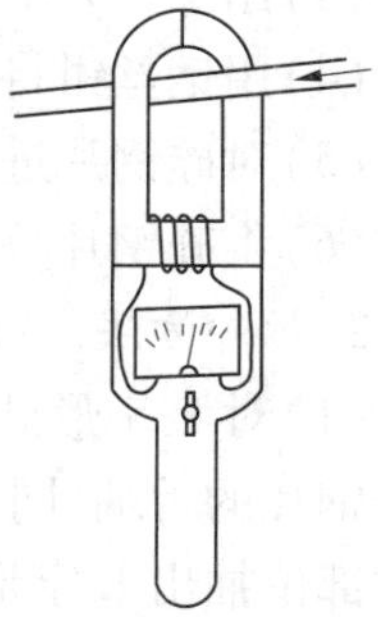
图3-38　钳形电流表

钳形电流表一般有几个量程，使用时注意被测电流不能超过最大量程。为了减小测量误差，被测导线放入钳口后，钳口处两铁芯应对齐并吻合，另外还应避免外界磁场对钳形电流表铁芯的影响。

任务实施

一、任务目的

（1）掌握小型变压器的拆装及维护方法。

（2）掌握小型变压器绕组的绕制方法。

二、器材准备

绕线机1台,变压器组件1套,电工工具1套。

三、实施内容与步骤

低频范围工作的单相电源变压器、控制变压器等统称为小型变压器。当小型变压器发生绕组烧毁、引出线断裂、匝间短路等故障时,均需对绕组进行拆除重绕。整个修理过程大致为:记录原始数据→拆卸铁芯→制作模芯及骨架→绕制绕组→绝缘处理→铁芯装配→检查和试验。

(一)记录原始数据

在拆卸小型变压器前及拆卸过程中,要记录下列原始数据,作为重绕变压器的依据。

(1)铭牌数据:型号、相数、额定功率(容量)、原副边电压、连接组、绝缘等级等。

(2)绕组数据:导线规格、匝数、尺寸、引出线规格与长度、重量等。

(3)铁芯数据:铁芯形状、铁芯尺寸、铁芯片数、铁芯厚度、叠压顺序、叠压方式等。

(二)拆卸铁芯

1. 拆卸步骤

(1)拆除外壳、接线柱。

(2)拆除铁芯夹板或铁轭。

(3)用螺丝刀把黏合在一起的硅钢片插松。

(4)用钢丝钳将硅钢片一一拉出。

(5)对硅钢片进行表面处理。

(6)将硅钢片叠放完整,妥善保管。

2. 拆卸方法

(1)对E字形硅钢片,要先用螺丝刀插松并拆卸两端横条(横轭),再用螺丝刀顶住中柱硅钢片的舌端,同时用小锤轻轻敲击,使舌片后推,待推出3~4 mm后,即可用钢丝钳中柱部位抽出E字形片。当拆出5~6片后,即可用钢丝钳或手逐片抽出。

(2)对F字形硅钢片,要先用螺丝刀在两侧已插松的硅钢片接口处分别顶开,使被顶硅钢片推出即可。当每侧拆出5~6片后,即可用钢丝钳或手逐片抽出。

(3)对C字形硅钢片,在拆除夹紧箍后先把一端横头夹在台虎钳上,用小锤左右轻敲另一个横头,使整个铁芯松动,然后再用钢丝钳或手逐片抽出。

(4)对日字形硅钢片,先插松第一、二片,把铁轭开口一端掀起至绕组骨架上面,再用螺丝刀插松中柱硅钢片,并从舌端向后推出几毫米,然后再用钢丝钳拉出硅钢片。当拉出十余片后,即可用钢丝钳或手逐片抽出。

3. 拆卸注意事项

(1)用螺丝刀插松硅钢片时,动作要轻,用力要均匀,入刀位置要常换。

(2)用钢丝钳拉出硅钢片时,要多次试拉,不能硬抽。对拉不出的硅钢片,一方面要继续插松,另一方面可适当左右摆动几下或用木锤轻击,以加速松动,但不要使硅钢片变形。

(3)拆下的硅钢片不要乱抛,要保持硅钢片完整、无损伤、无丢失。

(三)制作模芯及骨架

在绕制变压器绕组前应根据旧绕组和旧骨架的尺寸制作模芯和骨架。

模芯是绕组绕制过程中的支撑体。将模芯套在绕线机的转轴上,转动绕线机,导线便可以方便地绕制在模芯上。模芯的制作要求是:

(1)制作材料多为干燥硬木,如杨木、杉木等。

(2)为使绕组绕好后脱模方便,模芯通常做成两个45°对半开的楔形。

(3)中心孔要平直居中。

(4)4个矩形面要平行,边角要圆滑。

(5)横截面要比铁芯的中心柱截面稍大一些;对于有骨架模芯,其长度一般要比铁芯的中心柱长10 mm;对于无骨架模芯,其长度一般要比铁芯的中心柱长稍小一些。

骨架主要起支撑绕组和对地绝缘的作用。骨架要求具有一定的机械强度和绝缘性能,尺寸与铁芯、绕组相符合。骨架分为无框骨架(也称绕线芯)和有框骨架。无框骨架一般采用弹性纸或红钢纸制成,其厚度由变压器的容量决定。有框骨架一般采用红钢纸或层压板制成,也可采用塑料、尼龙或其他绝缘材料。制作时骨架的边沿应平整、垂直,长度应比铁芯窗口高度约小2 mm。

(四)绕制绕组

绕组绕制的工艺质量是决定变压器性能的关键。绕组的制作在工厂中一般都用专用的自动排线机或绕线机,在实验室中通常用手摇绕线机进行绕制。

1. 绕组的基本要求

(1)导线规格符合要求。

(2)绕组尺寸与匝数正确。

(3)导线排列整齐、紧密,绝缘良好。

2. 绕制步骤

(1)检查模芯与骨架尺寸,并将模芯安装在绕线机的转轴上。

(2)在骨架上垫上绝缘衬垫,并校对计数器。

(3)起绕时,在导线引线头上压入一条绝缘带折条,待绕几匝后抽紧起始线头,如图3-39(a)所示。

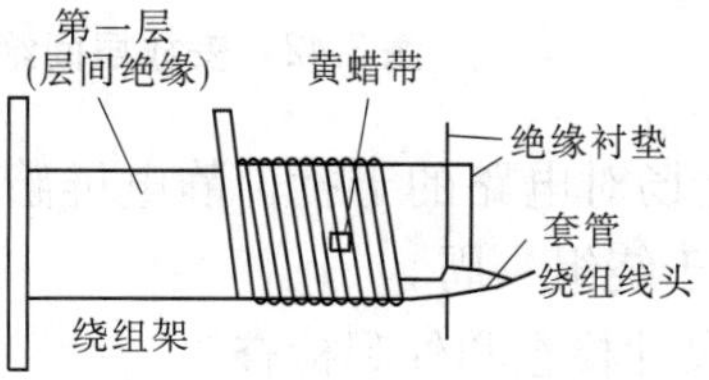

(a)绕组线头的固紧

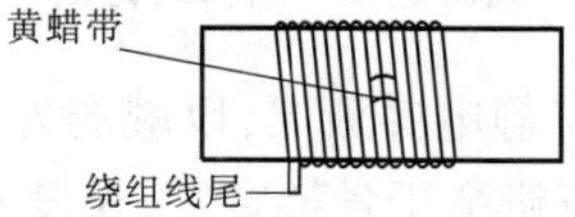

(b)绕组线尾的固紧

图3-39　变压器绕组的绕制

(4)绕线时,通常按照一次侧绕组、静电屏蔽、二次侧高压绕组、二次侧低压绕组的顺序,依次叠绕。当二次侧绕组数较多时,每绕好一组后,用万用表测量是否有断线。

(5)每绕完一层导线,应安放一层层间绝缘。根据变压器绕组要求,做好中间抽头。导线自左向右排列整齐、紧密,不得有交叉或叠线现象,直至绕到规定匝数。

(6)当绕组绕至靠近末端时,先垫入固定出线用的绝缘带折条,待绕至末端时,把线头穿入折条内;然后抽紧末端线头,如图3-39(b)所示。

(7)拆下模芯,取出绕组,包扎绝缘,并用胶水或绝缘胶粘牢。

3. 绕线的工艺要点

(1)绝缘导线的选用要符合规格。小型变压器绕组一般采用缩醛漆包圆铜线或聚酯漆包圆铜线,导线截面乘以导线匝数应小于铁芯窗口的30%,否则线包就可能装不进铁芯。

(2)绝缘材料的选用必须考虑耐压要求和允许厚度。层间绝缘的厚度应按两倍电压的绝缘强度选用,对于1 000 V以下的变压器也可采用电压的峰值,即按1.4~1.5倍来选用。

(3)当线径等于或大于0.35 mm时,绕组的引出线可用原线;小于0.35 mm时,应另用多股软线作为引出线,如图3-40所示,绕线时通常用最后一层的导线将引出线压紧。

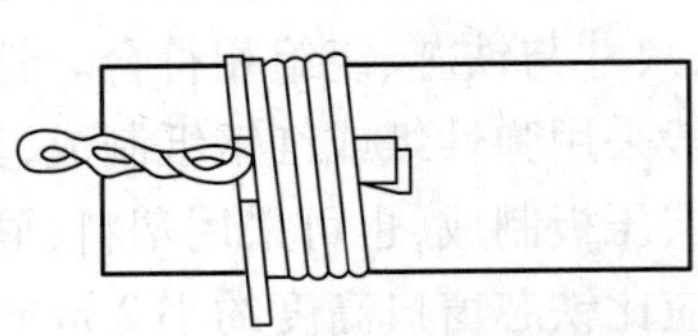
图3-40 利用多股软线做引出线

(4)导线起绕点不可过于靠近无框骨架边沿,以防导线滑出。

(5)绕线时,应使导线的移动速度与绕线机的转速相适应,务必使导线排齐、排紧,如图3-41所示。

(6)安放层间绝缘时,必须从骨架所对应的铁芯舌宽面开始安放,如图3-42所示。

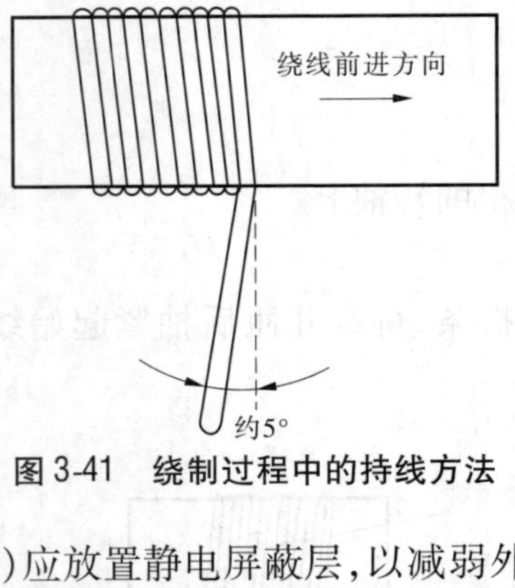

图3-41 绕制过程中的持线方法

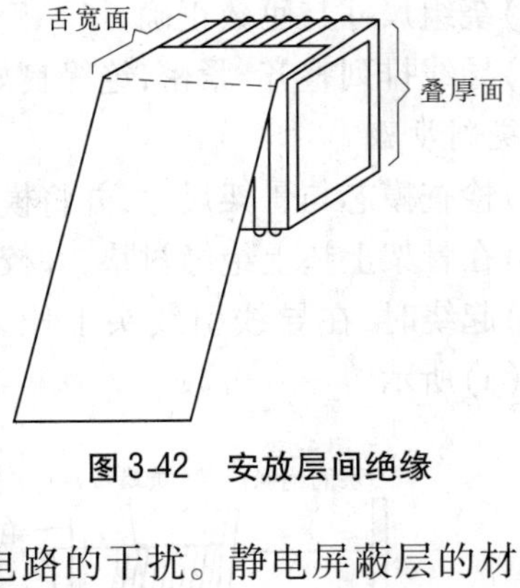

图3-42 安放层间绝缘

(7)应放置静电屏蔽层,以减弱外来电磁场对电路的干扰。静电屏蔽层的材料为紫铜皮,其宽度应略窄于骨架宽度,长度应略小于绕组一周。

(8)绕组绕制完成后,应进行匝数检查、尺寸检查和外观检查。

(五)绝缘处理

绕制完成后,应浸1032三聚氰胺醇酸树脂漆,主要工序有:

(1)预烘。将绕组放在电热干燥箱中,加热温度至110 ℃左右,为3~4 h。

(2)浸漆。将预烘干燥的绕组取出,放入树脂漆中浸泡半小时,然后取出绕组滴干余漆。

(3)烘干。放入电热干燥箱中,温度为120 ℃左右,时间为9 h左右。

(六)铁芯装配

将规定数量的硅钢片与绕组装配成完整的变压器。要求紧密、整齐,铁芯截面应符合设计要求。

1. 准备工作

(1)检查硅钢片平整度,去除毛刺并剔除不平整的硅钢片。

(2)硅钢片表面不能有锈蚀。

(3)硅钢片表面应绝缘良好,绝缘不良要重新涂刷绝缘漆。

2. 铁芯装配步骤

(1)在绕组两边,两片两片地交叉对插,插到较紧时,一片一片地交叉对插。

(2)当绕组中插满硅钢片时,余下约 1/6 比较难插的紧片,用螺丝刀撬开硅钢片夹缝插入。

(3)镶插条形片(横条),按铁芯剩余空隙厚度叠好插入。

(4)镶片完毕后,将变压器放在平板上,两头用木锤敲打平整,然后用螺钉或夹板紧固铁芯,并将引出线连到焊片或接线柱上。

(七)检查和试验

变压器重新绕制后还应进行以下检查和试验:

(1)外观质量检查。

(2)绕组的通断检查。用万用表或电桥检查各绕组的通断及直流电阻。

(3)绝缘电阻的测定。用兆欧表测量各绕组间、绕组与铁芯间及绕组与屏蔽层间的绝缘电阻。对于 400 V 以下的变压器,其绝缘电阻值不应小于 90 MΩ。

(4)空载电压的测试。当一次侧电压加到额定值时,二次侧各绕组的空载电压允许误差为 ±5%,中心抽头电压误差为 ±2 %。

(5)空载电流的测试。当一次侧电压加到额定值时,空载电流为额定电流的 5% ~ 8%;若大于 10%,它的损耗将很大;若超过 20%,它的温升将超过额定值,不能继续使用。

四、实施记录表

实施记录表见表 3-1。

表 3-1 实施记录表

步骤	内容	操作要点
1	实施前的准备工作	(1)电工工具:________。 (2)电工仪表:________。 (3)其他工具:________。
2	测量原始数据	(1)铭牌数据:________。 (2)绕组数据:________。 (3)铁芯数据:________。

续表 3-1

步骤	内容	操作要点
3	拆除变压器的铁芯与绕组	(1)使用工具:________。 (2)工艺要点:________。 (3)注意事项:________。
4	制作模芯及骨架	(1)使用工具:________。 (2)工艺要点:________。 (3)注意事项:________。
5	绕制绕组	(1)使用工具:________。 (2)工艺要点:________。 (3)注意事项:________。
6	绝缘处理	(1)使用工具:________。 (2)工艺要点:________。 (3)注意事项:________。
7	铁芯装配	(1)使用工具:________。 (2)工艺要点:________。 (3)注意事项:________。
8	检查和试验	(1)使用工具:________。 (2)工艺要点:________。 (3)注意事项:________。

五、技能测试

(1)内容:小型变压器的拆装与绕制方法。

(2)要求:在 45 min 内,完成对小型变压器的拆装与绕制方法。

(3)评分标准:如表 3-2 所示。

表 3-2 评分标准

考核内容	配分	评分标准	得分
列举小型变压器的拆装与绕制项目	10	每少列举一项目扣 2.5 分	
工具使用	10	绕线机 1 台,电工工具等不会使用或使用不当每项扣 2 分	

续表 3-2

考核内容	配分	评分标准	得分
测量并记录原始数据	10	(1)步骤不对,每次扣 2.5 分 (2)方法不对,每次扣 2.5 分 (3)损坏部件扣 5 分	
拆除变压器的铁芯与绕组	10	(1)步骤不对,每次扣 2.5 分 (2)方法不对,每次扣 2.5 分 (3)损坏部件扣 5 分	
制作模芯及骨架	10	(1)步骤不对,每次扣 2.5 分 (2)方法不对,每次扣 2.5 分 (3)损坏部件扣 5 分	
绕制绕组	10	(1)步骤不对,每次扣 2.5 分 (2)方法不对,每次扣 2.5 分 (3)损坏部件扣 5 分	
绝缘处理	10	(1)步骤不对,每次扣 2.5 分 (2)方法不对,每次扣 2.5 分 (3)损坏部件扣 5 分	
铁芯装配	10	(1)步骤不对,每次扣 2.5 分 (2)方法不对,每次扣 2.5 分 (3)损坏部件扣 10 分 (4)结论错误扣 10 分	
检查和试验	20	(1)步骤不对,每次扣 2.5 分 (2)方法不对,每次扣 2.5 分 (3)损坏部件扣 10 分 (4)结论错误扣 10 分	
时间		每超时 5 min 扣 5 分	

六、任务报告

(1)小型变压器的拆装与绕制方法。

(2)实训问答题:

①维修变压器时应做好哪些原始记录?为什么?

②维修变压器时铁芯拆卸应注意哪些事项?

③维修变压器时绕线的工艺要点应注意什么?

④变压器重新绕制后还应进行哪些检查和试验?

练习与提高

3-1 为什么变压器的铁芯要用硅钢片叠成？能否用整块硅钢做铁芯？如果不用铁芯行不行？

3-2 一台220/110 V的变压器，能否用来把440 V的电压减低至220 V或把220 V升高至440 V？为什么？这台变压器如做成原边两匝绕组、副边一匝绕组可否？为什么？

3-3 如果把上述变压器的高压绕组接在220 V的直流电源上，将会产生什么后果？能否变压？

3-4 公式$\frac{E_1}{E_2}=\frac{N_1}{N_2}$、$\frac{U_1}{U_2}=\frac{N_1}{N_2}$、$\frac{I_1}{I_2}=\frac{N_2}{N_1}$在空载和负载情况下，哪一个公式是始终成立的？哪一个公式是近似的？为什么？

3-5 变压器原边接额定电压，空载时电流为什么很小？接负载后原边电流增加，但主磁通不变，为什么？

3-6 一台单相照明变压器，$S_N=15$ kVA，$U_{1N}/U_{2N}=3\ 300/220$ V，现要求变压器在额定电压下运行，问可接220 V、25 W电灯（$\cos\varphi=1$）多少盏？并求原、副绕组的额定电流。

3-7 有一单相变压器，$S_N=20$ kVA，$U_{1N}/U_{2N}=6\ 000/220$ V，$f=50$ Hz，若已知主磁通$\Phi_m=0.018$ Wb。求：(1)变比k及原、副绕组的匝数；(2)原、副绕组的额定电流I_{1N}、I_{2N}。

3-8 单相变压器原边电压是220 V，副边有两个绕组，其电压分别是110 V和44 V。如原绕组为440匝，分别求副边两个绕组的匝数。设在110 V的副边电路中，接入110 V、100 W的电灯11盏，分别求此时原、副边的电流值。

3-9 折算的依据是什么？折算后磁势平衡方程式是什么样的？

3-10 副边向原边折算时，哪些量改变？怎样改变？哪些量不改变，为什么？

3-11 变压器的T形等效电路和一字形等效电路各适用于什么运行状态？

3-12 变压器负载为纯电阻时，变压器的输入和输出功率是什么性质的？

3-13 变压器负载为电容性负载时，是否输入的无功功率一定是超前性质的？

3-14 变压器负载运行时，副边电压变化率的定义是什么？引起副边电压变化的原因是什么？变化的大小与什么因素有关？

3-15 变压器额定电压变化率是一个固定的数值吗？与负载的性质（如电阻负载、电阻电感负载、电阻电容负载）有关吗？

3-16 变压器带什么性质负载时，有可能使额定电压变化率为零？

3-17 变压器额定负载运行时，其效率是否为定值？与负载的性质有关吗？

3-18 变压器负载性质一定时，其效率是否为一定值？与负载的大小有关吗？

3-19 通过变压器的空载试验，可以求出变压器的哪些参数？为什么可以认为空载损耗近似等于铁损？

3-20 通过变压器的短路试验，可以求出变压器的哪些参数？为什么可以认为短路损耗近似等于铜损？

3-21 z_m、r_m、x_m各代表什么物理意义？为什么z_m很大？

3-22 某台单相变压器的 $S_N=100$ kVA，$U_{1N}/U_{2N}=3\ 300/220$ V，$r_1=0.45\ \Omega$，$x_1=2.96\ \Omega$，$r_2=0.001\ 9\ \Omega$，$x_2=0.013\ 7\ \Omega$。求向原、副边折算时的短路阻抗 z_k 及 z'_k 的数值各为多少？

3-23 变压器的连接组别（如 Y，y_n0、Y，d11）的含义如何？

3-24 有一台三相变压器，连接组别为 Y，d11，$S_N=5\ 600$ kVA，$U_{1N}/U_{2N}=35/10.5$ kV。求变压器原、副边的额定电流 I_{1N}、I_{2N}和原、副绕组的额定电流 I_{1NP}、I_{2NP}。

3-25 有一台三相变压器，它的连接组别为 Y，d11，$S_N=750$ kVA，$U_{1N}/U_{2N}=10\ 000/440$ V。在低压侧做空载试验数据为：$U_{2N}=400$ V，$I_{20}=65$ A，$P_0=4.1$ kW。在高压侧做短路试验数据为：$U_{1k}=380$ V，$I_{1k}=I_{1N}=43.3$ A，$p_k=4.6$ kW，试验时室温为 25 ℃。求：z_m、r_m、x_m、z'_m、r'_m、x'_m、z_k、r_k、x_k、$r_{k75\ ℃}$、$z_{k75\ ℃}$。

3-26 有一台三相变压器，它的连接组分别为：Y，yn0，$S_N=100$ kVA，$U_{1N}/U_{2N}=6\ 300/400$ V。现因电源改为 10 000 V，如果用改高压绕组的方法满足电源电压的改变，而保持低压绕组每相为 50 匝不变化，则新的高压绕组每相匝数应为多少？如果不改变高压绕组的匝数会产生什么后果？

3-27 有一台三相变压器，$S_N=60$ kVA，$U_{1N}/U_{2N}=5\ 773/230$ V，如果原绕组加入额定电压，副绕组接上额定负载，测得副绕组的端电压为 220 V。求变压器原、副绕组的额定电流 I_{1N}、I_{2N}和电压变化率。

3-28 有一台三相变压器，$S_N=60$ kVA，$U_{1N}/U_{2N}=5\ 773/230$ V。$I_0=5\%\ I_{1N}$，测得 $P_0=600$ W，$P_K=2\ 400$ W，$U_K(\%)=4.5\%$，供照明用电。当额定负载时副边的电压 $U_2=220$ V 时，试求：(1)额定电流 I_{1N}、I_{2N}；(2)I_0 及 $\cos\varphi_0$；(3)电压变化率 $\Delta U\%$；(4)额定负载时的效率 η；(5)r_k、z_k、x_k。

3-29 自耦变压器和普通变压器在结构上有什么区别？在能量传递方面又有何不同？

3-30 自耦变压器的绕组容量为什么小于变压器容量？其原、副边功率是如何传递的？自耦变压器合适的变比范围是多大？太大、太小有何缺点？

3-31 变压器并联运行时应满足哪些条件？如某些条件不满足将会引起什么不良后果？

3-32 电压互感器与电流互感器各有什么用途？使用电流互感器时为什么要严禁副边开路？

3-33 在单相电路中，如把接到负载的两根导线都套进钳形电流表的铁芯中，问其读数是否比套进一根时的数值增加一倍？为什么？

任务四　交流电机的绕组故障检修

【能力要求】

本任务要求学生掌握三相交流绕组的类别及常用三相绕组的连接规律和特点，了解交流电机绕组的构成原则及其基本知识，并能掌握三相异步电动机定子绕组的接地故障，短路、断路的原因及相应的处理方法。

【引入】

本任务主要介绍交流电机的绕组结构、电动势和磁势。交流绕组的作用是产生感应电动势，通过电流产生电磁转矩和建立旋转磁场，它是交流电机进行机电能量转换的重要部件。通过学习，应掌握其基本概念和分析方法，为实际工作中应用交流电机打下一定的基础。

任务资讯

一、交流绕组的基本知识

（一）基本概念

1. 交流绕组的分类

（1）按相数可分为单相绕组和多相绕组。

（2）按槽内层数可分为单层绕组和双层绕组。单层绕组又分为同心式绕组、链式绕组、交叉式绕组等；双层绕组又分为叠绕组和波绕组。

（3）按每极每相槽数可分为整数槽绕组和分数槽绕组。

2. 对交流绕组的基本要求

（1）三相绕组应该对称，即各相绕组的结构相同、阻抗相等、空间位置对称（互差120°电角度）。

（2）在一定的导体数下产生较大的基波电动势和磁势，并尽量减小谐波分量。

（3）机械强度高，绝缘可靠，散热好，用料少。

（4）制造简单，维修方便。

（二）基本术语

1. 线圈

线圈是构成交流绕组的基本单元，它由一匝或多匝导线串联而成。线圈有两个出线端，一个称为首端，另一个称为末端。一个线圈有两条有效边。连接两条有效边的导线称为端接线，端接线不切割磁力线，不产生感应电动势和电磁转矩，仅起连接有效边的作用。交流绕组的线圈相当于直流绕组的元件。

2. 极距 τ

相邻磁极轴线之间沿定子内圆表面跨过的距离称为极距 τ，通常用每个极下占有的槽数表示。设定子槽数为 Z_1，磁极对数为 p，则有

$$\tau = \frac{Z_1}{2p} \tag{4-1}$$

3. 槽距角 α

相邻槽的轴线所夹的电角度称为槽距角 α。因为槽沿定子内圆均匀分布，所以

$$\alpha = \frac{p \times 360°}{Z_1} \tag{4-2}$$

4. 每极每相槽数 q

一个磁极下每一相所占有的槽数称为每极每相槽数 q。设定子相数为 m_1，则有

$$q = \frac{Z_1}{2pm_1} \tag{4-3}$$

式中，q 为整数的绕组称为整数槽绕组，q 为分数的绕组称为分数槽绕组。

5. 相带

一相绕组在一个极距范围内所占有的区域称为相带。例如，将一个极距范围内的定子内圆分成三等份，三相绕组各占一个等份，则一个等份就是一个相带，一个相带的电角度为 180°/3 = 60°，称为 60°相带。

6. 极相组

每个磁级下属于同一相的线圈，按一定规律连接起来，就构成极相组，将同一相的若干个极相组串联或并联，就构成了一相绕组。各相绕组的轴线或相对位置，在定子内径空间应相隔 120°电角度，因此每对磁极下有 6 个相带，其安排顺序应依次为 U1、W2、V1、U2、W1、V2，如图 4-1(a)所示(两极磁场)；同样可得四极磁场 60°相带绕组的分布情况，如图 4-1(b)所示。

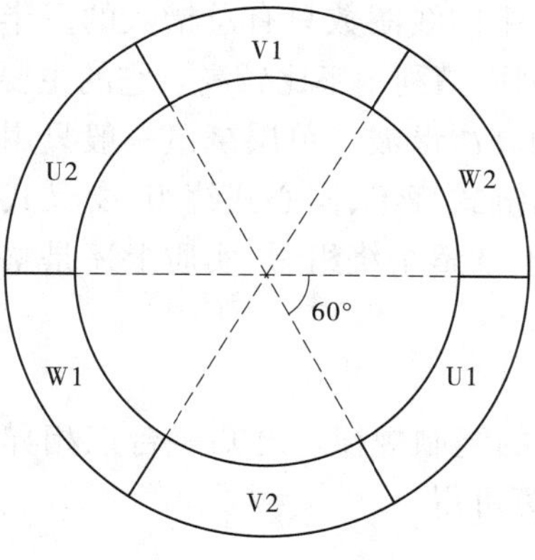

(a)两极磁场

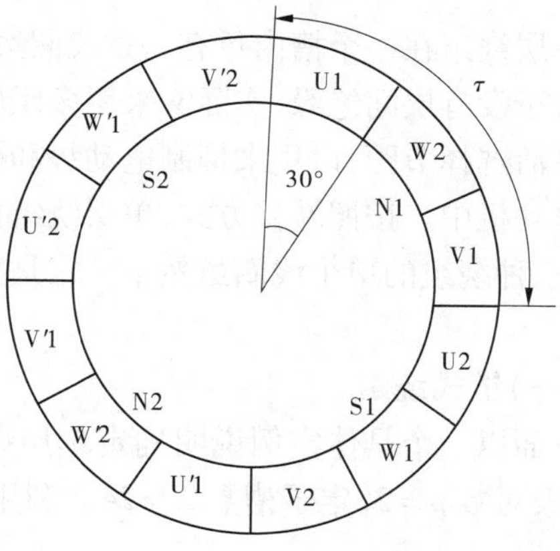

(b)四极磁场

图 4-1　交流绕组的相带

7. 线圈节距 y_1

一个线圈的两条有效边所间隔的槽数称为线圈节距 y_1（或第一节距）。线圈节距等于极距（$y_1=\tau$）的绕组称为整距绕组，线圈节距小于极距（$y_1<\tau$）的绕组称为短距绕组，线圈节距大于极距（$y_1>\tau$）的绕组称为长距绕组。

确定线圈节距的依据是对线圈电动势和磁势的要求。为使同步发电机定子绕组的线圈电动势最大，应使 $y_1=\tau$，即图 4-2(a)中线圈边 HG 与 $H'G'$ 相隔一个极距。因为 HG 中的电动势与 $H'G'$ 中的电动势方向相反，所以线圈电动势等于两条有效边中的电动势之和。另外，考虑到减小高次谐波等因素，实际线圈的两条有效边往往不是恰好相隔一个极距，而是接近一个极距。从建立极数符合要求的磁势考虑，相隔一个极距的两条有效边的电流方向应相反，这样才能形成一个以 2τ 为周期的矩形波磁势。例如四极磁场时，定子内圆为四个极距，应放置四条线圈边，它们依次相隔一个极距，如图 4-2(b)或图 4-2(c)所示。相邻线圈边必须通过方向相反的电流，才能产生四极磁势，这也要求将相隔一个极距的两条有效边的 H 端与 H' 端连接起来组成线圈。

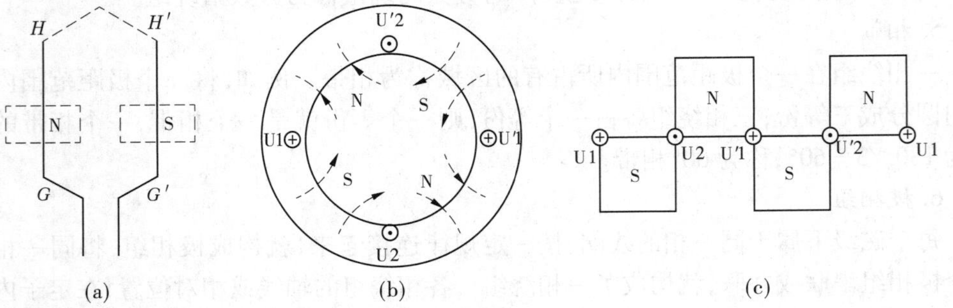

图 4-2　线圈边的连接

二、三相单层绕组

单层绕组在一个槽内只有一条线圈边，全部绕组的线圈数只有总槽数的一半。单层绕组由于没有层间绝缘，实际又采用多匝软线圈，因而槽利用率比较高。它的主要缺点是不能灵活选择节距，以用来抑制电动势和磁势中的高次谐波。单层绕组一般只用在小型异步电动机中。按照端接方式，单层绕组可以分为链式绕组、同心式绕组、交叉式绕组三种，这三种绕组的单个线圈虽然不一定是整距的，但从整个绕组看，实质上还是整距分布绕组。

（一）链式绕组

下面以一个具体实例说明确定单层链式绕组的绕制规律。已知一台三相异步电动机，磁极对数 $p=2$，定子槽数 $Z=24$。利用公式计算可得

极距　$$\tau=\frac{Z}{2p}=\frac{24}{4}=6$$

每极每相槽数　$$q=\frac{Z}{2pm}=\frac{24}{4\times3}=2$$

槽距角
$$a=\frac{p\times360^\circ}{Z}=\frac{2\times360^\circ}{24}=30^\circ$$

假如将定子内圆沿 1 号和 24 号槽之间的一条平行于定子轴线的直线剪开铺平，将各槽进行编号，然后按 60°相带排列，则定子槽分开为 12 个相带，按 U1、W2、V1、U2、W1、V2 的顺序加以注明，具体如表 4-1 所示。

表 4-1　链式绕组相带与定子槽号对应表

相序	U1	W2	V1	U2	W1	V2
N1,S1	1,2	3,4	5,6	7,8	9,10	11,12
N2,S2	13,14	15,16	17,18	19,20	21,22	23,24

根据计算所得参数将线圈连成极相组，最后再串联或并联成一相的绕组。以 U 相为例，槽 1 与槽 7 相隔均为 6 个槽，它们相距的电角度为 30°×6＝180°，可以把槽 1 与槽 7 的线圈边构成一个线圈。同理，槽 2 与槽 8、槽 13 与槽 19、槽 14 与槽 20 中的线圈边也都分别构成线圈，这样 U 相绕组就有 4 个线圈，把它们依次串联起来（“头—尾”相连），就构成了一相绕组，其展开图如图 4-3 所示。同理，槽 5 与槽 11、槽 6 与槽 12、槽 17 与槽 23、槽 18 与槽 24 中的线圈边也都分别构成线圈，串联起来构成了 V 相绕组。W 相绕组可自己分析。图 4-3 中构成 U 相绕组的 4 个线圈，其形状、大小是完全一样的，叫等元件绕组。又因为每个线圈的节距都等于极距，所以是一个整距绕组（$y=\tau=6$）。

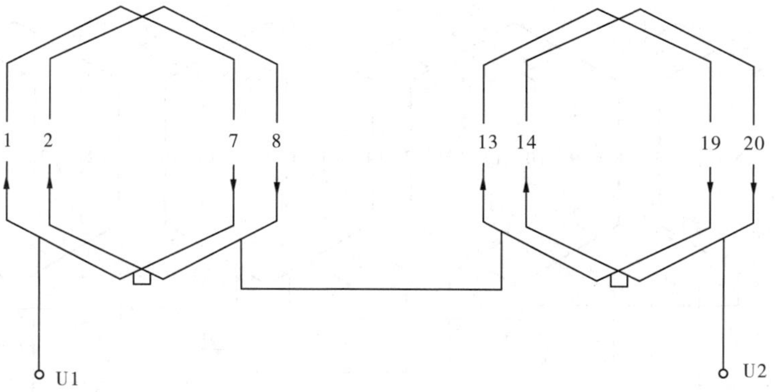

图 4-3　链式整距绕组 U 相展开图

电动机的旋转磁场是由 U、V 、W 三相绕组通入电流后产生的，U 相绕组所形成的磁势仅与线圈边中的电流方向有关，与线圈边连接次序无关。所以，只要是属于同一相的线圈边所组成的线圈，其中通过的电流方向符合要求即可，至于由哪两个线圈边组成线圈，可以是灵活的。因此，改变线圈的连接次序，并不影响每相电动势的大小和线圈中电流的大小，同样产生四极旋转磁场。即把线圈边的 2 和 7 相连、8 和 13 相连、14 和 19 相连、20 和 1 相连，构成四个线圈。虽然线圈边 1 和 13 不在同一对磁极下，但它们所处的磁场位置是相同的，如图 4-4 所示。改变接法后，为了保持线圈中的电流方向不变，线圈边电动势仍然是相加而不是相减，则线圈间的连接应由原来图 4-3 的“头—尾”相连变成图 4-4 所示的“尾—尾”相连、“头—头”相连的方式。这种连接方式的绕组称为链式短距式绕组

($\tau=6>y=5$)。

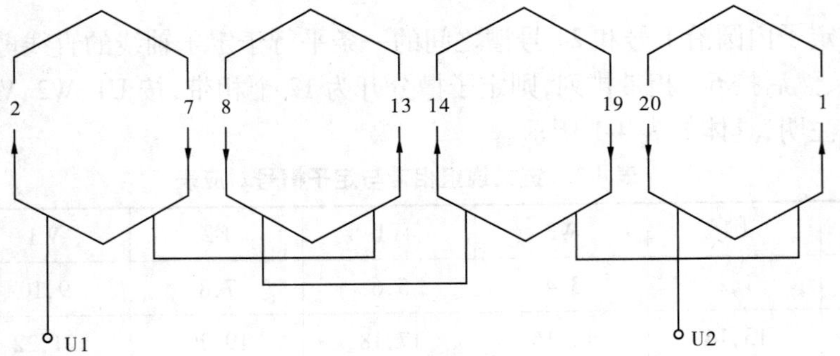

图 4-4 链式短距绕组 U 相展开图

同理,可以得到 V、W 两相绕组的连接展开图。图 4-5 所示为三相单层链式短距绕组的展开图。图 4-5 中链式绕组的线圈虽然是短距的,但在电气性能方面和整距绕组一样,由于短距绕组每个线圈的节距由原来的整距($y=6$)变为短距($y=5$),这就使线圈端接部分长度缩短,节省了材料。同时也减少了端接部分的重叠现象,使端接部分的排列更加合理,因此小容量电动机普遍应用这种接线方式。

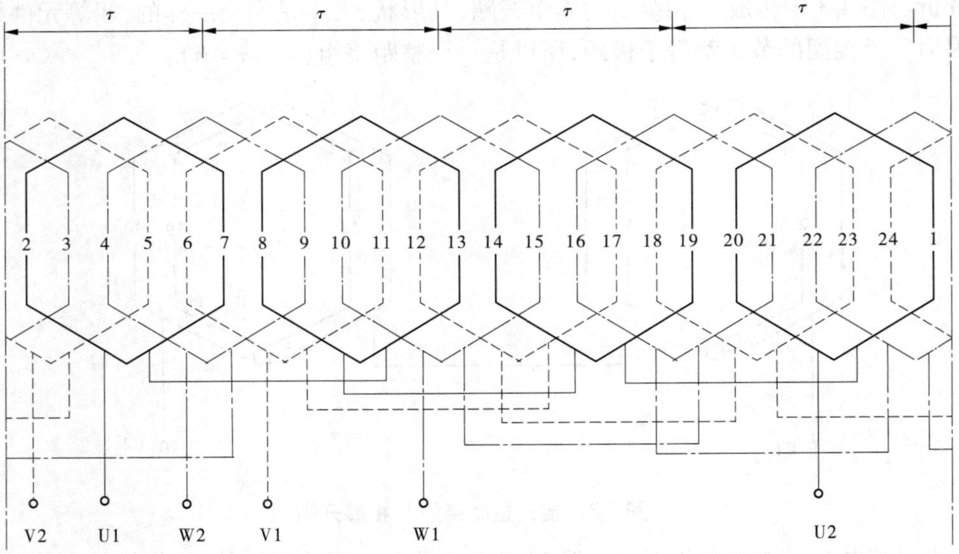

图 4-5 三相单层链式绕组展开图

(二)同心式绕组

例如,一台三相异步电动机,磁极对数 $p=1$,定子槽数 $Z=24$,根据已知条件绕制单层同心式绕组。利用公式计算可得

极距 $$\tau=\frac{Z}{2p}=\frac{24}{2}=12$$

每极每相槽数 $$q=\frac{Z}{2pm}=\frac{24}{2\times 3}=4$$

槽距角 $\alpha = \frac{p \times 360^\circ}{Z} = \frac{1 \times 360^\circ}{24} = 15^\circ$

通过计算可知,电动机为两极,每个极距内有 3 个相带,整个定子共有 6 个相带,每个相带有 4 个槽,将 23、24、1、2 划分为第一个相带。按 U1、W2、V1、U2、W1、V2 的顺序加以注明(见表 4-2)。

表 4-2 同心式绕组相带与定子槽号对应表

相序	U1	W2	V1	U2	W1	V2
N,S	23,24,1,2	3,4,5,6	7,8,9,10	11,12,13,14	15,16,17,18	19,20,21,22

按表 4-2 说明的连接方法,U 相绕组应由槽 23 与槽 11、槽 24 与槽 12、槽 1 与槽 13、槽 2与槽 14 分别组成的四个线圈依次串联而组成,V、W 两相作同样连接就可构成三相单层绕组。但是,这样组成的线圈组,端接部分重叠层数较多,散热不好。

如果线圈边 1 与 12 组成一个大线圈,线圈边 2 与 11 组成一个小线圈,小线圈放入大线圈之内,串联起来成线圈组。用同样方法将线圈边 13 与 24,14 与 23 组成线圈组,再将这两个线圈组的尾端(右端边为尾端)连接起来,可得到同样的线圈电流的分布情况,克服了绕组端接部分重叠层数较多的缺点。U 相绕组的展开图见图 4-6。

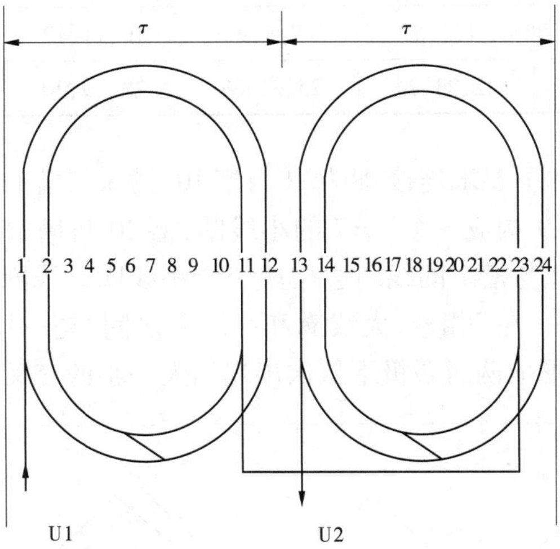

图 4-6 同心式 U 相绕组展开图

将 V、W 两相绕组的线圈作相同排列和连接,就得出如图 4-7 所示的三相单层同心式绕组展开图。同心式绕组的线圈组中各线圈节距不等,各线圈的轴线重合。其优点是端接部分互相错开,重叠层数较少,便于布置,散热较好;缺点是线圈大小不等,绕线不方便。

(三)交叉式绕组

当每极每相槽数 $q=3$ 时,若采用同心式绕组,则需绕制三种规格的线圈;若采用链式绕组,则端部相互叠压较多,不利于散热。此时,常采用交叉式绕组。交叉式绕组线圈节距缩短,端接部分减少重叠,工艺更趋合理。从电气性能看,交叉式绕组仍属整距绕组。

例如,一台三相异步电动机,磁极对数 $p=2$,定子槽数 $Z=36$,根据已知条件绕制单层

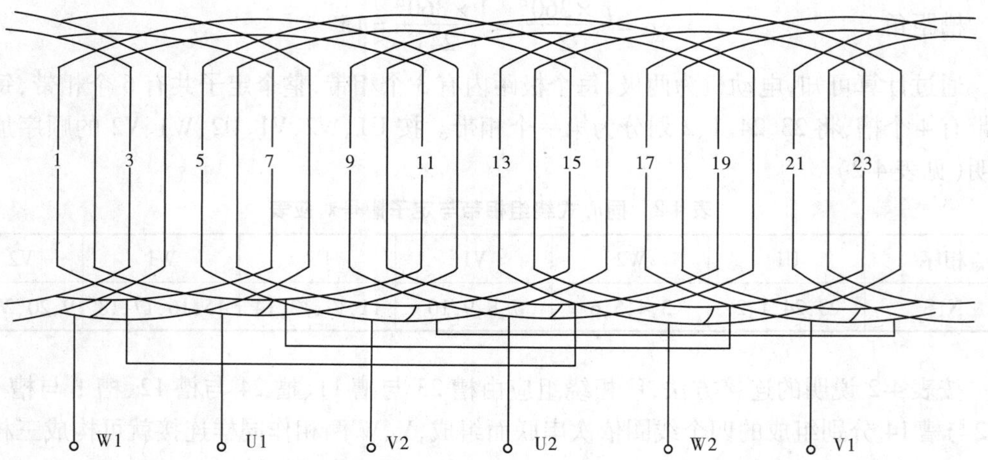

图 4-7　三相单层同心式绕组展开图

交叉式绕组。根据条件经过计算可得 $\tau=9, q=3$，其相带与定子槽号划分见表 4-3。

表 4-3　交叉式绕组相带与定子槽号对应表

相序	U1	W2	V1	U2	W1	V2
N1,S1	1,2,3	4,5,6	7,8,9	10,11,12	13,14,15	16,17,18
N2,S2	19,20,21	22,23,24	25,26,27	28,29,30	31,32,33	34,35,36

U 相绕组的线圈按如下要求连接：将槽 2 与槽 10、槽 3 与槽 11 的线圈边构成 $y=8$ 的两个大线圈，槽 12 与槽 19 构成一个 $y=7$ 的小线圈；槽 20 与槽 28、槽 21 与槽 29 的线圈边构成两个大线圈，槽 30 与槽 1 的线圈边构成一个小线圈。线圈之间的连接规律是：两个相邻的大线圈之间“头—尾”相连，大线圈和小线圈之间“尾—尾”相连，小线圈与大线圈之间“头—头”相连。形成两对磁极下依次出现两大一小的交叉布置，如图 4-8 所示。

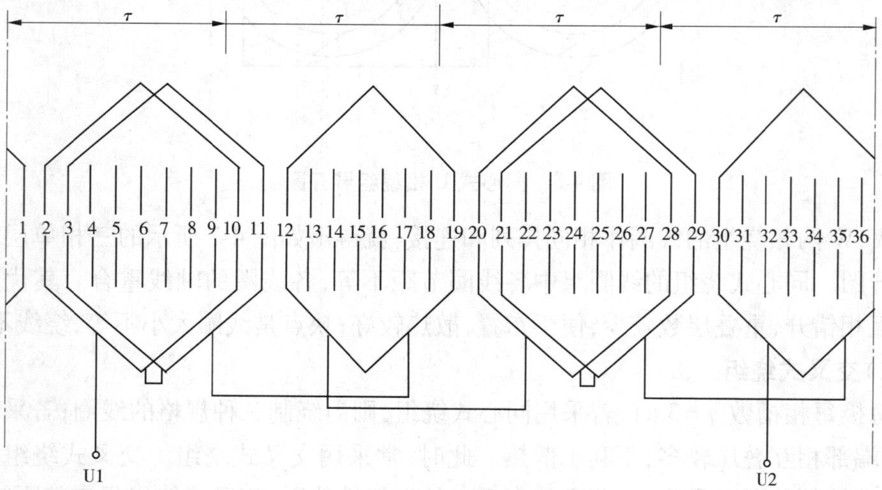

图 4-8　交叉式 U 相绕组展开图

V、W 两相按同样方法连接，就可构成三相单层交叉式绕组，如图 4-9 所示。

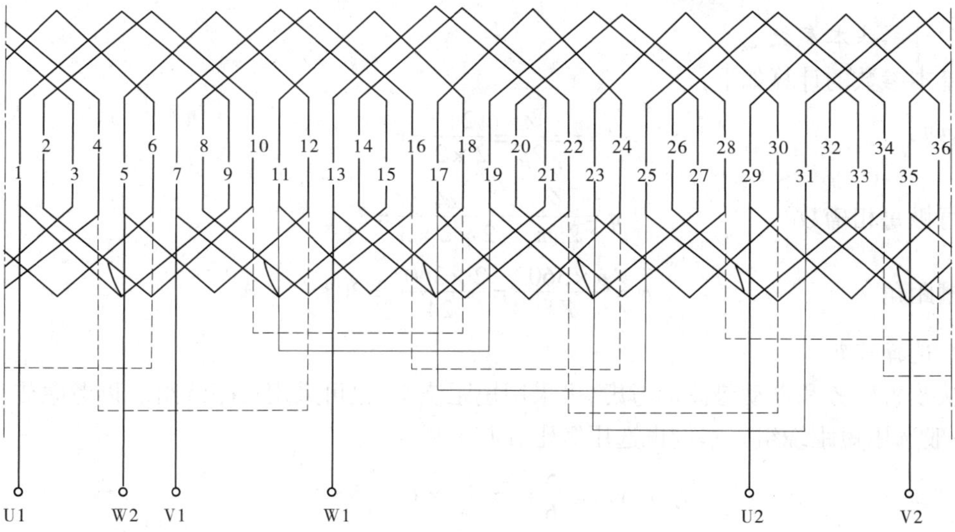

图 4-9 三相单层交叉式绕组展开图

通过以上三个例子，可得一般三相绕组展开图的绘制过程为：

(1)计算极距、每极每相槽数、槽距角等参数。

(2)画定子槽展开图并对定子槽进行编号。

(3)划分相带，并列出相带与槽号对应表。

(4)根据相带连接线圈组。

(5)按极性对电流方向的要求构成一相绕组。

(6)连接三相绕组的展开图。

三、三相双层绕组

(一)双层绕组简介

每个槽内有上、下两层线圈边的绕组称为双层绕组。双层绕组的放置与直流电机的绕组相同，线圈的一条边放在某个槽的上层(称为上层边)，另一条边放在相隔节距 y_1 的槽的下层(称为下层边)。在绕组展开图中，上层边用实线表示，下层边用虚线表示。双层绕组的线圈数等于槽数。

双层绕组的线圈具有相同的尺寸和端接形状，便于绕制，端接部分排列整齐，有利于散热和增加机械强度，双层绕组的线圈节距 y_1 为可以按照抑制谐波的要求进行选择，线圈又是均匀分布的，因而其有较好的磁势和电动势波形。

双层绕组一般用于大、中型交流电机中。

根据线圈的形状和连接规律，双层绕组分为叠绕组和波绕组两种。下面仅对三相双层叠绕组进行介绍，波绕组的连接请参照其他相关资料。

(二)三相双层叠绕组

同直流电机的叠绕组相似，交流绕组的双层叠绕组也是后一个线圈叠在前一个线圈上放置的。现以 $Z_1=24,p=2$,相数 $m_1=3$ 的定子绕组为例,说明双层叠绕组展开图的画法。

1. 计算基本参数

基本参数的计算如下:

极距 $$\tau=\frac{Z}{2p}=\frac{24}{2\times 2}=6$$

每极每相槽数 $$q=\frac{Z_1}{2pm_1}=\frac{24}{2\times 2\times 3}=2$$

槽距角 $$\alpha=\frac{p\times 360°}{Z_1}=\frac{2\times 360°}{24}=30°$$

2. 选择节距

从改善磁势和电动势波形考虑,可采用短距绕组,也可采用长距绕组。再考虑节约材料,一般选用短距绕组。本例也选用短距,即

$$y_1=\frac{5}{6}\tau=\frac{5}{6}\times 6=5$$

3. 画定子槽展开图

对定子槽进行编号(1 ~24),画出槽内线圈边,实线表示上层边,虚线表示下层边。

4. 划分相带

采用60°相带,将定子内圆分成360°×2/60° =12 个相带,每个相带包括两个槽,相带划分如表4-4 所示。设1 ~12 号槽在第一对磁极范围内,六个相带 U 11、W 21、V 11 、U 21 、W 11 、V 21的线圈边依次相差60°电角度,13 ~24 号槽在第二对磁极范围内,六个相带 U 12、W 22、V 12 、U 22 、W 12 、V 22的线圈边同样依次相差 60°电角度。

表 4-4　双层叠绕组相带分配表

第一对磁极	相带	U 11	W 21	V 11	U 21	W 11	V 21
	槽号	1、2	3、4	5、6	7、8	9、10	11、12
第二对磁极	相带	U 12	W 22	V 12	U 22	W 12	V 22
	槽号	13、14	15、16	17、18	19、20	21、22	23、24

5. 组成线圈

根据选定的节距 $y_1=5$,1 号槽的上层边与 6 号槽的下层边相连,组成 U 11相带的1 号线圈,2 号槽的上层边与 7 号槽的下层边组成相带的 2 号线圈。为了叙述方便,简称1上与6 下、2 上与7 下分别组成U 11相带的1 号线圈、2 号线圈。同理,7 上与12 下、8 上与13 下分别组成 U 21相带的 7 号线圈、8 号线圈,13 上与 18 下、14 上与 19 下分别组成U 12相带的13 号线圈、14 号线圈,19 上与 24 下、20 上与 1 下分别组成 U 22相带的 19 号线圈、20 号线圈。V 相四个相带 V 11、V 21 、V 12 、V 22和 W 相四个相带 W 21 、W 11 、W 22 、W 12均按上述规律各组成两个线圈。

6. 组成线圈组

将1 号线圈与2 号线圈串联组成 U 11相带的线圈组,7 号线圈与 8 号线圈串联组成

U 21相带的线圈组,13 号线圈与 14 号线圈串联组成 U 12相带的线圈组,19 号线圈与 20 号线圈组成 U 22相带的线圈组。因为线圈组的上层边是属于一个极距内一相的,所以又称为极相组;同理可组成 V 相和 W 相各四个线圈组。

7. 组成相绕组

将 U 11、U 21、U 12、U 22各相带的线圈组相连,即可组成 U 相绕组。因为电机是四极的,相绕组产生的磁场也应该是四极的,所以相邻相带的电流方向应该相反。据此,线圈组应该反向串联,U 相绕组的连接顺序如图 4-10 所示。

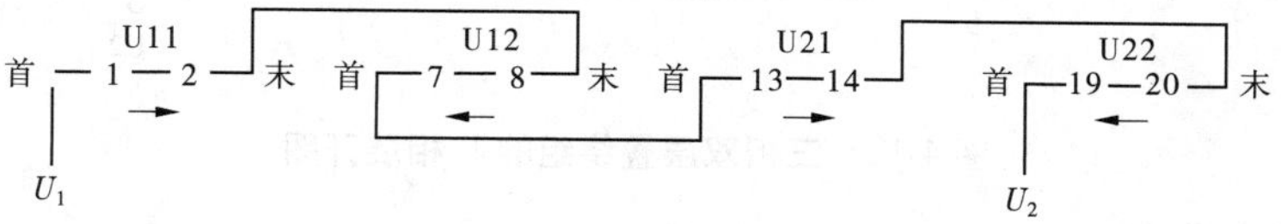

图 4-10　线圈组的串联顺序图

根据设计要求,还可将线圈接成两条并联支路或四条并联支路。两个线圈并联时,也应该"反向"连接,连接顺序如图 4-11 所示。

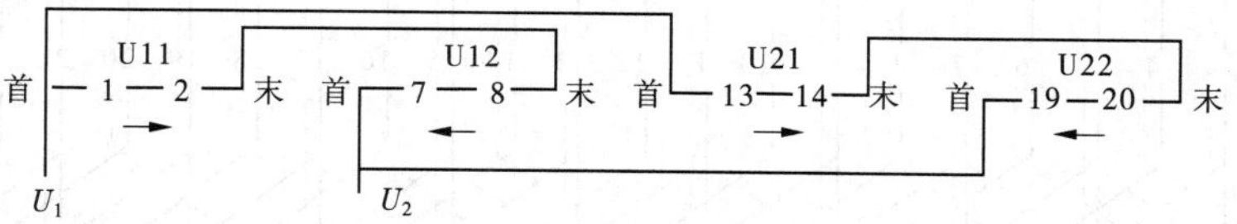

图 4-11　线圈组的并联顺序图

线圈组的串联、并联展开图如图 4-12 所示,其中图 4-12(a)为串联连接的绕组展开图,而图 4-12(b)为并联连接的绕组展开图。

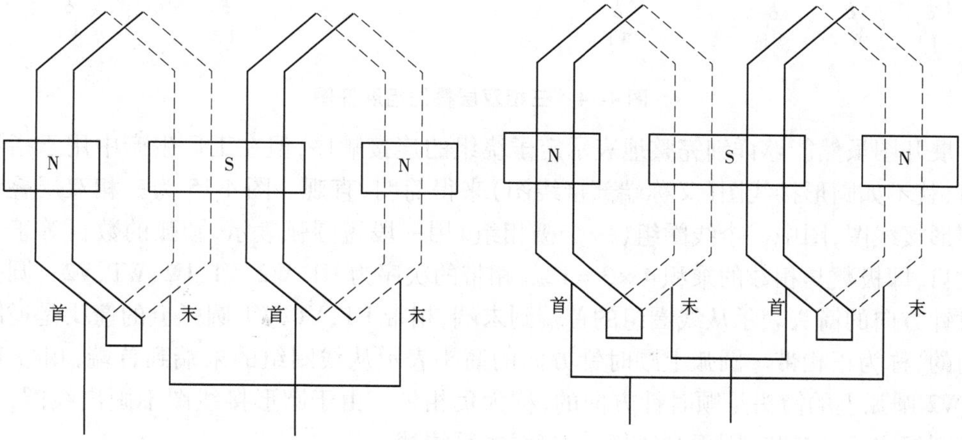

(a)串联　(b)并联

图 4-12　线圈组的串联与并联

绕圈组并联,可通入较大的电流;线圈组串联,可产生较大的感应电动势,即绕组电压较高。具体采用并联还是串联,要根据设计要求而定。图 4-13 为串联连接的 U 相绕组展开图。

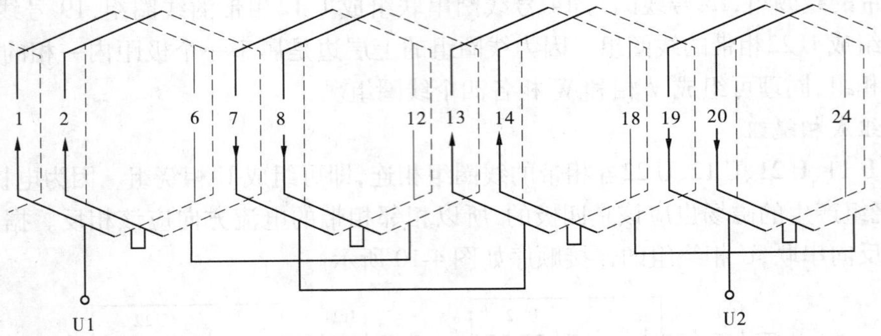

图 4-13　三相双层叠绕组的 U 相展开图

8. 组成三相绕组

再依据三相对称原则画出 V 相和 W 相的绕组,如图 4-14 所示。

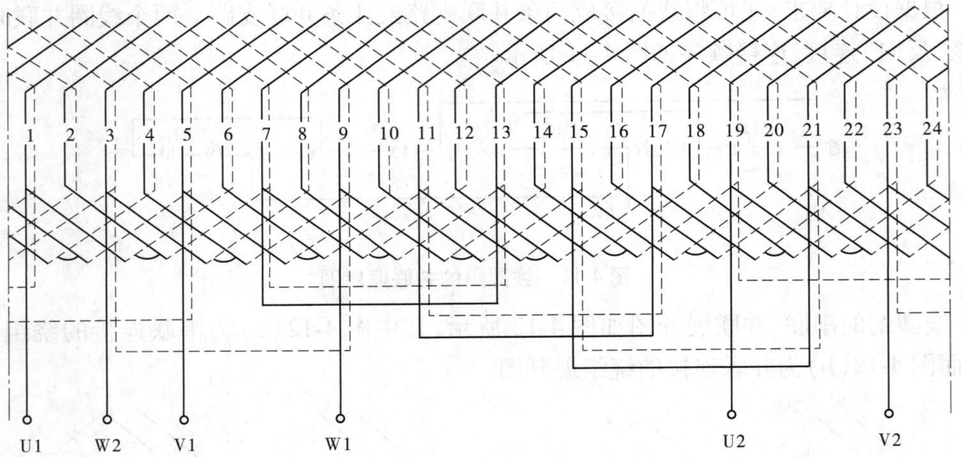

图 4-14　三相双层叠绕组展开图

展开图虽然能够详细完整地表示定子绕组的连接顺序,但在工厂生产中用于指导接线时,就不如圆形接线图(又称端部接线图)来得简明、直观。图 4-15 为三相双层叠绕组的圆形接线图,图中一个线圈组(一个极相组)用一段短圆弧表示,圆弧的数目等于相带的数目,即极数与相数的乘积 $4 \times 3 = 12$。相带的次序为 U1、W2、V1、U2、W1、V2。圆弧上逆时针方向的箭头表示从线圈组的首端到末端,相带 U1、V1、W1 圆弧上的箭头是逆时针方向的,称为正相带。圆弧上顺时针方向的箭头表示从线圈组的末端到首端,相带 U2 、V2、W2 圆弧上的箭头是顺时针方向的,称为负相带。由于圆形接线图不画出线圈,只画出线圈组之间的连接,因而画法简单、接线关系清楚。

四、交流绕组的感应电动势

计算感应电动势的大小时,可先分析一根导体的感应电动势,然后讨论一个绕圈的电动势、极相组电动势,最后得出一相绕组的电动势。

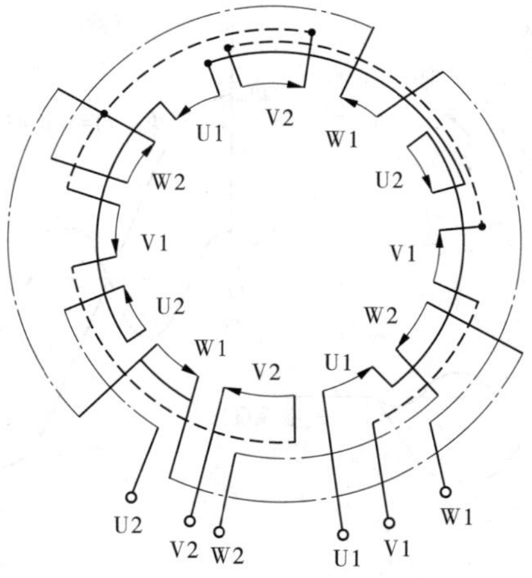

图 4-15　三相双层叠绕组的圆形接线图

（一）整距集中绕组的感应电动势

1. 基波感应电动势

空气隙基波磁场和定子绕组的相对转速为 n_1(r/s)。空气隙磁场在空间转过一周即经过 $2p\pi$(电弧度)，所需要的时间为 $1/n_1$(s)。设转过 θ(电弧度)所需的时间为 t(s)，则

$$\frac{\theta}{t}=\frac{2p\pi}{\frac{1}{n_1}} \tag{4-4}$$

$$\theta=\frac{2p\pi}{\frac{60}{n_1}}t=2\pi\frac{pn_1}{60}t=2\pi ft=\omega t \tag{4-5}$$

式(4-5)建立了空间电角度 θ 和时间 t 的关系。式(4-5)中 f 为电动势变化的频率(Hz)，$\omega=2\pi f$ 为电动势变化的电角速度(电弧度/s)。

如图 4-16(a)可知，磁感应强度 B 随电角度 θ 周期性变化，计算磁通时一般采用平均值。即线圈交链基波磁通的最大值为

$$\Phi_{\mathrm{m}}=B_{\mathrm{p}}l\tau(\mathrm{Wb}) \tag{4-6}$$

式中　B_{p}——磁感应强度的平均值，T；

l——导体计算长度，m；

τ——极距，m。

同理，磁通也为周期变化，线圈上磁通基波分量可表示为

$$\Phi_1=\Phi_{\mathrm{m}}\cos\theta=\Phi_{\mathrm{m}}\cos\omega t \tag{4-7}$$

Φ_1 的变化曲线参看图 4-16(b)，图中还画出了 v 次谐波分量的变化曲线。

根据电磁感应定律，在一匝线圈中产生的感应电动势为

$$e_{(1)}=-\frac{\mathrm{d}\Phi_1}{\mathrm{d}t}=\omega\Phi_{\mathrm{m}}\sin\omega t(\mathrm{V}) \tag{4-8}$$

有效值为

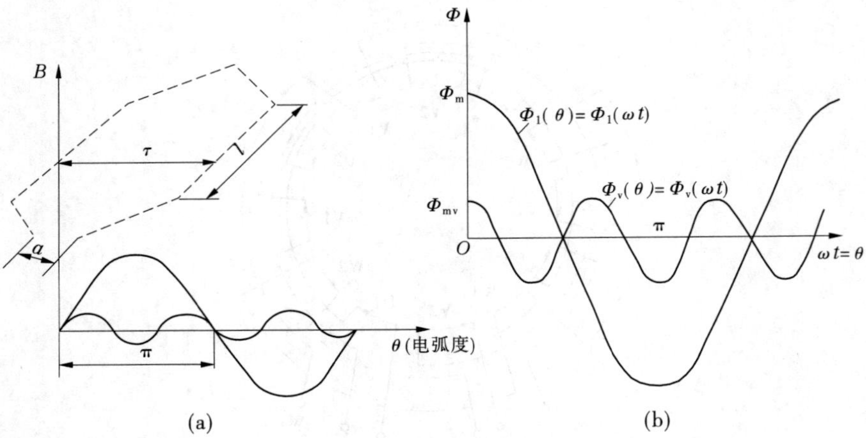

图 4-16　交流绕组的磁场计算

$$E_{(1)} = \frac{\omega\Phi_m}{\sqrt{2}} = \frac{2\pi f\Phi_m}{\sqrt{2}} = 4.44f\Phi_m(\mathrm{V}) \tag{4-9}$$

式中下标 1 表示一匝线圈。若一相绕组总匝数为 N 匝,则对于双层绕组 $N=2pqN_y$,对于单层绕组 $N=pqN_y$,每相感应电动势的有效值为

$$E_1 = NE_{(1)} = 4.44fN\Phi_m(\mathrm{V}) \tag{4-10}$$

式中下标(1)表示基波电动势。

2. 谐波感应电动势

空气隙中,v 次谐波磁场和定子绕组的相对转速仍为 n_1(r/s),此磁场在空间转过一周即经过 $2\pi vp$(电弧度),仍参看图 4-16(a),所需时间为 $1/n_1$(s)。设转过 θ(电弧度)所需时间为 t(s),则

$$\frac{\theta}{t} = \frac{2\pi vp}{\frac{1}{n_1}} \tag{4-11}$$

$$\theta = 2\pi vpn_1t = v\omega t = \omega_v t \tag{4-12}$$

$$\omega_v = v\omega = 2\pi vf \tag{4-13}$$

式中,ω_v 称为 v 次谐波的电角速度。

定子绕组线圈交链 v 次谐波的磁通为

$$\Phi_v = \Phi_{mv}\cos\theta = \Phi_{mv}\cos\omega_v t \tag{4-14}$$

式中,Φ_{mv} 为 v 次谐波磁通幅值,基波形请参看图 4-16(b)。

因此,每相整距集中绕组中,v 次谐波磁场感应产生的 v 次谐波电动势有效值为

$$E_v = 4.44vfN\Phi_{mv} \tag{4-15}$$

(二)整距分布绕组的电动势

为了使电机圆周得到充分利用,得到更大的电动势以及其他的目的,电机通常采用分布绕组。前已述及,把一个极下分布在 q 个槽内的线圈串联起来构成一个极相组(它所占的区域称相带),如图 4-17 所示。

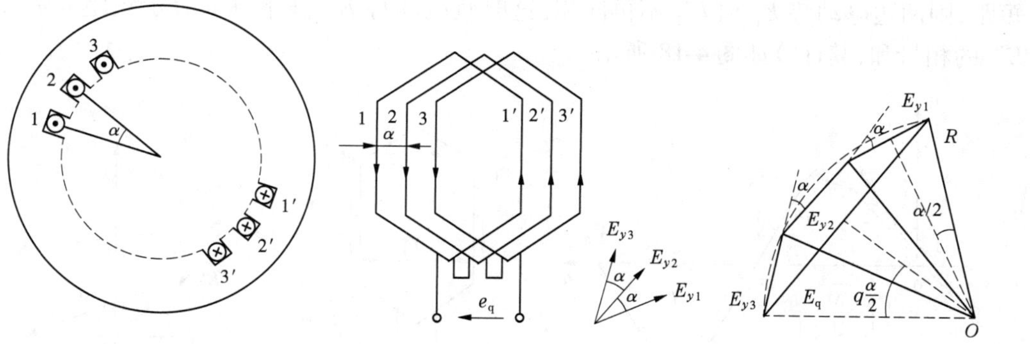

(a)　(b)　(c)　(d)

图 4-17　整距集中绕组感应电动势的计算

如图 4-17 中三个线圈，由于 q 个线圈在磁场中位置不同，在空间相邻两槽相隔槽距角 α（电角度），每个线圈中感应电动势在时间上也相差 α 电角度，如图 4-17(c)所示。

一个极相组中元件串联起来得到总的电动势称为相带电动势 E_q，它等于各个元件电动势 E_y 的相量和。从图 4-17(d)可知，q 个分布元件的串联电动势为

$$E_q = 2R\sin\frac{q\alpha}{2} \tag{4-16}$$

一个 N_y 匝元件的电动势 E_y（又称元件电动势）为

$$E_y = E_{(1)}N_y = 2R\sin\frac{\alpha}{2} \tag{4-17}$$

不难求得

$$E_q = E_y\frac{\sin\frac{q\alpha}{2}}{\sin\frac{\alpha}{2}} = qE_y\frac{\sin\frac{q\alpha}{2}}{q\frac{\sin\alpha}{2}} = qE_yK_{q1} \tag{4-18}$$

式中，K_{q1} 称为分布系数，其值小于 1，说明 q 个分布元件的串联电动势 E_q 必小于 q 个集中元件的串联电动势 qE_y。不同极下同一相的相带电动势 E_q 是同相位的，因此每相感应电动势的基波有效值为

$$\begin{aligned} E_{q1} = 2pE_q &= 2pqE_yK_{q1} = 2pqN_yE_{(1)}K_{q1} \\ &= 2pqN_y4.44f\Phi_mK_{q1} \\ &= 4.44fK_{q1}N\Phi_m \end{aligned} \tag{4-19}$$

对于磁场中 v 次谐波而言

$$K_{qv} = \frac{\sin\frac{qv\alpha}{2}}{q\frac{\sin v\alpha}{2}} \tag{4-20}$$

$$E_{qv} = 4.44vfK_{qv}N\Phi_{mv} \tag{4-21}$$

（三）短距集中绕组的电动势

若绕组为整距，则一匝电动势 $E_{(1)}$ 为该匝两边电动势 E_1 之和，$E_{(1)} = 2E_1$。若绕组为

短距,则两边电动势 E_1 和 E'_1 不再同相,这时匝电动势 $E_{(1)p}$(下标 p 表示短距)为 E_1 和 E'_1 的相量和,其计算如图 4-18 所示。

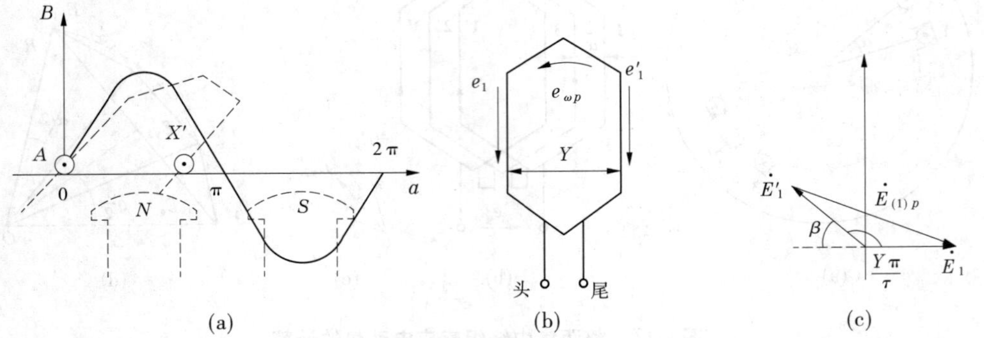

图 4-18 短距集中绕组感应电动势的计算

E_1 和 E'_1 之间的相位差 β(又称短距角)为

$$\beta = \frac{\tau - Y}{\tau}\pi = \frac{\tau - Y}{\tau} \times 180° \tag{4-22}$$

由图 4-18(c)可求出

$$E_{(1)p} = 2E_1 \cos \frac{\beta}{2} = 2E_1 K_{p1} \tag{4-23}$$

式中,K_{p1} 称为短距系数,其值也小于 1,说明绕组采用短距时匝电动势 $E_{(1)p}$ 必小于整距时的匝电动势 $E_{(1)}$。此时,每相感应电动势的有效值为

$$E_{p1} = NE_{(1)p} = NK_{p1}E_{(1)} = NK_{p1}4.44f\Phi_m = 4.44fK_{p1}N\Phi_m \tag{4-24}$$

对于磁场中 v 次谐波

$$K_{pv} = \cos \frac{v\beta}{2} \tag{4-25}$$

$$E_{pv} = 4.44vfK_{pv}N\Phi_{mv} \tag{4-26}$$

短距使电动势减小的原因和分布绕组实质上是一样的,短距可以看作是上层和下层导体移动了一个距离,亦即分布开了。正如分布绕组是元件和元件分布开了一样,短矩绕组则是层与层分布开了。

(四)感应电动势的一般公式

一般交流绕组是分布又短距,这时先考虑分布的影响,则电动势减小 K_{q1} 倍,再考虑短距的影响,则电动势又减小 K_{p1} 倍,因此

$$E_1 = 4.44fK_{p1}K_{q1}N\Phi_m = 4.44fK_{w1}N\Phi_m \tag{4-27}$$

式中 K_{w1}——基波的绕组系数,$K_{w1} = K_{q1}K_{p1}$。

同理,对磁场中 v 次谐波

$$E_v = 4.44vfK_{pv}K_{qv}N\Phi_m = 4.44vfK_{wv}N\Phi_{mv} \tag{4-28}$$

式中 K_{wv}——v 次谐波的绕组系数,$K_{wv} = K_{p1}K_{q1}$。

(五)感应电动势中的高次谐波

下面讨论如何削弱感应电动势中的高次谐波,使感应电动势的波形接近正弦波。

由于磁场是对称的，电动势中不存在偶次谐波，只有3、5、7、9、11等奇次谐波。其中，主要是3次谐波，其次是5次、7次谐波，至于更高次的谐波幅值更小，一般可以忽略不计。

采用三相后，若把三相绕组连成Y形或D形，则三次谐波及3的倍数次谐波将抵消，在线电动势中不再出现。

选择合适的α和β，则可使K_{w5}、K_{w7}很小，使5次和7次谐波电动势很小。如上例中的双层短距分布绕组，其$\alpha=30°$，$\beta=30°$，$q=2$，$K_{w1}=0.932$，可计算其谐波绕组系数：

$$K_{q5}=\frac{\sin\frac{q5\alpha}{2}}{q\frac{\sin5\alpha}{2}}=\frac{\sin\frac{2\times5\times30°}{2}}{2\sin\frac{5\times30°}{2}}=-0.259$$

$$K_{p5}=\cos\frac{5\beta}{2}=\cos\frac{5\times30°}{2}=-0.259$$

$$K_{w5}=K_{p5}K_{q5}=0.259\times0.259=0.067$$

$$K_{q7}=\frac{\sin\frac{q7\alpha}{2}}{q\frac{\sin5\alpha}{2}}=\frac{\sin\frac{2\times7\times30°}{2}}{2\sin\frac{5\times30°}{2}}=-0.259$$

$$K_{p7}=\cos\frac{7\beta}{2}=\cos\frac{7\times30°}{2}=-0.259$$

$$K_{w7}=K_{p7}K_{q7}=(-0.259)\times(-0.259)=0.067$$

可见，采用了适当的分布和短距后，对基波电动势削弱很少，如上例$K_{w1}=0.932$，仅削弱了6.8%。但对5、7次谐波则削弱很多，上例中均削弱了93.3%。因此，采用适当的分布和短距能削弱电动势中的高次谐波，使电动势波形接近正弦波。这就是实际交流绕组通常采用短距、分布的原因。

五、交流绕组的磁势

（一）交流电机的磁路

交流电机的每一对极在磁路方面完全是对称的，讨论交流电机磁路的问题只需取出其中一对极就可以了，其他各极的情况完全类似。三相异步电机一般是由定子绕组励磁，因而励磁绕组是由三个在空间相距120°电角度的单相绕组构成的，首先分析一相，然后再将三相合成即可。

一相产生的同时，交链定子和转子绕组的基波磁通称为主磁通，其他的称为漏磁通。主磁通经过的路径即主磁路，以异步电机为例是从定子轭经定子齿槽、空气隙、转子齿槽、转子轭再经转子齿槽、空气隙、定子齿槽回到定子轭，如图4-19所示。磁路中磁阻以空气隙为最大，其次是定子和转子的齿槽部分。

磁路计算的原则是先假设一个主磁通Φ_m，然后求出磁路各部分的磁通Φ、磁密B、磁场强度H、磁势F，把各部分所需的磁势相加得总磁势$\sum F$，由此可求出励磁电流I_a。假设若干个主磁通（或者感应电动势）即可求出对应的若干个总磁势（或励磁电流），于是就

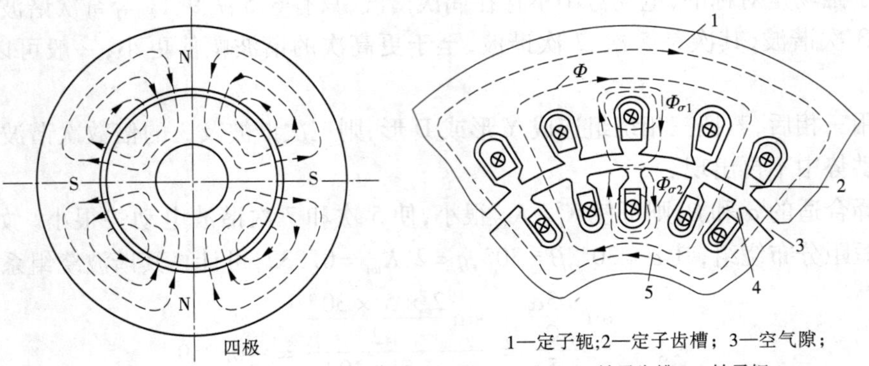

1—定子轭;2—定子齿槽; 3—空气隙;
4—转子齿槽;5—转子轭

图 4-19 交流电机的磁路

能得到交流电机的磁化曲线。

交流绕组中磁势通常是由分布的、短距的(或整距的)绕组产生的,而且一般是三相,又是通入交流电,因此磁势的分布就比较复杂。下面讨论交流绕组磁势的产生和性质。

(二)单相脉振磁势

1. 单相整距集中绕组的磁势

分析过程同感应电动势类似,先求绕组中一匝线圈中通入直流电 I 所产生的磁势 F,由于 $N=1$,$F=NI=I$,其分布如图 4-20 所示。

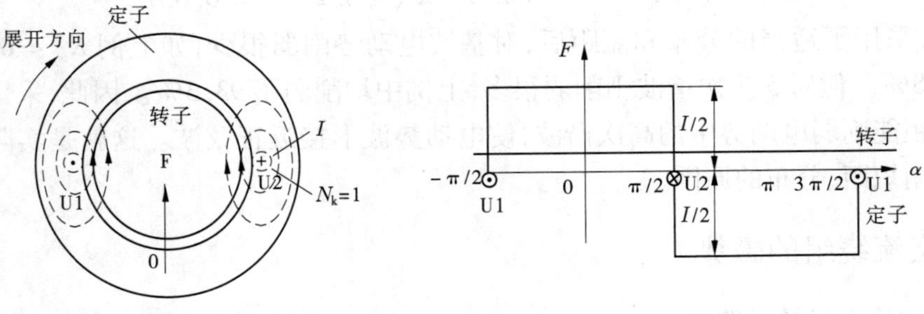

(a) (b)

图 4-20 一匝线圈产生的磁势分布

按照图示的电流方向,该磁势将作用在电机的磁路上,上半个定子极面呈现 S 极,下半个定子极面呈现 N 极,总的磁势将主要消耗在两个空气隙中,作用在每一个空气隙中的磁势便是 $I/2$。沿着空气隙的磁势分布波便为一矩形波,幅值为 $I/2$,如图 4-20(b)所示。

如果在 N 匝线圈中通入交流电,则在某一瞬时 $t=t_1$,磁势在空间分布仍为一矩形波,其幅值同样应为 $N'i/2$(其中 $N'=N/p$ 为一相绕组每对磁极下的匝数)。

将此磁势矩形波展开成傅氏级数,得

$$f_x = \frac{1}{2}N'i\frac{4}{\pi}\left(\sin x + \frac{1}{3}\sin 3x + \frac{1}{5}\sin 5x + \cdots\right) \tag{4-29}$$

式中 x——空间电角度或空间电弧度。

又因为电流随时间按正弦规律变化，即

$$f(t,x) = \frac{1}{2}N'(\sqrt{2}I\sin\omega t)\frac{4}{\pi}(\sin x + \frac{1}{3}\sin 3x + \frac{1}{5}\sin 5x + \cdots)$$

$$= 0.9N'I\sin\omega t(\sin x + \frac{1}{3}\sin 3x + \frac{1}{5}\sin 5x + \cdots) \qquad (4\text{-}30)$$

此磁势波在空间为一矩形波分布，在时间上按正弦规律变化。

2. 单相短距分布绕组的磁势

设每槽导体数为 S（对于双层绕组 $S=2N_y$，单层绕组 $S=N_y$），每极每相分布在 q 个槽内，因此单相绕组每对极的匝数为 $N'=Sq$。正如计算交流绕组的感应电动势一样，由于绕组是分布和短距的，产生的磁势会比同样匝数的集中整距绕组产生的磁势削弱。与产生电动势同样的理由，对基波削弱 K_{w1} 倍，对 v 次谐波削弱 K_{wv} 倍，此处所说的基波和 v 次谐波是指空间函数而言的，而计算感应电动势时指的是时间函数，所以

$$f(t,x) = 0.9SqI\sin\omega t(K_{w1}\sin x + \frac{1}{3}K_{w3}\sin 3x + \frac{1}{5}K_{w5}\sin 5x + \cdots) \qquad (4\text{-}31)$$

取其中基波，得

$$f_1 = 0.9SqK_{w1}I\sin\omega t\sin x = A_1\sin\omega t\sin x \qquad (4\text{-}32)$$

这种在空间上按正弦规律分布、在时间上按正弦规律变化、幅值为 A_1 的磁势称为脉振磁势（从波的意义来讲称为驻波），其产生的磁场称为脉振磁场。

3. 脉振磁势的分解

一个脉振磁势可以分解为两个幅值相等、速率相等、转向相反的旋转磁势

$$f_1 = A_1\sin\omega t\sin x = \frac{1}{2}A_1\cos(\omega t - x) - \frac{1}{2}A_1\cos(\omega t + x) = f_+ + f_- \qquad (4\text{-}33)$$

由式(4-33)可见，f_+ 和 f_- 均为旋转磁势。

下面先分析正转磁势。对时间固定的一点（某瞬时 $t=t_1$）来说，f_+ 在空间上按正弦规律分布。对空间固定的一点（$x=x_1$ 处）来说，此磁势随时间也按正弦规律变化。

对于磁势波形上固定的一点，即磁势数值为一常数的点，亦即 $\omega t - x = C$ 的点，随着时间的推移，即 t 增加，在空间上也在不断的正向前进，即 x 在增加，前进的速度为 $\mathrm{d}x/\mathrm{d}t$。所以波上固定点的运动方程式为 $\omega t - x = C$。此点的运动速度为 $\omega = \mathrm{d}x/\mathrm{d}t$。

由于此点是任意选定的，因而对整个波形都适用。因此，整个波形随着时间的推移也将正向前进，前进的速度是 ω，产生的磁场为正向旋转磁场（从波的意义来讲称为正向行波）。

同理可知磁势 f_- 为反向旋转磁势，其幅值为 $A_1/2$，其转速为 $-\omega$（负号表示反向旋转），产生的磁场为反向旋转磁场（从波的意义来讲称为反向行波）。

由此得出结论：一个脉振磁势可以分解为两个幅值相等、速率相等、转向相反的旋转磁势（从波的意义来讲即两个振幅相等的相干行波合成一个驻波）。

(三)圆形旋转磁势

1. 圆形旋转磁势的产生

在空间上相距120°电角度的对称三相绕组中分别通入对称的三相电流

$$\left.\begin{aligned} i_a &= \sqrt{3}I\sin\omega t \\ i_b &= \sqrt{3}I\sin(\omega t - 120^\circ) \\ i_c &= \sqrt{3}I\sin(\omega t - 240^\circ) \end{aligned}\right\} \tag{4-34}$$

各相绕组分别产生脉振磁势

$$\left.\begin{aligned} f_a &= A_1\sin\omega t\sin x \\ f_b &= A_1\sin(\omega t - 120^\circ)\sin(x - 120^\circ) \\ f_c &= A_1\sin(\omega t - 240^\circ)\sin(x - 240^\circ) \end{aligned}\right\} \tag{4-35}$$

三相合成磁势

$$\begin{aligned} f = f_a + f_b + f_c &= \frac{1}{2}A_1\cos(\omega t - x) - \frac{1}{2}A_1\cos(\omega t + x) + \frac{1}{2}A_1\cos(\omega t - x) - \\ &\quad \frac{1}{2}A_1\cos(\omega t + x - 240^\circ) + \frac{1}{2}A_1\cos(\omega t - x) - \frac{1}{2}A_1\cos(\omega t + x - 480^\circ) \\ &= \frac{3}{2}A_1\cos(\omega t - x) \end{aligned} \tag{4-36}$$

从以上推导中可以看出,三个脉振磁势分成六个旋转磁势后,三个正向旋转的旋转磁势在空间正好同相位而相加,三个反向旋转的旋转磁势在空间正好互差120°电角度而相互抵消,因此对称三相绕组中通入三相对称电流将以 ω 速率正向旋转,幅值为 $\frac{3}{2}A_1$ 的圆形旋转磁势。

2. 圆形旋转磁势的性质

(1)三相圆形旋转磁势的幅值为每个单相绕组单独产生的脉振磁势 A_1 幅值的3/2倍,即

$$A = \frac{3}{2}0.9SqK_{w1}I = 1.35SqK_{w1}I = 1.35\frac{NK_{w1}}{p}I \tag{4-37}$$

式中 NK_{w1}——每相有效匝数;

p——极对数。

(2)三相圆形旋转磁势的转速等于通入的交流电变化的电角速度 ω。三相圆形旋转磁场转速即交流电机空气隙中基波磁场的转速 n_1,通常称为同步转速。

$$\frac{dx}{dt} = \omega = 2\pi f = \frac{2\pi f}{p}(\text{rad/s}) \tag{4-38}$$

$$\frac{f}{p} = \frac{60f}{p} = n_1(\text{r/min}) \tag{4-39}$$

(3)三相圆形旋转磁势的转向是自电流超前的相移到电流落后的相。

(4)三相圆形旋转磁势的幅值出现在电流达最大值那一相绕组的轴线上。

上述结论可推广为:对称 m 相绕组(空间互差360°/m)中通入 m 相对称交流电流(时

间互差 360°/m)，可获得圆形旋转磁势，其幅值为每相脉振磁势幅值的 $m/2$ 倍，转速为 $n_1=60f/p$，转向由电流超前的相转到电流落后的相，最大幅值出现在电流达最大值那一相绕组的轴线上。

任务实施

一、定子绕组接地故障的检修

(一)任务目的

掌握三相异步电动机定子绕组的接地故障的原因及相应的处理方法。

(二)实施器材

三相异步电动机一台、灯泡一只、兆欧表、万用表、电流表及电工工具等。

(三)实施内容与步骤

绕组接地是指绕组与铁芯或机壳间绝缘破坏而造成的互相接通现象。出现这种故障后，会使机壳带电，将引起人身触电伤亡事故；也可能使一些控制线路造成失控；还会使绕组发热而导致短路，使电动机无法正常运行。

1. 接地故障的检查方法

造成绕组接地的原因很多，如受潮、雷击、过热、拖底、机械损伤、腐蚀、绝缘老化以及绕组制造工艺不良等，都可能造成电动机绕组的接地故障。

接地故障的检查方法有以下四种。

1) 观察法

绕组接地故障经常发生在绕组端部或铁芯槽口的部分，而且绝缘常有破裂和烧焦发黑的痕迹。因此，当电动机拆开后，应先仔细观察绕组端部及槽口有无破裂和焦黑的痕迹，若有，则接地点可能就在此处；如果引出线和这些地方没有接地的迹象，则接地处可能在槽里。

2) 用绝缘电阻表检查

先将三相绕组之间的连接线拆开，然后根据电动机电压等级选择绝缘电阻表的电压等级。一般 6 kV 以上的电机采用 2 500 V 的绝缘电阻表，3 kV 的电机采用 1 000 V 的绝缘电阻表，其他低压电机应用 500 V 的绝缘电阻表测量。测量时，绝缘电阻表的一端接电动机绕组，另一端接电动机金属壳体。按 120 r/min 左右的速度转动摇柄，若测出的绝缘电阻在 0.5 MΩ 以上，则说明电动机绝缘尚好，可继续使用；若测量值在 0.5 MΩ 以下，则说明该电动机绝缘已受潮或绕组绝缘很差；若绝缘电阻表指针指向零，表示绕组已接地；如指针摇摆不定，则表明绝缘已被击穿损坏。

3) 用万用电表检查

检查前，先将三相绕组之间的连接线拆开，使各相绕组之间互不接通。然后将万用电表转换开关旋到 R×10 k 挡进行测量，方法同绝缘电阻表。如测得的电阻值很小或为零，则表明该相绕组有接地故障存在。

4)用试灯检查

试灯是修理工厂最简便的常用工具,即在电源上串接一只灯泡,将其中一线断开,做成两根测试棒,如图 4-21 所示。测试时,若灯泡发亮,说明绕组接地;灯泡微亮是绝缘有接地击穿;如灯泡不亮,说明绕组绝缘良好。但有时灯泡虽不亮,测试棒接触电动机时却出现火花,这说明绕组尚未击穿,只是严重受潮。

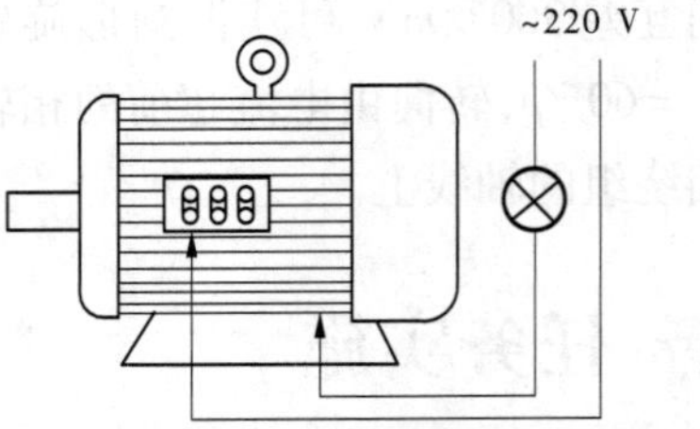

图 4-21　用试灯检查绕组接地的示意图

用试灯检查接地,有时还能够根据出现的冒烟或火花现象,方便地找出故障点。

另外,电动机由于长期使用,绝缘会逐渐老化,停机后受不良环境的影响,会使绕组绝缘电阻下降。当绕组绝缘强度下降到一定程度时,泄漏电流增加,如这时电动机投入运转,就可能造成短路击穿故障。

在通常情况下,对中小型电动机绝缘电阻均可用绝缘电阻表检查,其测量的电阻值 R_i 以不低于式(4-40)计算值为合格。

$$R_i \geqslant \frac{U_N}{1\,000} \tag{4-40}$$

式中　U_N——电动机额定电压,V。

电动机的绝缘电阻不得小于 0.5 MΩ。当绕组受潮而降低绝缘强度时,可作干燥处理。而当绕组属于故障击穿时,先将三相绕组电源接线点拆开,分别对地测试,如图 4-22 所示,找出故障的所在相。然后,把电动机拆卸解体,将接地相绕组每个极相组线圈分开进行测试,找出接地的极相组,如图 4-23 所示。最后,将接地极相组的每个线圈分开,查出故障线圈,酌情作出局部修补或应急处理。图 4-23 中打“×”的地方表示应剪断。

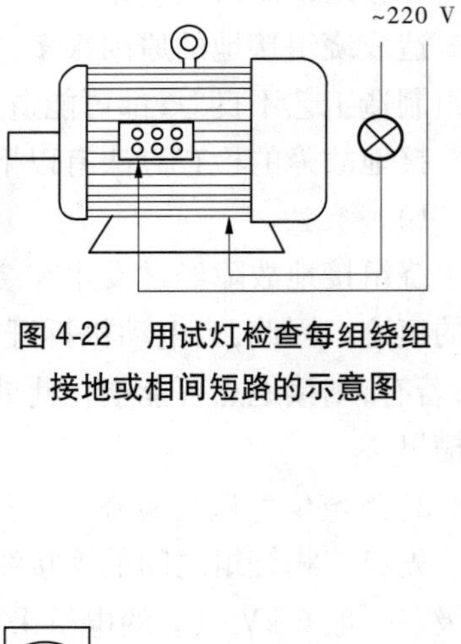

图 4-22　用试灯检查每组绕组接地或相间短路的示意图

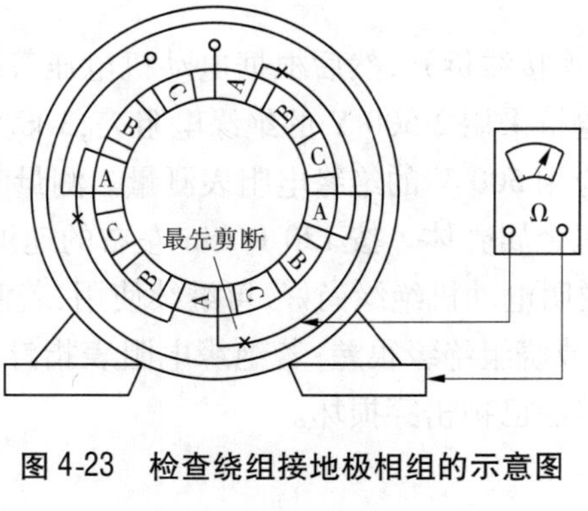

图 4-23　检查绕组接地极相组的示意图

2. 接地故障修复方法

绕组接地部位找到后,一般采用的修复方法如下:

(1)如果接地点在绕组端部槽口附近,而且没有严重烧损,则只要在接地处的导线和铁芯之间插入绝缘材料后，涂刷绝缘漆就行了，不必拆出线圈。

（2）如果接地点在铁芯槽的内部，可以在故障线圈线槽的槽楔上，用毛刷刷上适当的溶剂（其配方为丙酮40%、甲苯35%和酒精25%），约0.5 h后，绕组绝缘可软化，这时轻轻地抽出槽楔，仔细地用划线板将线圈的线匝一根一根地取出来，直至取出有故障的导线。用绝缘带将绝缘损坏处包扎好，再仔细地将线圈导线嵌回线槽中去。如果是多根导线的绝缘损坏了，处理后再嵌回槽里有困难，可用同规格的电磁线更换已损坏的导线，匝数不变。重要设备所使用的电机，为了确保其质量，可以重换绕组，其缺点是费用较高。

（3）如果发现整个绕组受潮，就要把整个绕组预烘，然后浇上绝缘漆并烘干，直到绕组对地绝缘电阻超过0.5 MΩ。如果绕组受潮严重，绕组绝缘大部分因老化焦脆而脱落，接地点较多，可以根据具体情况，把整机绕组拆下换成新的。

（4）有的时候，铁芯槽内有一片或几片硅钢片凸出来，把绕组绝缘割破造成接地。遇到这种情况只要把硅钢片敲下去，再把导线绝缘被割破的地方重新包好，绝缘就可以了。

（四）实训记录表

实训记录表见表4-5。

表4-5 实训记录表

步骤	内容	操作要点
1	实训前的准备工作	（1）电工工具：____________。 （2）电工仪表：____________。 （3）其他工具：____________。 （4）电机铭牌：____________。
2	定子绕组接地故障的检查方法	（1）________________。 （2）________________。 （3）________________。 （4）________________。
3	定子绕组接地故障的维修方法	（1）使用工具：____________。 （2）工艺要点：____________。 （3）注意事项：____________。

（五）技能测试

内容：三相异步电动机定子绕组接地故障的检查及维修。

要求：在45 min内，完成对三相异步电动机定子绕组接地故障的检查及维修。

评分标准：见表4-6。

表 4-6 评分标准

考核内容	配分	评分标准	得分
列举电机定子绕组接地故障检查方法	10	每少列举一项目扣 2.5 分	
列举电机定子绕组接地故障维修方法	10	每少列举一项目扣 2.5 分	
工具使用	20	兆欧表、万用表、电流表及电工工具不会使用或使用不当每项扣 5 分	
定子绕组接地故障的检查方法	30	(1)步骤不对,每次扣 5 分 (2)方法不对,每次扣 5 分	
定子绕组接地故障的维修方法	30	(1)步骤不对,每次扣 5 分 (2)方法不对,每次扣 5 分	
时间		每超时 5 min 扣 5 分	

(六)任务报告

三相异步电动机定子绕组接地故障的检查及维修方法。

二、定子绕组短路故障的检修

(一)任务目的

掌握三相异步电动机定子绕组的短路故障的原因及相应的处理方法。

(二)实施器材

三相异步电动机 1 台、直流电桥、短路探测器、钳形电流表、兆欧表、电流表、万用表及电工工具等。

(三)实施内容与步骤

绕组短路的主要原因是电动机电流过大、电源电压变动过大、单相运行、机械碰伤、制造不良等造成绝缘破坏。绕组短路故障可分为相间短路、极相组间短路、线圈间短路以及匝间短路等。绕组短路后,定子的磁场分布不均匀、三相电流不平衡而使电动机运行时振动和噪声加剧,严重时电动机不能启动,而在短路线圈中产生很大的短路电流,导致线圈迅速发热,甚至烧坏。

1. 绕组短路检查方法

1)外部观察与探温检查

这种方法多用于缺乏仪器的情况,主要用于小电动机的检查。具体做法是将电动机先空载运行几分钟,如有焦臭味或冒烟现象,则立即停机,迅速拆开电机,抽出转子,查看冒烟部位,并用手探测线圈端部温度,若某一部分线圈比邻近线圈温度要高,则可能即为短路处。也可以仔细观察线圈的端部绝缘有无焦脆等现象,若有这种现象,说明这只线圈可能存在短路故障。

2）电流检查法

先将电动机空载运行，测量三相电流。由于影响电动机三相电流不平衡的原因可能是外电源电压不平衡或电动机绕组内部有缺陷，为此，可采取调换两相电源的方法来校验。若不随电源调换而改变，则较大电流的一相绕组可能有短路故障。用这种方法只能检查出有缺陷的相绕组，但不能找出故障点。

3）电阻检查法

如果绕组短路比较严重，可测量各相绕组直流电阻值，阻值较小者，即可能是短路绕组。具体方法是先用万用表的欧姆挡找出每相绕组的两个线端，然后用直流电桥分别测量各相绕组的直流电阻值，并将它们加以比较，其中电阻值最小的一相，便是可能存在短路故障的一相。由于电动机每相绕组的阻值都很小，一般应用低阻欧姆表或电桥进行测量。为了方便和准确起见，可每次测量两相串联后的阻值，如系三角形连接，可解开连接点进行，如图 4-24 所示。这时，各绕组的阻值可由下式计算。

$$\left.\begin{aligned} R_3 &= \frac{R_{1-3}+R_{2-3}-R_{1-2}}{2} \\ R_1 &= R_{1-3}-R_3 \\ R_2 &= R_{1-2}-R_1 \end{aligned}\right\} \tag{4-41}$$

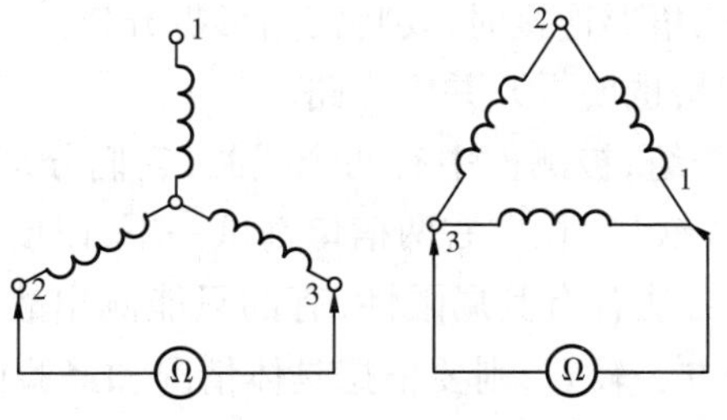

图 4-24　用测量绕组电阻法检查绕组短路的示意图

4）电压降法

把有故障一相绕组的各极相组连接线的绝缘剥开，在这相绕组的出线端通入低压交流电，电压一般为 50～100 V。然后测量各极相组的电压降，如读数相差较多且最小的即为短路故障的极相组。检查方法如图 4-25 所示。同理，测出读数最小的线圈即为短路线圈。

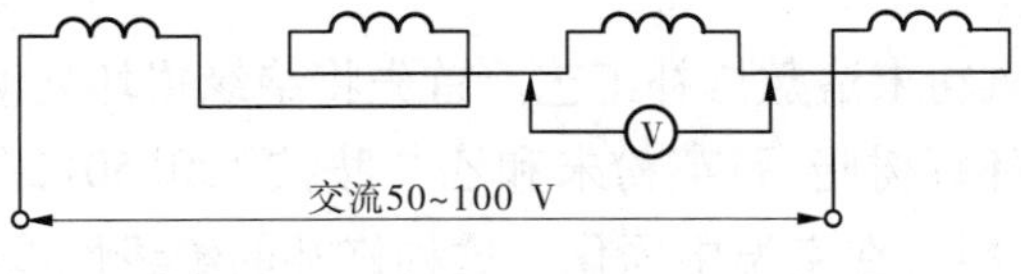

图 4-25　用电压降法测量检查绕组短路的示意图

5) 短路探测器检查法

探测器是一只铁芯为 H 形硅钢片叠装而成的开口变压器,线圈绕在铁芯凹部。使用时将探测器开口部分放在被检查的定子铁芯槽口上,并在探测器线圈上串接一只电流表,再接到探测器规定的交流电源上,如图 4-26 所示。

这样,探测器 H 形铁芯和定子铁芯齿部就构成变压器的闭合磁路;探测器的线圈相当于变压器一次绕组,被检查的定子槽内线圈便成为变压器二次绕组。这时,若槽内的线圈无短路现象,则电流表读数较小;若槽内线圈有短路故障,即相当于变压器二次短路,反映到一次的电流表读数就增大。这时也可用一小块铁片(或旧钢锯片)放在被测绕组另一有效边所在的槽口,若被测绕组短路,则此小铁片会因线圈的短路电流所产生的磁性而被吸引振动,并发出强烈的吱吱声。

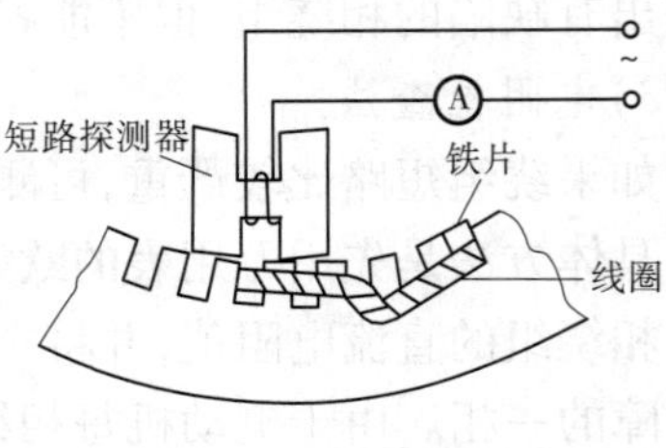

图 4-26　用短路探测器检查短路线圈的示意图

把探测器沿定子铁芯内圆逐槽移动检测,便可找到短路线圈。这种方法可以不使短路线圈受大电流的烧伤而避免扩大故障,是一种比较有效的检查方法。但使用时应注意以下几点:

(1) 电动机引出线是三角形连接时,要将三角形拆开口。

(2) 绕组是多路并联时,也要拆开并联支路。

(3) 如电动机是双层绕组,被测槽中有两个线圈,它们分别隔一个线圈节距跨于左右两边。这时要将探测器(或铁片)在左右两槽口都试一下,以便确定短路线圈。

以上介绍的各种检查方法各有其局限性,有的只能测出故障相,有的能查出故障点,各具优点。至于应用哪种方法较好,则要根据具体情况和经验而定。

2. 短路故障修复方法

定子绕组短路,主要是相间短路或匝间短路。短路的原因,通常是匝间或相间绝缘损坏。在查明短路故障后,应针对不同的情况进行修复。如果绕组没有烧毁,一般可以采用重新恢复局部绝缘的方法进行修理。如某绕组的个别线圈已烧毁,就需要局部调换线圈。定子绕组短路的修理方法主要有以下四种。

1) 加强绝缘法

当相间短路、线圈间短路以及匝间短路时,经检查故障点能明显看出来,且破坏的程度尚未扩大,则可以把故障点垫上绝缘物加强绝缘,再涂绝缘漆后烘干,故障便可排除。

另外,也可采用环氧粉末溶敷修补工艺。首先将绝缘损坏处清除干净,然后将线圈加热到 100 ℃左右,将由环氧树脂、石英粉末和乙二胺按 100∶50∶8的质量比配成的绝缘黏结剂,趁热滴入损坏处密封,在室温中固化。这种修补的绝缘性能较好,质量也较高,适用于高压电动机线圈的修补。

2) 局部拆卸重修法

若故障发生在线槽里面,可参照前面绕组接地故障的修理方法 2 进行局部拆修重嵌。

若短路故障发生在底层,则必须把上边的线圈取出槽外,待有故障的线圈修好后,再顺序放回槽内。

3)跳接法

跳接法是把短路线圈从绕组中切除出去的一种应急措施。方法是把短路线圈导线全部切断,包好绝缘,把这个线圈原来的两个线头连接起来,跳过这个有故障的线圈。跳接法会破坏相电流的平衡。一相绕组中可跳过 10% ~15% 的线圈,但必须减轻电动机负载。

当损坏线圈的故障点在槽内或无法确定时,可用如图 4-27 所示的办法,将故障线圈在端部剪断,包好绝缘,然后用导线把这个线圈的原两个线头连接起来,跳过这个线圈。这就是线圈跳接法。

跳接处理适宜于不满载运行的电动机中应急采用,有时它可以正常运行很长时间。但跳接法不宜用于二极电动机。

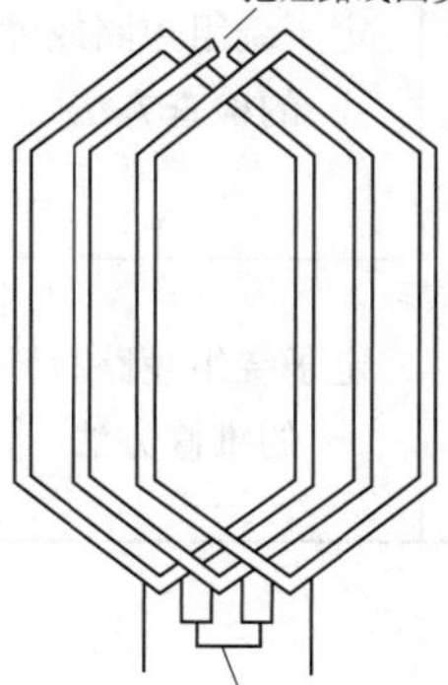

图 4-27　线圈跳接法处理短路故障示意图

4)穿绕修补法

电动机定子绕组个别线圈损坏后,如不宜采用上述方法处理,可以考虑穿绕修补法。采用穿绕修补时,要先把绕组加热到 80 ℃左右,使线圈绝缘软化,取下坏线圈的槽楔,并剪断坏线圈的两边端部。然后用钳子从槽底把导线一根一根抽出(如果是上层线圈,则应从槽面抽出),注意不要碰伤其他线圈。再把槽中杂物清理干净,但不要破坏原来的槽绝缘,另用一层聚酯薄膜青壳纸卷成圆筒,插进槽内作新导线槽绝缘。把直径比导线略粗并打过蜡的竹签作为假导线插入绝缘套内,取略长于坏线圈总长的新导线,从新导线总长的中点开始穿线。穿线时,可以边抽出竹签假线,边跟随穿入新导线。如果新导线过长,也可以截为两段,分别穿绕好后,再在线圈端部连接。穿线完毕后进行接线和整理端部、检查绝缘和进行必要的试验,证明良好后方能浸漆烘干。

采用这种方法修补,不但比全部拆换绕组节省工料,也没有局部拆换线圈时造成的损坏。但如果损坏的线圈较多,不宜采用穿绕修补,只能全部拆换线圈。

(四)实训记录表

实训记录表见表 4-7。

(五)技能测试

内容:三相异步电动机定子绕组短路故障的检查及维修。

要求:在 45 min 内,完成对三相异步电动机定子绕组短路故障的检查及维修。

评分标准:见表 4-8。

表 4-7　实训记录表

步骤	内容	操作要点
1	实训前的准备工作	(1)电工工具：________。 (2)电工仪表：________。 (3)其他工具：________。 (4)电机铭牌：________。
2	定子绕组短路故障的检查方法	(1)________。 (2)________。 (3)________。 (4)________。
3	定子绕组短路故障的维修方法	(1)使用工具：________。 (2)工艺要点：________。 (3)注意事项：________。

表 4-8　评分标准

考核内容	配分	评分标准	得分
列举电机定子绕组短路故障检查方法	10	每少列举一项目扣 2.5 分	
列举电机定子绕组短路故障维修方法	10	每少列举一项目扣 2.5 分	
工具使用	20	直流电桥、短路探测器、钳形电流表、兆欧表、电流表、万用表及电工工具不会使用或使用不当每项扣 5 分	
定子绕组短路故障的检查方法	30	(1)步骤不对，每次扣 5 分 (2)方法不对，每次扣 5 分	
定子绕组短路故障的维修方法	30	(1)步骤不对，每次扣 5 分 (2)方法不对，每次扣 5 分	
时间		每超时 5 min 扣 5 分	

(六)实训报告

三相异步电动机定子绕组短路故障的检查及维修方法。

三、定子绕组断路故障的检修

(一)任务目的

掌握三相异步电动机定子绕组的断路故障的原因及相应的处理方法。

(二)实施器材

三相异步电动机、直流电桥、钳形电流表、兆欧表、电流表、万用表及电工工具等。

(三)实施内容与步骤

绕组的接头由于焊接不良,或使用腐蚀性焊剂,焊接后又未清除干净,就可能造成焊头虚焊或松脱。此外,绕组受机械应力或受机械碰撞也可能使线圈断路。有时,短路和接地故障也能把导线烧断。如果一相绕组烧断,电动机便成为单相而不能启动;若运行中烧断成单相,则在完好两相绕组中的电流将猛增,如不及时发现并停机,则电动机会很快烧坏。

1. 绕组断路故障检查方法

1)万用表检查法

对星形连接的电动机,可将万用表的转换开关旋到电阻挡,一根表棒接在星形中点上,另一根表棒依次接在三相绕组首端,若测得的电阻为无穷大,则说明被测相断路。对三角形连接的电动机,应先将三相绕组拆开,分别测量三相绕组电阻,电阻为无穷大的一相为断路。

2)试验灯检查法

对星形连接的电动机,可将试验灯的一根线接在绕组中点 N 上,另一根线依次和三相引出线相接,如图 4-28(a)所示,如果灯不亮,则说明该相断路。对三角形连接的电动机,先将三相绕组拆开,然后分别对三相绕组通电试验,如图 4-28(b)所示,若灯不亮,则说明该相断路。

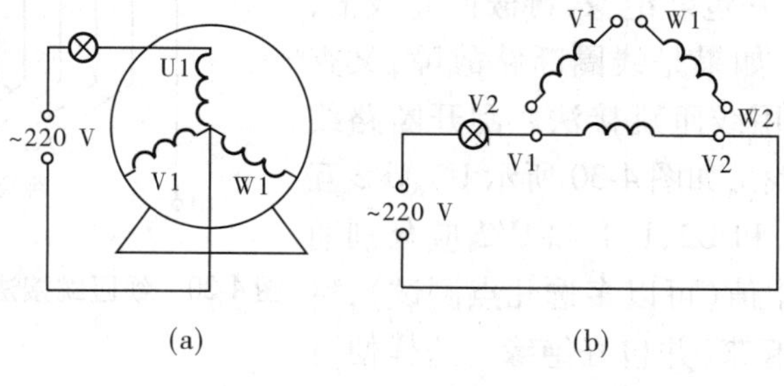

图 4-28 用试验灯检查绕组断路的示意图

3)三相电流平衡法

对于星形连接的电动机,将三相绕组并联后,通入低电压大电流,如果三相电流值相差大于 5%,电流小的一相为断路相,如图 4-29(a)所示。对于三角形接法电动机,先要把三角形的接头拆开一个,然后用电流表逐相测量每相绕组的电流,其中电流小的一相为断路相,如图 4-29(b)所示。

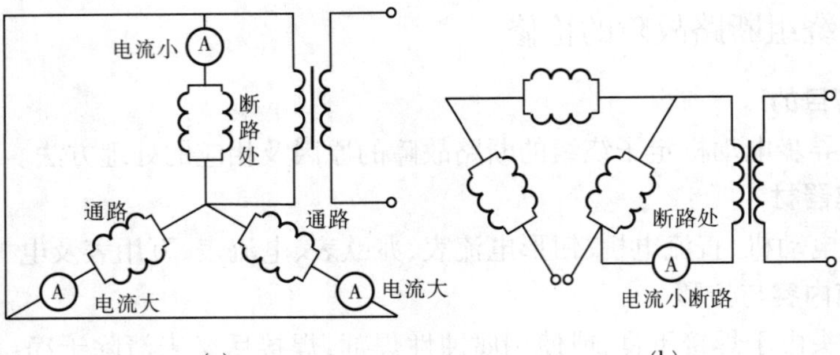

图 4-29 用电流平衡法检查并联绕组断路

4)电桥检查法

用电桥测量三相绕组的电阻,如果电阻值相差大于 5%,则电阻较大的相为断路相。

2. 绕组断路故障修复方法

绕组断路,多是因为焊接不良或机械损伤,也有因接地、短路烧断导线造成断路的。因此,绕组断路的位置多发生在绕组端部、绕组接头及绕组与引出线的连接处。

1)绕组焊接不良的修理方法

绕组焊接不良,可拆去包扎的绝缘物,脱开接头,仔细清理,去除接头上的油污或其他焊渣。若原是锡焊焊的,则先进行搪锡,再用烙铁重新焊接。若原是铜焊,则在接头之间夹放 BN－15 银焊片,然后进行电阻钎焊。

2)引出线断路的修理方法

引出线断路,可重新换线,或将引出线缩短,重新焊接接头。

3)槽内线圈断线的修理方法

如果是槽内线圈断线,则打出槽楔,翻出断路线圈,然后进行焊接,并包好绝缘,再嵌回原线槽,也可以调换新线圈。如果是线圈断路故障,又查不到断裂点,就可试用线匝跳接法。刮开断路线圈的端部线匝绝缘,找出如图 4-30 所示 U2、U′2 互相不通的两点,但 U1 和 U2、U′1 和 U′2 应分别通路,且有尽量大的电阻值(可以多选几点测试),然后将 U2 与 U′2 连接起来,并包好绝缘。这样便可以跳过断路的一些线匝,并保证故障线圈有一定的匝数投入运行。

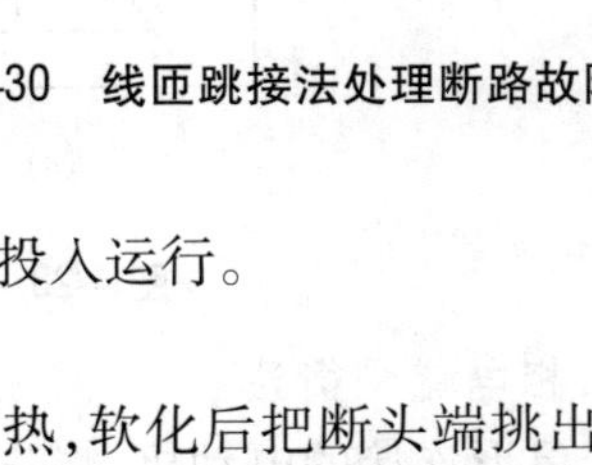

图 4-30 线匝跳接法处理断路故障示意图

4)绕组端部断路的修理方法

当绕组端部有一根断线时,可用吹风机对断线处加热,软化后把断头端挑出来,刮掉断头端的绝缘层,然后用 0.5 mm 左右厚的紫铜皮,弯在导线上制成与导线直径相应的套管,套管的长度约为导线直径的 8 倍。再将两个线端插入套管内,并顶接在套管的中间位置,进行焊接。如果线短,不能顶接,剪一段导线并去掉绝缘层,顶在两接头端的中间并在套管内,焊接后包扎绝缘或利用接线前穿好的绝缘套管移在接线位置上,作为接线后的绝缘。另外,还要检查邻近的导线,如有损伤,采用接线或绝缘包扎处理。

当绕组端部有多根断线时，必须细心查出哪两根断线对应相接，否则接线后将自行短路。然后再采用上述单根断线修理的方法进行修理。

（四）任务记录表

任务记录表见表 4-9。

表 4-9　任务记录表

步骤	内容	操作要点
1	实训前的准备工作	（1）电工工具：________。 （2）电工仪表：________。 （3）其他工具：________。 （4）电机铭牌：________。
2	定子绕组断路故障的检查方法	（1）________。 （2）________。 （3）________。 （4）________。
3	定子绕组断路故障的维修方法	（1）使用工具：________。 （2）工艺要点：________。 （3）注意事项：________。

（五）技能测试

内容：三相异步电动机定子绕组断路故障的检查及维修。

要求：在 45 min 内，完成对三相异步电动机定子绕组断路故障的检查及维修。

评分标准：见表 4-10。

表 4-10　评分标准

考核内容	配分	评分标准	得分
列举电机定子绕组断路故障检查方法	10	每少列举一项目扣 2.5 分	
列举电机定子绕组断路故障维修方法	10	每少列举一项目扣 2.5 分	
工具使用	20	直流电桥、钳形电流表、兆欧表、电流表、万用表及电工工具不会使用或使用不当每项扣 5 分	
定子绕组断路故障的检查方法	30	（1）步骤不对，每次扣 5 分 （2）方法不对，每次扣 5 分	
定子绕组断路故障的维修方法	30	（1）步骤不对，每次扣 5 分 （2）方法不对，每次扣 5 分	
时间		每超时 5 min 扣 5 分	

(六)任务报告

三相异步电动机定子绕组断路故障的检查及维修方法。

练习与提高

4-1　什么是对称三相绕组？旋转磁场形成的条件是什么？

4-2　电角度是如何定义的？它与机械角度有什么关系？

4-3　电动机的绕组元件、极距、节距是如何定义的？

4-4　单层绕组的连接规律是什么？双层绕组的连接规律是什么？

4-5　一台三相异步电动机，磁极对数 $p=2$，定子槽数 $Z=36$，根据已知条件绕制单层链式绕组。极距、每极每相槽数、槽距角应如何计算？相带与定子槽号应如何对应？

4-6　一台三相异步电动机，磁极对数 $p=1$，定子槽数 $Z=24$，支路数为2，根据已知条件绕制单层链式绕组。极距、每极每相槽数、槽距角应如何计算？相带与定子槽号应如何对应？试画出绕组展开图和圆形接线图。

4-7　一台三相异步电动机，磁极对数 $p=2$，定子槽数 $Z=36$，支路数为2，根据已知条件绕制双层叠式绕组。极距、每极每相槽数、槽距角应如何计算？相带与定子槽号应如何对应？试画出绕组展开图和圆形接线图。

4-8　变压器的感应电动势公式和三相异步电动机感应电动势公式有何区别？

4-9　短距系数、分布系数、绕组系数的含义是什么？

4-10　为什么采用短距、分布绕组可以削弱电动势及磁势中的高次谐波？

任务五 三相异步电动机的拆装及参数测定

【能力要求】

本任务要求学生掌握鼠笼式和绕线式异步电动机的基本构造及主要结构部件的作用,掌握三相异步电动机的基本工作原理,并能掌握三相异步电动机的拆装方法及常用参数的测定。

【引入】

三相异步电动机结构简单、价格低廉、效率较高、可靠性好,是目前应用最为广泛的原动机,绝大部分电力拖动机械均由三相异步电动机拖动。本任务主要介绍其工作原理、基本结构、运行特性以及简单的分析计算方法,为正确使用三相异步电动机打下一定的理论基础。

任务资讯

一、三相异步电动机概述

(一)基本工作原理

图 5-1 所示是两极三相异步电动机的转动原理示意图。其中,N—S 是一对磁极,在两个磁极中间装有一个能够转动的圆柱形铁芯,在铁芯的外圆槽内嵌放有封闭的导条。设磁场以同步转速 n_1 顺时针方向旋转,于是转子导条与磁场之间产生相对运动,即相当于磁场不动而转子导条以逆时针方向切割磁力线,此时在导条中产生出如图 5-1 所示方向的感应电动势。由于转子导条的两端由端环连通而形成闭合电路,因而在导条中产生了感应电流,其方向与导条中的感应电动势方向一致。载流的转子导条在磁场中受到电磁力 F 的作用而形成电磁转矩 T,在此转矩的作用下,转子就沿旋转磁场的方向转动起来了。

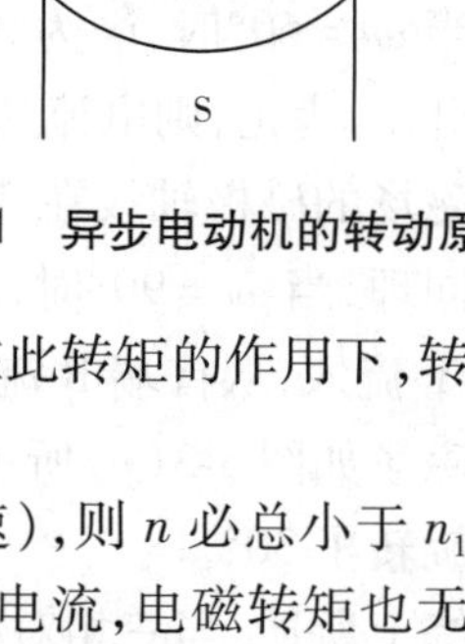

图 5-1 异步电动机的转动原理

用 n 表示转子转速,用 n_1 表示磁场的转速(又称为同步转速),则 n 必总小于 n_1。否则,由于两者之间没有相对运动,就不会产生感应电动势及感应电流,电磁转矩也无法形成,这就是异步电动机名称的由来。

通常,把同步转速 n_1 与转子转速 n 的差与 n_1 的比值称为异步电动机的转差率,用 s 表示,即

$$s = \frac{n_1 - n}{n_1} \tag{5-1}$$

转差率可以用小数或百分数表示。

转差率是描绘异步电动机运行特性的一个重要物理量。在电动机启动瞬间，转子的转速 $n=0, s=1$，转差率最大。空载运行时，转子转速最高，转差率最小。额定负载运行时，转子转速较空载要低，s_N 一般为 0.02 ~ 0.06。

（二）旋转磁场

关于旋转磁场的产生，已在任务四作了理论分析，现结合电机的基本结构再作简单说明。

1. 旋转磁场的产生

图 5-2 为三相异步电动机简易模型的定子绕组分布示意图。三相对称绕组的线圈边分别嵌放在定子铁芯槽内，其头或尾在空间互差 120°。为了标注简洁，在图 5-3 中将三相对称绕组 U1 – U2 用 AX 表示，V1 – V2 用 BY 表示，W1 – W2 用 CZ 表示。

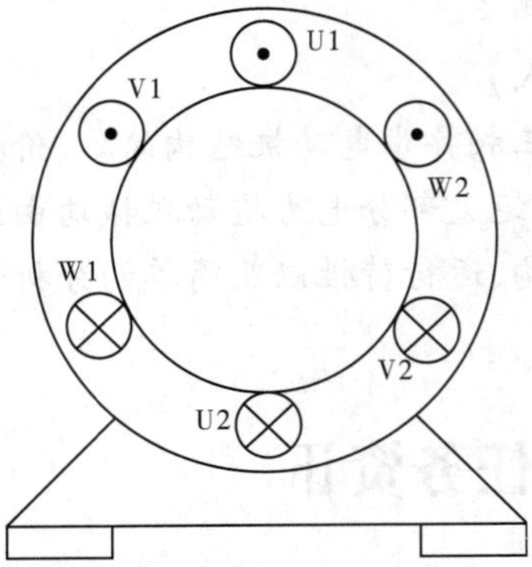

图 5-2　定子绕组分布示意图

图 5-3(a) 中，将三相绕组的尾端 X、Y、Z 接在一起，形成星形连接，绕组的头 A、B、C 分别接到三相电源上。各绕组中电流的正方向规定从绕组的首端流入，末端流出。接通电源后，对称的三相交变电流通入相应的定子绕组，对称的三相交变电流如图 5-3(b) 所示。下面据此分析电动机旋转磁场的形成。

当 $\omega t=0°$ 时，i_A 为 0，故 AX 绕组中没有电流；i_B 为负，则电流从末端 Y 流入，从首端 B 流出；i_C 为正，则电流从首端 C 流入，从末端 Z 流出。根据右手螺旋法则，三相电流产生的合成磁场如图 5-3(c) 所示。对定子铁芯内表面而言，上方相当于 N 极，下方相当于 S 极，即两个磁极，也称一对极。一般用 p 表示磁极对数，则 $p=1$。

当 $\omega t=60°$ 时，i_C 为 0，故 CZ 绕组中没有电流；i_B 为负，则电流从末端 Y 流入，从首端 B 流出；i_A 为正，则电流从首端 A 流入，从末端 X 流出，合成磁场如图 5-3(d) 所示。可见，合成磁场的磁极轴线在空间沿顺时针方向旋转了 60°。

同理，当 $\omega t=90°$ 时，i_A 为正，则电流从首端 A 流入，从末端 X 流出；i_B 为负，则电流从末端 Y 流入，从首端 B 流出；i_C 为负，则电流从末端 Z 流入，从首端 C 流出，可画出对应的合成磁场如图 5-3(e) 所示。与 $\omega t=60°$ 时比较，合成磁场的磁极轴线在空间沿顺时针方向又旋转了 30°。

综上所述，当三相对称的定子绕组通入对称的三相电流时，将在电动机中产生旋转磁场，且旋转磁场为一对极时，电流变化电角度为 360°，合成磁场也在空间旋转 360°。

旋转磁场的磁极对数 p 与定子绕组的安排有关。通过适当的连接，也可产生两对、三对等多磁极对数的旋转磁场。如图 5-4 所示，请读者自己分析。

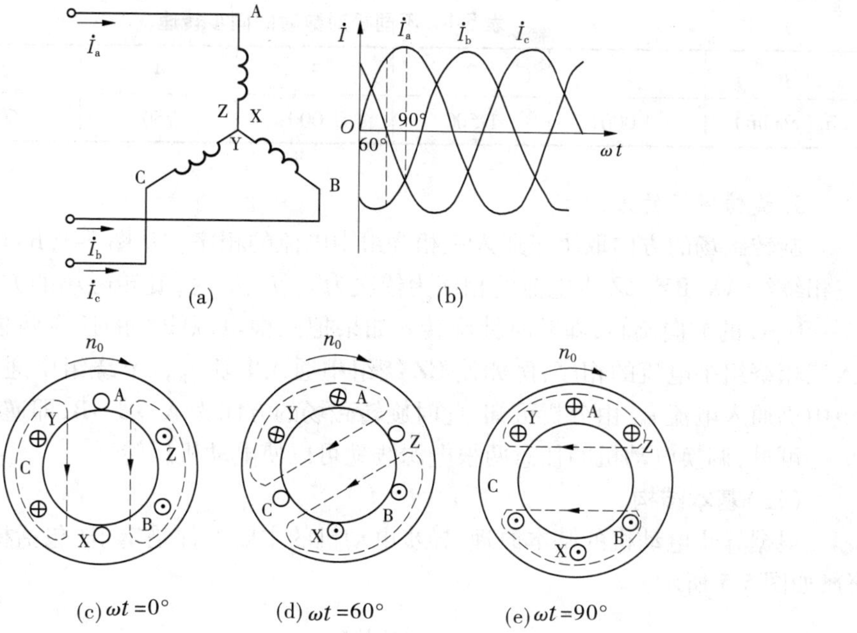

图 5-3　两极旋转磁场的形成

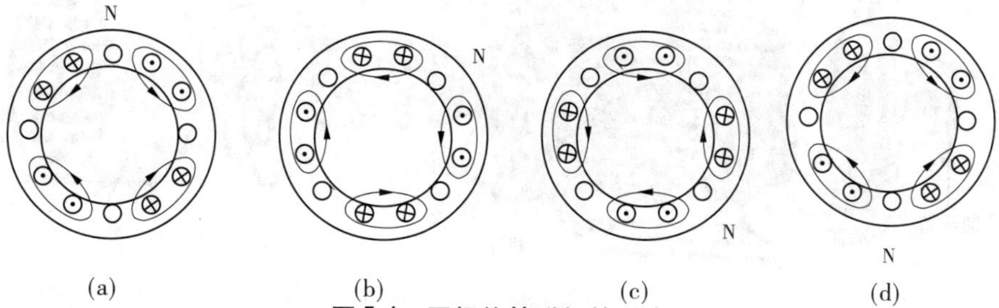

图 5-4　四极旋转磁场的形成

2. 旋转磁场的转速

由图 5-3 和图 5-4 分析可知，电流变化一个周期，两极旋转磁场在空间旋转一周，若电流的频率为 f，则旋转磁场的转速为每秒 f 转。若以 n_1 表示旋转磁场的每分钟转速，则

$$n_1 = 60f \quad (\mathrm{r/min}) \tag{5-2}$$

如果每相绕组有两个线圈（4 个线圈边）适当地安排绕组的分布，可以形成四个极的旋转磁场，即 $p=2$。则可以证明，$p=2$ 时，电流变化一个周期，合成磁场在空间只旋转 180°，其转速为

$$n_1 = 60f/2 \quad (\mathrm{r/min}) \tag{5-3}$$

由此可以推广到 p 对磁极的旋转磁场转速为

$$n_1 = \frac{1}{p} \times 60f = \frac{60f}{p} \quad (\mathrm{r/min}) \tag{5-4}$$

由式(5-4)可知，旋转磁场的转速 n_1（亦称同步转速）取决于电源频率和电动机的磁

极对数 p。我国的电源频率为 50 Hz，表 5-1 是电动机磁极对数所对应的同步转速。

表 5-1 不同极对数时的同步转速

p	1	2	3	4	5	6
n_1(r/min)	3 000	1 500	1 000	750	600	500

3. 旋转磁场的方向

旋转磁场的方向取决于通入三相绕组中电流的相序。从图 5-3(b)可以看出，当通入三相绕组 AX、BY、CZ 中电流的相序为依次为 i_A、i_B、i_C 时，旋转磁场的方向是沿绕组首端 A→B→C 的方向旋转，即顺时针旋转。如果把三根电源线中的任意两根对调，以改变通入三相绕组中电流的相序，例如使 CZ 绕组中通入电流 i_B，BY 绕组中通入电流 i_C，AX 绕组中仍通入电流 i_A，由分析可知，此时旋转磁场的方向为 A→C→B，即逆时针旋转。

可见，调换电动机的任意两根电源线就可以使电动机反转。

(三)基本结构

根据异步电动机的基本原理，异步电动机的主要部件是定子(包括机座)和转子两部分，如图 5-5 所示。

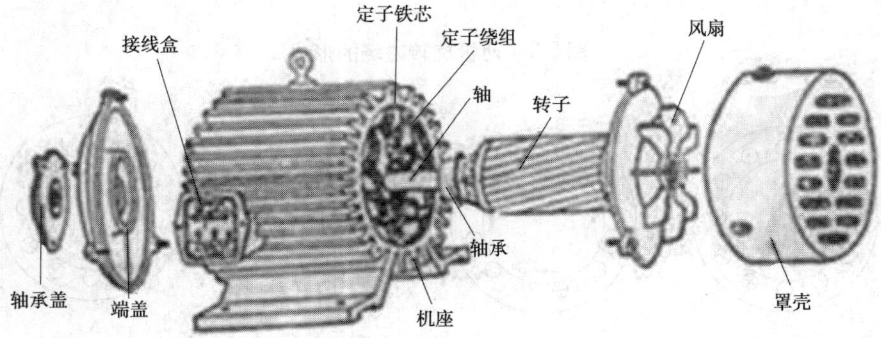

图 5-5 三相笼型异步电动机的结构图

1. 定子

异步电动机的定子是由定子铁芯、定子绕组和机座三个部分组成的。

1) 定子铁芯

定子铁芯是异步电动机磁路的一部分，装在机座里。为了降低定子铁芯的涡流损耗和磁滞损耗，定子铁芯由导磁性能较好、0.5 mm 厚的硅钢片叠压而成，在硅钢片的两面涂有绝缘漆。在定子铁芯内表面开有槽，槽内放置定子绕组(也叫电枢绕组)。

2) 定子绕组

定子绕组用来通入交流电产生旋转磁场，由绝缘的铜线或铝线绕成，嵌放在定子铁芯的槽内，放入半开口槽内的成型线圈用高强度的漆包扁铝线或扁铜线，或用玻璃丝包扁铜线绕成。开口槽亦放入成型线圈，其绝缘通常用云母带。

三相异步电动机的定子绕组是一个三相对称绕组，由三个完全相同的绕组所组成，每个绕组即一相，三相绕组在空间相差120°电角度，每相绕组分别用U1—U2、V1—V2、W1—W2表示。高压大容量的定子绕组常采用Y形连接，中、小容量低压异步电动机则通常把定子三相绕组的六根出线都引出来，根据需要可接成Y形或△形，如图5-6所示。

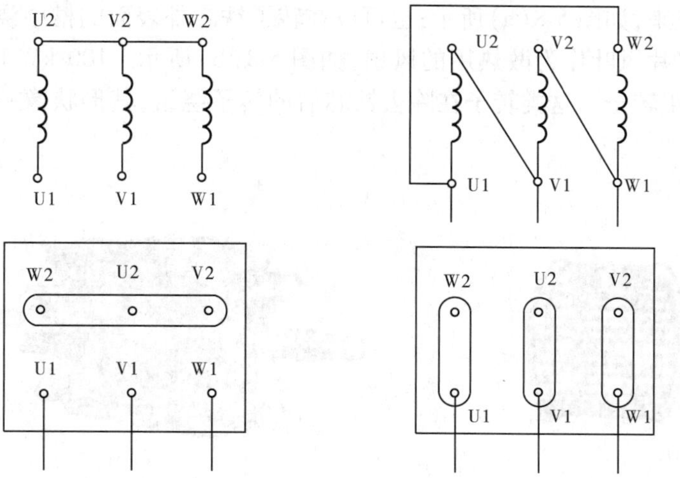

(a)星形连接　(b)三角形连接

图5-6　定子绕组的连接

3）机座

机座主要是起固定和支撑的作用，通常有铸铁机座和钢板焊接机座两种。

2. 转子

异步电动机的转子是由转子铁芯、转子绕组和转轴等组成的。

1）转子铁芯

转子铁芯也是电动机磁路的一部分，同定子铁芯一样，也是用0.5 mm厚的硅钢片叠压而成。转子铁芯的外表面开有槽，槽内放置转子绕组，图5-7是转子槽的三种形式。中小型电机的转子直接固定在转轴上，而大型异步电动机的转子则套在转子支架上，然后让支架固定在转轴上。

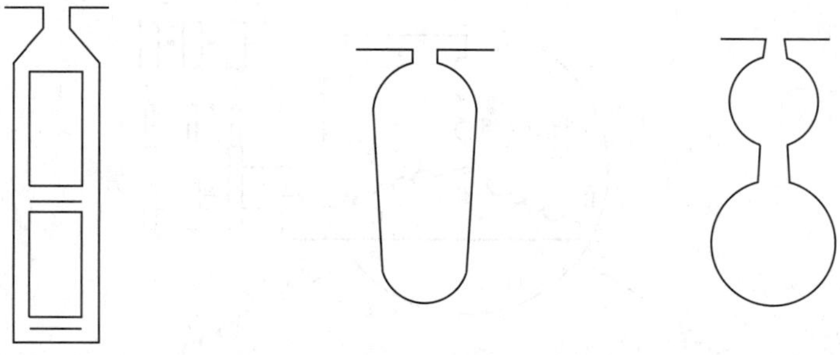
(a)绕线式转子槽型　(b)单鼠笼式转子槽型　(c)双鼠笼式转子槽型

图5-7　转子铁芯上的槽形

2）转子绕组

转子绕组的作用是产生感应电动势、流过电流并产生电磁转矩，按其结构分为鼠笼式和绕线式两种。

（1）鼠笼式转子绕组。在转子的每一个槽内插入一铜条，在铜条两端各用一铜环把所有铜条连接起来，如图 5-8（a）所示；也可以在转子铁芯外表面的槽中浇入铝液，并同时在端环上铸出多片风叶作为散热用的风扇，如图 5-8（b）所示。100 kW 以下的异步电动机，一般采用铸铝转子。这类转子在除去铁芯后的转子绕组，其形状像一个鼠笼，故称为鼠笼式电动机。

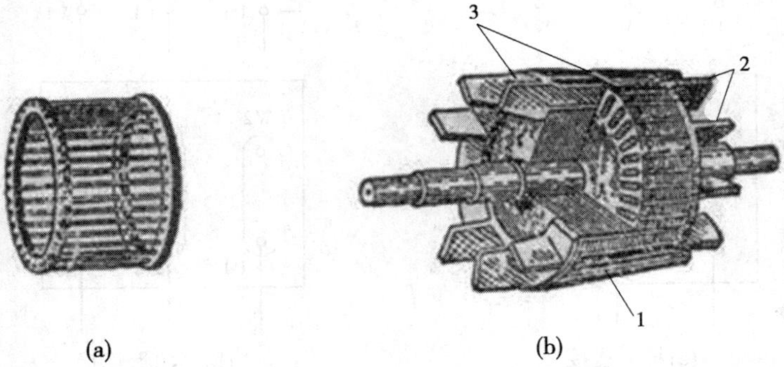

1—笼型转子；2—风叶；3—转子导体

图 5-8　鼠笼式转子绕组

（2）绕线式转子绕组。绕线式异步电动机的转子绕组也是三相对称绕组，一般都连接成 Y 形，小容量电动机有时连接成三角形。转子绕组的三条引线分别接到三个滑环上，用一套电刷装置引出来，如图 5-9 所示，这样就可以通过外串电阻来改善电动机的性能或调速。

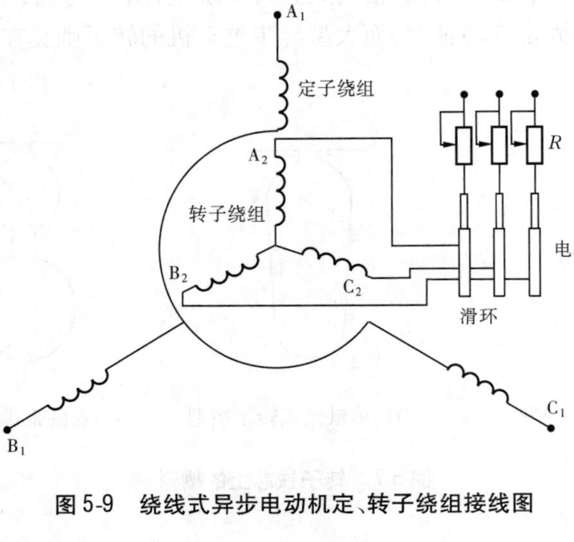

图 5-9　绕线式异步电动机定、转子绕组接线图

3. 其他部分及气隙

除定子、转子外，还有端盖、风扇等。端盖除起保护作用外，还装有轴承，用以支撑转子轴。风扇则用来通风冷却。

异步电动机的气隙比同容量直流电动机的气隙小得多，在中、小型异步电动机中，气隙一般为 0.2 ~ 1.5 mm。气隙大时，要求的励磁电流也将增大，从而影响电动机的功率因数；气隙小时，定、转子有可能发生摩擦或碰撞，影响电动机的效率。

（四）分类和铭牌数据

1. 异步电动机的分类

（1）按定子绕组的相数，异步电动机分为单相异步电动机、两相异步电动机、三相异步电动机及多相异步电动机。

（2）按转子导体的形式，将异步电动机分为绕线式异步电动机和鼠笼式异步电动机。鼠笼式异步电动机又包括单笼式、双笼式和深槽式异步电动机。

（3）按有无换向器，又可分为无换向器异步电动机和有换向器异步电动机两种。

从其他角度，还可分为高启动转矩、高转差率、高转速异步电动机等。

2. 三相异步电动机的铭牌数据

（1）异步电动机的额定数据主要包括以下几个。

①额定功率 P_N：指电动机在额定运行时轴上输出的机械功率，单位是 kW。

②额定电压 U_N：指额定运行状态下加在定子绕组上的线电压，单位为 V。

③额定电流 I_N：指电动机在定子绕组上加额定电压、轴上输出额定功率时，定子绕组中的线电流，单位为 A。

④额定频率 f_N：我国规定工业用电的频率是 50 Hz。

⑤额定转速 n_N：指电动机定子加额定频率的额定电压，且轴端输出额定功率时电机的转速，单位为 r/min。

⑥额定功率因数 $\cos\varphi$：指电动机在额定负载时定子侧的功率因数。

此外，铭牌上还标明了相数、绕组接法、温升、绝缘等级等。

（2）定子接线。

根据电机铭牌标注进行定子接线，有一定的规定，不可乱接。

①铭牌上标明“电压 380/220 V，接法 Y/△”，表示如果电源电压为 380 V，则接成 Y 形；如果电源电压为 220 V，则接成△接。

②铭牌上标明“电压 380 V，接法△”，表示接法为△。但在启动过程中，可以在 380 V 电源上接成 Y 形，但启动完毕，应恢复△接法。

二、三相异步电动机的运行分析

三相异步电动机的工作原理和变压器相似，即通过电磁感应而工作，定、转子电路之间没有直接的电的联系。定子绕组相当于变压器的一次绕组，转子绕组相当于变压器的二次绕组，因此对三相异步电动机的运行分析，可以参照变压器的分析方法进行。

（一）空载运行

1. 空载电流和空载磁势

当电动机空载（轴上不带机械负载），定子三相绕组接到对称的三相电源时，定子绕组中流过的电流称为空载电流 I_0，大小为额定电流的20%～50%。异步电动机的空载电流比变压器的空载励磁电流大，这是因为异步电动机的磁路中有气隙存在，因而磁阻较大，要求的空载励磁磁势也就比较大。根据任务四的分析可知，三相空载电流所产生的合成磁势幅值为 $F_0 = 1.35 I_0 N_1 K_{w1}/p$。若不计谐波磁势，则 F_0 即为定子空载磁势的幅值，它以同步转速 n_1 的速度旋转。

由于电动机空载，电动机轴上没有任何机械负荷，所以电动机的空载转速将非常接近于同步转速 n_1，在理想空载的情况下，可以认为 $n = n_1$，即转差率 $s = 0$。因而，转子导体中的电动势 $E_2 = 0$，转子导体中的电流 $I_2 = 0$。所以，空载时电动机气隙磁场完全由定子空载磁势 F_0 所产生。空载时的定子磁势即为励磁磁势，空载时的定子电流即为励磁电流。

空载电流 $\dot{I}_0$ 的有功分量 $\dot{I}_{0P}$ 用来供给空载损耗，包括空载时的定子铜损耗、定子铁芯损耗和机械损耗。无功分量 $\dot{I}_{0Q}$ 用来产生气隙磁场，也称为磁化电流，它是空载电流中的主要部分，这样空载电流可写成

$$\dot{I}_0 = \dot{I}_{0P} + \dot{I}_{0Q} \tag{5-5}$$

励磁磁势产生的磁通绝大部分同时与定、转子绕组相交链，称为主磁通，用 Φ_m 表示。主磁通参与能量转换，在电动机中产生有用的电磁转矩。主磁通的磁路由定、转子铁芯和气隙组成，它受饱和的影响，为一非线性磁路。此外，还有一小部分磁通仅与定子绕组相交链，称为定子漏磁通。漏磁通不参与能量转换，并且主要通过空气隙闭合，受磁路饱和的影响较小，在一定条件下，漏磁通的磁路可以看作是线性磁路。

2. 空载时定子电压平衡关系

设定子绕组上每相所加的端电压为 $\dot{U}_1$，相电流为 $\dot{I}_0$，主磁通在定子绕组中感应的每相电动势为 $\dot{E}_1$，定子漏磁通在每相绕组中感应的电动势为 $\dot{E}_{\sigma1}$，类似于变压器空载时的一次侧，根据基尔霍夫定律，可以列出电动机空载时每相的定子电压平衡方程式

$$\dot{U}_1 = -\dot{E}_1 - \dot{E}_{\sigma1} + \dot{I}_0 r_1 \tag{5-6}$$

与变压器的分析方法相似，可写出

$$\dot{E}_1 = -\dot{I}_0(r_m + jx_m) = -\dot{I}_0 Z_m \tag{5-7}$$

式中　Z_m——励磁阻抗，$Z_m = r_m + jx_m$；

r_m——励磁电阻，反映铁耗的等效电阻；

x_m——励磁电抗，与主磁通相对应。

$$\dot{E}_{\sigma1} = -j\dot{I}_0 x_1 \tag{5-8}$$

式中　x_1——定子漏电抗，与漏磁通相对应。

将式（5-8）代入式（5-6）中，可得

$$\dot{U}_1 = -\dot{E}_1 + \dot{I}_0(r_1 + jx_1) = -\dot{E}_1 + \dot{I}_0 Z_1 \tag{5-9}$$

式中　Z_1——定子漏阻抗，$Z_1 = r_1 + jx_1$。

因为 $E_1 \gg I_0 Z_1$，可近似认为

$$\dot{U}_1 \approx -\dot{E}_1 \text{ 或 } U_1 \approx E_1 \tag{5-10}$$

与变压器类似，由式(5-9)可画出异步电动机空载时的等值电路，如图 5-10 所示。

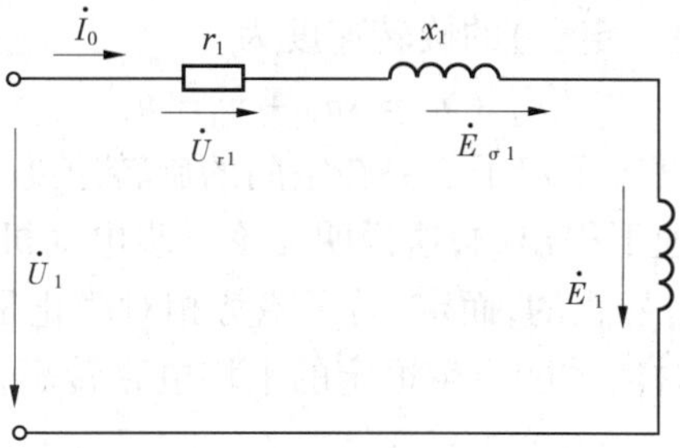

图 5-10　异步电动机空载时的等值电路

(二)负载运行

负载运行时，电动机将以低于同步转速 n_1 的速度 n 旋转，其转向仍与气隙旋转磁场的转向相同。因此，气隙磁场与转子的相对转速 $\Delta n = n_1 - n = sn_1$，也就是气隙旋转磁场切割转子绕组的速度，于是在转子绕组中感应出电动势，产生电流，其频率为

$$f_2 = \frac{p\Delta n}{60} = s\frac{pn_1}{60} = sf_1 \tag{5-11}$$

对异步电动机，一般 $s = 0.02 \sim 0.06$，当 $f_1 = 50$ Hz 时，f_2 仅为$(1 \sim 3)$ Hz。

负载运行时，除定子电流 $\dot{I}_1$ 产生一个定子磁势 F_1 外，转子电流 $\dot{I}_2$ 还产生一个转子磁势 F_2，而总的气隙磁势则是两者的合成。定子磁势已在任务四作详细分析，下面对转子磁势加以说明。

1. 转子磁势的分析

不论是绕线式异步电动机还是鼠笼式异步电动机，其转子绕组都是对称的。

对绕线式异步电动机而言，转子的极对数可以通过转子绕组的连接法做到与定子一样；而鼠笼式电动机，转子导条中的电动势和电流由气隙磁场感应而产生，因此转子导条中电流分布所形成的磁极数必然等于气隙磁场的极数。由于气隙磁场的极数取决于定子绕组的极数，所以鼠笼式电动机转子的极数与定子绕组的极数相等，而与转子导条的数目无关。实际上，定、转子极数相等是任何电动机产生恒定平均电磁转矩的条件。

因为转子绕组也是对称的多相绕组，转子绕组中的电流也是一个对称的多相电流，那么由此而产生的转子合成磁势也必然是一个旋转磁势，若不计谐波磁势，则转子磁势的幅值为

$$F_2 = 0.45\frac{m_2 N_2 K_{w2}}{p} I_2 \tag{5-12}$$

式中　m_2——转子绕组的相数；

N_2——转子绕组的每相串联匝数；

K_{w2}——转子绕组的基波绕组系数。

因为转子电流的频率为 sf_1，转子绕组的极对数 $p_2 = p_1$，转子合成磁势相对转子的旋转速度 $n_2 = sn_1$。若定子旋转磁场的转向为顺时针方向，因为 $n < n_1$，因此转子感应电动势或电流的相序也必然按顺时针方向排列。由于合成磁势的转向决定于绕组中电流的相序，所以转子合成磁势的转向与定子磁势的转向相同，也为顺时针方向。

转子磁势在空间（相对于定子）的旋转速度为

$$n_2 + n = sn_1 + n = n_1 \tag{5-13}$$

即转子合成磁势的旋转速度等于定子磁势在空间的旋转速度。

式（5-13）是在任意转速下得出的，这说明无论异步电动机的转速如何变化，定子磁势 F_1 和转子磁势 F_2 总是相对静止的，而定、转子磁势相对静止是一切旋转电机能够正常运行的必要条件，因为只有这样，才能产生恒定的平均电磁转矩，从而实现机电能量的转换。

2. *磁势平衡方程式*

由于定子磁势和转子磁势在空间相对静止，因此可以合并为一个合成磁势 F_m。所以，异步电动机负载时在气隙内产生旋转磁场的是定、转子的合成磁势，即

$$\dot{F}_1 + \dot{F}_2 = \dot{F}_m \rightarrow \dot{B}_m(\Phi_m) \tag{5-14}$$

式中　F_m——励磁磁势，它产生负载时气隙中的旋转磁场。

式（5-14）就称为异步电动机的磁势平衡方程式。

3. *电动势平衡方程式*

负载时，定子电流为 $\dot{I}_1$，根据对式（5-6）的分析，可列出定子的电动势平衡方程式

$$\dot{U}_1 = -\dot{E}_1 + \dot{I}_1(r_1 + jx_1) = -\dot{E}_1 + \dot{I}_1 Z_1 \tag{5-15}$$

$$E_1 = 4.44 f_1 N_1 K_{w1} \Phi_m \tag{5-16}$$

负载时，转子电动势 E_{2s} 的频率为 $f_2 = sf_1$，大小为

$$E_{2s} = 4.44 f_2 N_2 K_{w2} \Phi_m \tag{5-17}$$

因为异步电动机的转子电路自成闭路，端电压为零，所以转子电动势平衡方程式为

$$\dot{E}_{2s} - \dot{I}_2(r_2 + jx_{2s}) = 0 \quad 即 \quad \dot{E}_{2s} - \dot{I}_2 Z_2 = 0 \tag{5-18}$$

式中　I_2——转子每相电流；

r_2——转子每相电阻（对绕线型转子包括外加电阻）；

x_{2s}——转子每相漏电抗；

Z_2——转子每相漏阻抗。

转子电流的有效值为

$$I_2 = \frac{E_{2s}}{\sqrt{r_2^2 + x_{2s}^2}} \tag{5-19}$$

在定子电动势平衡方程式中，定子绕组中的感应电动势与电源电压之间相差一个漏阻抗压降。当异步电动机从空载到额定负载范围内运行时，定子漏阻抗压降所占的比重很小，在 $\dot{U}_1$ 不变的情况下，电动势 $\dot{E}_1$ 的变化很小，可以认为是一个近似不变的数值。对于电动机来说，当频率一定时，电动势 $\dot{E}_1$ 与主磁通 Φ_m 成正比。当 $\dot{E}_1$ 值近似不变时，Φ_m 也近似不变，因此励磁磁势也应不变。由此可见，在转子绕组中通过电流产生磁势 F_2 的

同时,定子绕组中就必然要增加一个电流分量,使这一电流分量产生磁势 $-F_2$,即抵消转子电流产生的磁势,从而保持总磁势近似不变。

三、三相异步电动机的等效电路

(一)负载运行时的电磁关系及电压平衡方程式

1. 负载运行时的电磁关系

通过运行分析,可得出定、转子电势与电流的关系,如图 5-11 所示。

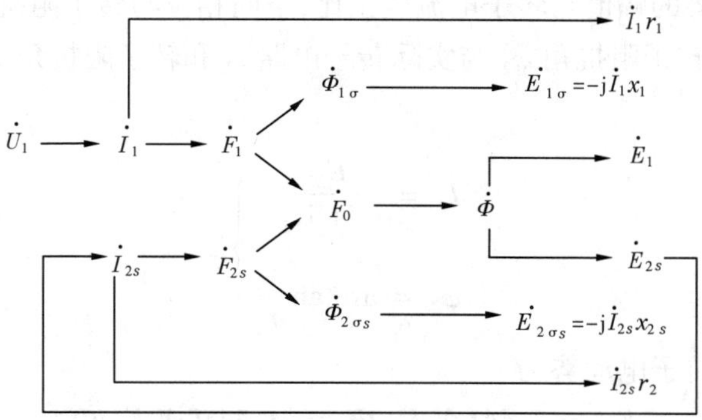

图 5-11　负载运行时的电磁关系

2. 定、转子回路电压平衡方程式

与变压器类似,由以上的电磁关系,可以得到三相异步电动机定、转子回路的电压平衡方程式。

$$\left.\begin{aligned}\dot{U}_1 &= -\dot{E}_1 - \dot{E}_{\sigma 1} + \dot{I}_1 r_1 = -\dot{E}_1 + j\dot{I}_1 x_1 + \dot{I}_1 r_1 = -\dot{E}_1 + \dot{I}_1 z_1\\ \dot{E}_{2s} &= -\dot{E}_{2\sigma s} + \dot{I}_{2s} r_2 = j\dot{I}_{2s} x_{2s} + \dot{I}_{2s} r_2 = \dot{I}_{2s} Z_2\\ \dot{E}_1 &= -\dot{I}_0 z_m = -\dot{I}_0 (r_m + jx_m)\end{aligned}\right\} \tag{5-20}$$

根据式(5-20),画出异步电动机旋转时的电路,如图 5-12 所示。

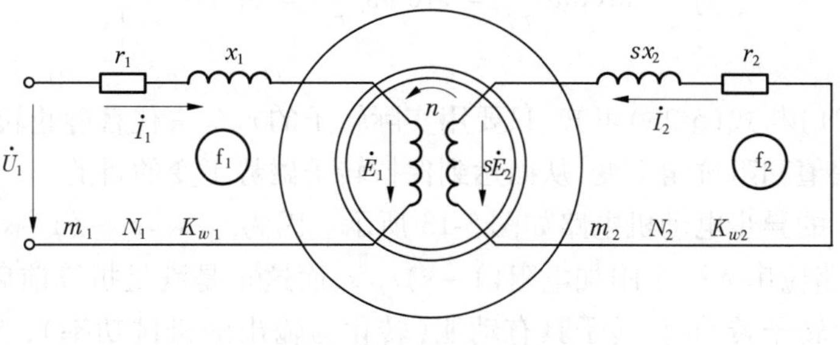

图 5-12　旋转时异步电动机的电路

由以上分析可知,由于定子和转子的频率、相数、匝数不同,不便于利用这些方程式进行分析计算。像变压器那样,如将电磁关系利用等值电路表示出来,就可以使运算大为简化。要得出异步电动机的等值电路,需进行频率折算和绕组折算。

(二)频率折算

频率折算就是用一个频率为 f_1 的等效转子电路代替频率为 f_2 的实际转子电路。由于只有当转子静止时才能做到 $f_2=f_1$,所以实际上就是设法用一个等效的静止转子来代替以转速 n 转动的实际转子,而且必须保证替代前后转子电路的电磁性能(有功功率、无功功率、铜损等)不变,转子磁势的转速、转向、幅值、空间相位都不变。

由上一节转子合成磁势的旋转方向和旋转速度分析可知,无论转子转与不转,转子磁势的转速与转向有严格的不变性,因此用静止转子代替实际转子,转子磁势的转速和转向不会改变。转子磁势的幅值与转子电流成正比,空间相位与转子阻抗角有关,所以只要静止转子电路的 I_2 和转子阻抗角 φ_2 与实际转子电路 I_{2s} 和转子阻抗角 φ_{2s} 保持一致即可。

对静止转子,有

$$\left.\begin{aligned}\dot{I}_2&=\frac{\dot{E}_2}{r_2+\mathrm{j}x_2}\\ \varphi_2&=\arctan\frac{x_2}{r_2}\end{aligned}\right\}\tag{5-21}$$

转子转动时的转子电动势为

$$E_{2s}=4.44f_2N_2K_{w2}\Phi_{\mathrm{m}}=4.44sf_1N_2K_{w2}\Phi_{\mathrm{m}}$$

所以 $$E_{2s}=sE_2$$

转子不动时,转子漏抗 $$x_{2s}=2\pi f_1L_2$$

转子转动时,转子漏抗 $$x_{2s}=2\pi f_2L_2=2\pi sf_1L_2$$

所以 $$x_{2s}=sx_2\tag{5-22}$$

因此,对实际转子有

$$\left.\begin{aligned}\dot{I}_{2s}&=\frac{\dot{E}_{2s}}{r_2+\mathrm{j}x_{2s}}=\frac{s\dot{E}_2}{r_2+\mathrm{j}sx_2}=\frac{\dot{E}_2}{\dfrac{r_2}{s}+\mathrm{j}x_2}\\ \varphi_{2s}&=\arctan\frac{x_{2s}}{r_2}=\arctan\frac{sx_2}{r_2}=\arctan\frac{x_2}{\dfrac{r_2}{s}}\end{aligned}\right\}\tag{5-23}$$

比较式(5-21)与式(5-23)可知,只要用实际转子的 r_2/s 去代替静止转子的 r_2,就可以保持转子电流幅值和阻抗角不变,从而达到保持转子磁势不变的目的。

频率折算后的异步电动机电路如图 5-13 所示。因为 $r_2/s=r_2+(1-s)r_2/s$,说明频率折算时,转子电路应串入一个附加电阻 $(1-s)r_2/s$,而这正是满足折算前后能量不变这一原则所需要的。转子转动时,转子具有动能(转化为输出的机械功率),当用静止的转子替代实际转动的转子时,这部分动能就用消耗在电阻 $(1-s)r_2/s$ 上的电能来表示了。

频率折算后,转子电流 $\dot{I}_2$ 与 $\dot{I}_1$ 具有相同的频率。于是磁势平衡方程式也可用电流的形式表示,只需把磁势和电流的关系代入磁势平衡方程式中即可,故

$$0.45\frac{m_1N_1K_{w1}}{p}\dot{I}_1+0.45\frac{m_2N_2K_{w2}}{p}\dot{I}_2=0.45\frac{m_1N_1K_{w1}}{p}\dot{I}_0\tag{5-24}$$

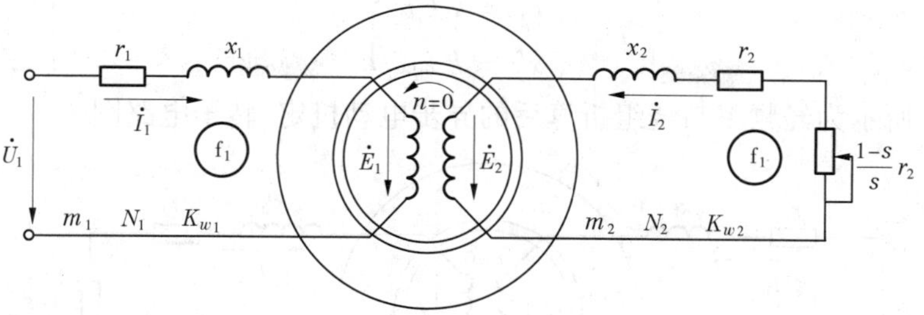

图 5-13　频率折算后的异步电动机电路示意图

$$\dot{I}_1 = \dot{I}_0 + \left(-\frac{m_2N_2K_{w2}}{m_1N_1K_{w1}}\dot{I}_2\right) \tag{5-25}$$

由上式可知,负载时定子电流包含两个分量:一个是励磁电流分量 $\dot{I}_0$;另一个是负载时电流分量 $\dot{I}_2$ 。负载时转子电流 $\dot{I}_2$ 增大,定子电流也要随之增大。

(三)绕组折算

经过频率折算以后,由图 5-13 可知,两个电路的电动势并不相等,所以无法把定、转子电路连接起来,为了建立定、转子之间电的联系,与变压器相似,人为地用一个相数、每相串联匝数及绕组系数均和定子绕组一样的新转子绕组去代替实际转子绕组,并且保持新转子绕组与实际转子绕组的磁势、功率、损耗等均不变。

1. 电流的折算

根据折算前后转子磁势应保持不变的条件,有

$$\dot{F}_2 = 0.45\frac{m_2N_2K_{w2}}{p}\dot{I}_2 = 0.45\frac{m_1N_1K_{w1}}{p}\dot{I}'_2 = \dot{F}'_2$$

$$\dot{I}'_2 = \frac{m_2N_2K_{w2}}{m_1N_1K_{w1}}\dot{I}_2 = \frac{1}{k_i}\dot{I}_2 \tag{5-26}$$

式中　k_i——电流变比,$k_i = \frac{m_1N_1K_{w1}}{m_2N_2K_{w2}}$。

2. 电动势的折算

因转子总视在功率保持不变,有

$$m_1E'_2I'_2 = m_2E_2I_2$$

$$E'_2 = \frac{N_1K_{w1}}{N_2K_{w2}}E_2 = k_eE_2 = E_1 \tag{5-27}$$

式中　k_e——电动势变比,$k_e = \frac{N_1K_{w1}}{N_2K_{w2}}$。

3. 阻抗的折算

$$Z'_2 = r'_2 + jx'_2 = \frac{\dot{E}'_2}{\dot{I}'_2} = \frac{k_e\dot{E}_2}{\frac{\dot{I}_2}{k_i}} = k_ek_iz_2 = k_ek_ir_2 + jk_ek_ix_2 \tag{5-28}$$

从上式可得下面的关系成立

$$\left.\begin{aligned} r_2' &= k_e k_i r_2 \\ x_2' &= k_e k_i x_2 \end{aligned}\right\} \tag{5-29}$$

图 5-14 所示为经频率与绕组折算后的异步电动机定、转子电路图。

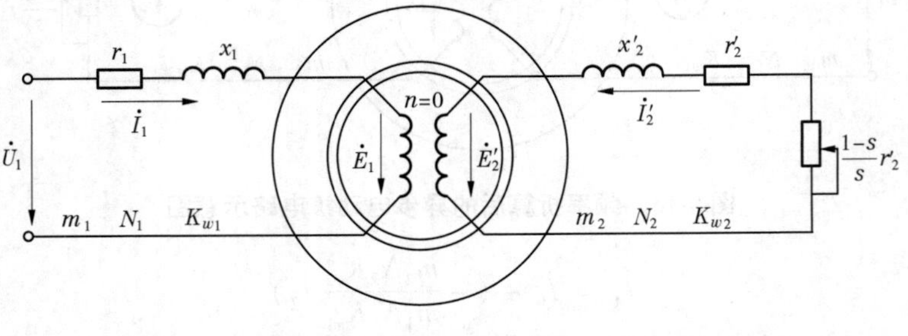

图 5-14　转子绕组折算后的异步电动机定、转子电路图

（四）等效电路和相量图

1. 基本方程式

经过两次折算后，异步电动机的基本方程组为

$$\left.\begin{aligned} \dot{U}_1 &= -\dot{E}_1 + j\dot{I}_1 x_1 + \dot{I}_1 r_1 = -\dot{E}_1 + \dot{I}_1 Z_1 \\ \dot{E}'_2 &= \dot{I}'_2(r'_2 + jx'_2) + \dot{I}'_2\frac{1-s}{s}r'_2 \\ \dot{E}_1 &= -\dot{I}_0(r_m + jx_m) \\ \dot{E}_1 &= \dot{E}'_2 = k_e\dot{E}_2 \\ \dot{I}_1 + \dot{I}'_2 &= \dot{I}_0 \end{aligned}\right\} \tag{5-30}$$

2. 等效电路

根据上面的方程式，可以画出相应的 T 形等效电路，如图 5-15 所示。

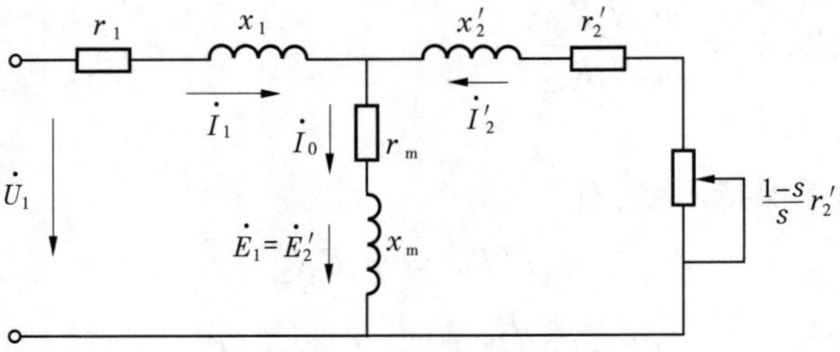

图 5-15　异步电动机的 T 形等效电路

图 5-15 所示电路是一个复联电路，计算和分析都比较复杂。同变压器一样，若把励磁支路移到输入端，形成 Γ 形简化等效电路；若忽略励磁电流 $\dot{I}_0$，形成一字形简化等效电路。等效电路的分析与变压器相似，可参考任务三的相关内容。

3. 相量图

根据基本方程组(5-30)，可画出交流电动机负载时的相量图，如图 5-16 所示。

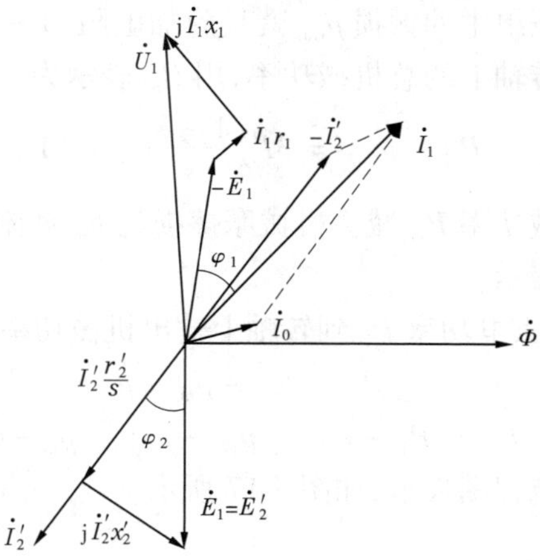

图 5-16　交流电动机的相量图

四、三相异步电动机的功率转换

异步电动机的机电能量转换过程与直流电动机相似，其机电能量转换的关键在于作为耦合介质的磁场对电系统和机械系统的作用与反作用。不同之处在于，异步电动机的气隙磁场基本上与负荷无关，故无电枢反应可言。尽管如此，异步电动机由定子绕组输入电功率，从转子轴输出机械功率的总过程和直流电动机还是一样的，不过在异步电动机中的电磁功率却在定子绕组中发生，然后经由气隙送给转子，扣除一些损耗以后，在轴上输出。在机电能量转换过程中，不可避免地要产生一些损耗，其种类和性质也和直流电机相似。

（一）功率转换过程和方程式

当三相异步电动机以转速 n 稳定运行时，从电源输入的电功率 P_1 为

$$P_1 = 3U_1I_1\cos\varphi_1 \tag{5-31}$$

定子铜损 p_{Cu1} 为

$$p_{\mathrm{Cu1}} = 3I_1^2r_1 \tag{5-32}$$

由于异步电动机正常运行时，转子额定频率很低，f_2 仅为 1 ~ 3 Hz，转子铁损很小，所以定子铁损实际上也就是整个电动机的铁损 p_{Fe1}，即

$$p_{\mathrm{Fe}} = p_{\mathrm{Fe1}} = 3I_0^2r_{\mathrm{m}} \tag{5-33}$$

从图 5-15 所示等效电路看出，输入的电功率 P_1 除去在定子消耗一小部分铜损和铁损之外，剩下的全部通过电磁感应由定子传送到转子，即为电磁功率

$$P_{\mathrm{M}} = P_1 - p_{\mathrm{Cu1}} - p_{\mathrm{Fe1}} = 3E_2'I_2'\cos\varphi_2 \tag{5-34}$$

传输给转子回路的电磁功率 P_{M} 等于转子回路全部电阻 r_2/s 上的损耗，即

$$P_{\mathrm{M}} = P_1 - p_{\mathrm{Cu1}} - p_{\mathrm{Fe1}} = 3I_2'^2\frac{r_2'}{s} \tag{5-35}$$

转子绕组中的铜损 p_{Cu2} 为

$$p_{\mathrm{Cu2}} = 3I_2'^2r_2' = 3sI_2'^2\frac{r_2'}{s} = sP_{\mathrm{M}} \tag{5-36}$$

电磁功率减去转子绕组中的铜损 p_{Cu2} 就是附加电阻 $(1-s)r_2/s$ 上的损耗。这部分损耗实际上是传输给电机转轴上的总机械功率，用 P_m 表示为

$$P_m = P_M - p_{Cu2} = 3I'^2_2 \frac{1-s}{s} r'_2 = (1-s)P_M \tag{5-37}$$

电机转轴上的总机械功率 P_m 减去机械摩擦损耗 p_m 和附加损耗 p_s，才是转轴上真正输出的机械功率，用 P_2 表示。

综上所述，从电源输入电功率 P_1 到转轴上输出机械功率 P_2 的全过程表示为

$$P_2 = P_m - p_m - p_s$$

$$P_2 = P_1 - p_{Cu1} - p_{Fe} - p_{Cu2} - p_m - p_s \tag{5-38}$$

功率的传递过程用功率流程图表示，如图 5-17 所示。

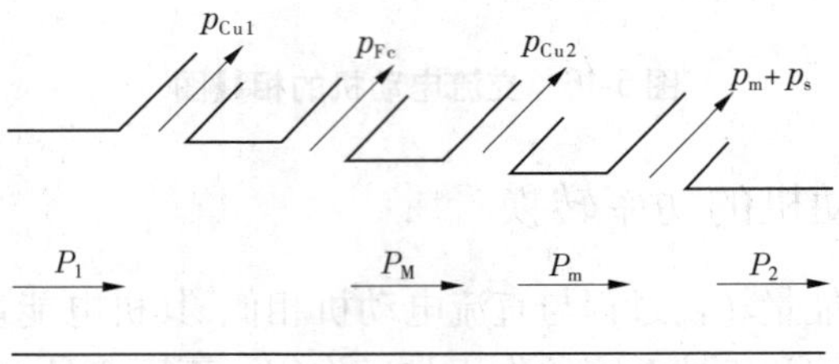

图 5-17　异步电动机功率流程图

从以上功率关系分析中看出，异步电动机运行时电磁功率 P_M、转子回路铜损 p_{Cu2} 和总机械功率 P_m 三者之间的关系为

$$P_M : p_{Cu2} : P_m = 1 : s : (1-s) \tag{5-39}$$

式(5-39)说明，若电磁功率 P_M 一定，转差率 s 越小，转子回路铜损越小，机械功率越大。

（二）转矩关系

通过电磁感应作用产生的转矩称为电磁转矩。定子电磁功率 P_M 除以定子旋转磁场角速度 ω_1 就是定子的电磁转矩 T，即

$$T = \frac{P_M}{\omega_1} \tag{5-40}$$

转子轴上的总机械功率 P_m 除以转子旋转角速度 ω 就是加在转轴上机械转矩 T'，即

$$T' = \frac{P_m}{\omega} = \frac{P_m}{\frac{2\pi n}{60}} = \frac{P_m}{(1-s)\frac{2\pi n_1}{60}} = \frac{P_M}{\omega_1} = T \tag{5-41}$$

$T' = T$，说明定子旋转磁场以同步角速度 ω_1 旋转而拖动转子，旋转磁场所做的功通过气隙传送到了转子。电磁转矩 T 可以用电磁功率除以同步角速度来计算，也可以用转子轴上的总机械功率除以转子旋转角速度来计算。

将式(5-38)除以转子旋转角速度 ω，有

$$\frac{P_2}{\omega} = \frac{P_m}{\omega} - \frac{p_m}{\omega} - \frac{p_s}{\omega}$$

令

$$T_0 = \frac{p_m + p_s}{\omega} = \frac{P_0}{\omega}$$

可得

$$T_2 = T - T_0 \tag{5-42}$$

式中　T_0——空载转矩；

T_2——输出转矩。

五、三相异步电动机的运行特性

三相异步电动机的运行特性主要是指三相异步电动机运行时的机械特性和工作特性。

（一）三相异步电动机的机械特性

与直流电动机一样，三相异步电动机的机械特性也是指电磁转矩 T 与转子转速 n 之间的关系。由于转子转速 n 与同步转速 n_1、转差率 s 存在下列关系，即

$$n = n_1(1 - s) \tag{5-43}$$

三相异步电动机的机械特性用曲线表示时，习惯上纵坐标同时表示转速 n 和转差率 s，横坐标表示电磁转矩 T，如图 5-18 所示。

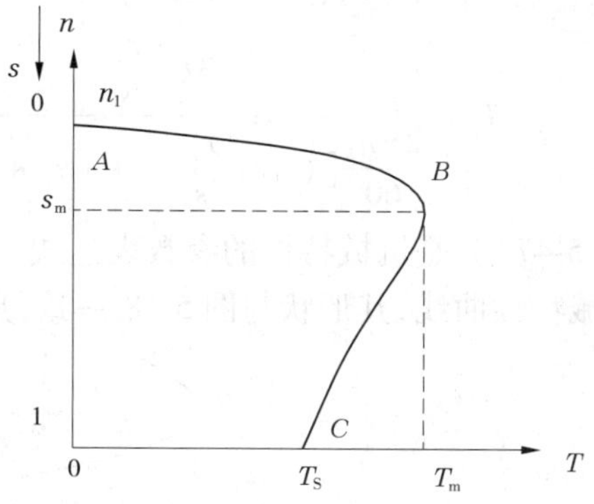

图 5-18　三相异步电动机的机械特性

1. 机械特性的物理表达式

由上一节三相异步电动机的转矩关系知，三相异步电动机转矩的一般表达式为

$$T = \frac{P_M}{\omega_1} = \frac{3E_2' I_2' \cos\varphi_2}{\dfrac{2\pi f_1}{p}} = \frac{3(4.44 f_1 N_1 K_{w1} \Phi_m) I_2' \cos\varphi_2}{\dfrac{2\pi f_1}{p}} = C_T \Phi_m I_2' \cos\varphi_2 \tag{5-44}$$

式中　C_T——三相异步电动机的转矩系数，是一常数；

Φ_m——三相异步电动机的气隙每极磁通量；

I_2'——转子电流的折算值；

$\cos\varphi_2$——转子电路的功率因数。

式(5-44)表明了电磁转矩与磁通量和转子电流的有功分量的乘积成正比，它是电磁力定律在三相异步电动机中的应用，它从物理特性上描述了三相异步电动机的运行特性，因此这一表达式又称为三相异步电动机机械特性的物理表达式。

2. 机械特性的参数表达式

1）参数表达式的推导

三相异步电动机机械特性的参数表达式就是直接表示异步电动机的电磁转矩 T 与转差率 s 和电机的某些参数（U_1、f_1 及阻抗等）之间的关系的数学表达式。

已知，电磁转矩 T 与转子电流 I_2'关系为

$$T = \frac{P_M}{\omega_1} = \frac{3I'^2_2 \frac{r'_2}{s}}{\frac{2\pi n_1}{60}} = \frac{3I'^2_2 \frac{r'_2}{s}}{\frac{2\pi f_1}{p}} \tag{5-45}$$

根据三相异步电动机的等值电路,由于励磁阻抗比定子、转子漏阻抗大很多,把T形等值电路中励磁阻抗这一段电路近似为开路,而计算 I'_2 的误差很小,故

$$I'_2 = \frac{U_1}{\sqrt{(r_1 + \frac{r'_2}{s})^2 + (x_1 + x'_2)^2}} \tag{5-46}$$

把式(5-46)代入式(5-45),得

$$T = \frac{3U_1^2 \frac{r'_2}{s}}{\frac{2\pi n_1}{60}[(r_1 + \frac{r'_2}{s})^2 + (x_1 + x'_2)^2]} = \frac{3pU_1^2 \frac{r'_2}{s}}{2\pi f_1[(r_1 + \frac{r'_2}{s})^2 + (x_1 + x'_2)^2]} \tag{5-47}$$

式(5-47)就是机械特性的参数表达式。给定 U_1、f_1 及阻抗等参数,画出 $T=f(s)$ 曲线便是机械特性曲线,其形状与图5-18一致,具体如图5-19所示。

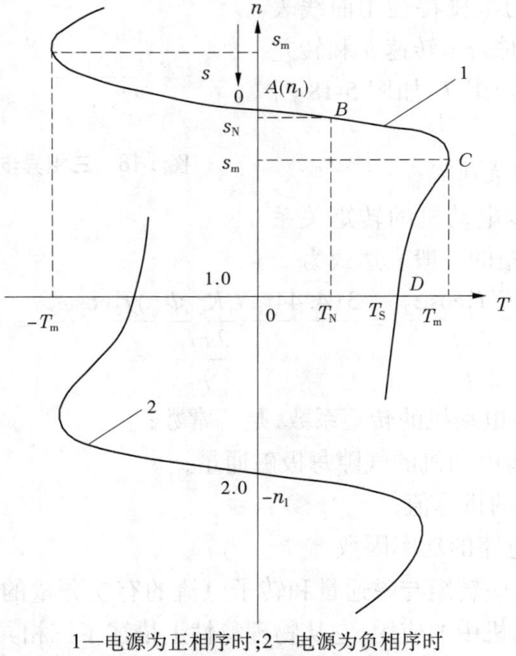

1—电源为正相序时;2—电源为负相序时

图5-19　由参数表达式绘制的三相异步电动机机械特性

它具有以下特点:当 $0 \leqslant s < 1$ 时,即 $n_1 < n \leqslant 0$,特性在第一象限,电磁转矩 T 与转速 n 都为正,从规定正方向判断,T 与 n 同方向,n 与同步转速 n_1 同方向,电动机工作在运行状态;当 $s < 0$,即 $n > n_1$ 时,特性在第二象限,电磁转矩 T 为负值,表现为制动性转矩,电磁功率 P_M 也是负值,电动机工作在发电运行状态;当 $s > 1$,即 $n < 0$ 时,特性在第四象限,$T > 0$,电动机工作在制动运行状态。

2)机械特性曲线的分析

下面分析图5-19所示的机械特性中的几个特征点:

(1)同步转速点 A。其特点是 $n = n_1(s = 0)$ 、$T = 0$ 。A 点为理想空载运行点,即在没有外界转矩的作用下,异步电动机本身不可能达到同步转速点。

(2)额定运行点 B。其特点是电磁转矩和转速均为额定值,分别用 T_N 和 n_N 表示,相应的额定转差率用 s_N 表示,异步电动机可长期运行在额定状态。

(3)最大转矩点 C。其特点是对应的电磁转矩为最大值 T_m,称为最大转矩,对应的转差率为 s_m,称为临界转差率。把式(5-47)中的 T 对 s 求导,并令导数为零,即可得到最大转矩 T_m 和临界转差率 s_m 为

$$T_m = \pm \frac{3pU_1^2}{4\pi f_1[\pm r_1 + \sqrt{r_1^2 + (x_1 + x'_2)^2}]} \tag{5-48}$$

$$s_m = \pm \frac{r'_2}{\sqrt{r_1^2 + (x_1 + x'_2)^2}} \tag{5-49}$$

式中,"+"号适用于电动机状态,"-"号适用于发电机状态。

通常情况下,$-T_m$ 的绝对值大于 T_m 的数值,但是异步电动机的T形等值电路中电阻 r_1 的数值远小于电抗 $(x_1 + x'_2)$,式(5-48)和式(5-49)中可以忽略 r_1 的影响,则有

$$T_m = \pm \frac{3pU_1^2}{4\pi f_1(x_1 + x'_2)} \tag{5-50}$$

$$s_m = \pm \frac{r'_2}{x_1 + x'_2} \tag{5-51}$$

也就是说,异步电动机的机械特性具有对称性,即异步电动机的发电机状态和电动机状态的最大电磁转矩绝对值及对应的临界转差率可认为近似相等。

通过式(5-50)、式(5-51),可得出下列结论:

①最大电磁转矩 T_m 与电压 U_1 的平方成正比,与漏电抗 $(x_1 + x'_2)$ 成反比。这说明改变 U_1 和 $(x_1 + x'_2)$,可改变 T_m 的大小。

②临界转差率 s_m 与电阻 r'_2 成正比,与漏电抗 $(x_1 + x'_2)$ 成反比,与 U_1 的大小无关。

最大电磁转矩 T_m 与额定电磁转矩 T_N 的比值称为最大电磁转矩倍数,又称为过载能力或过载倍数,用 λ_m 表示,即

$$\lambda_m = \frac{T_m}{T_N}$$

λ_m 是三相异步电动机运行性能的一个重要参数。三相异步电动机运行时,绝不可能长期运行在最大转矩处。因为,此时电流过大,温升会超过允许值,有可能烧毁电机,同时在最大转矩处运行转速也不稳定。

一般情况下,三相异步电动机的 $\lambda_m = 1.6 \sim 2.2$,起重、冶金机械专用的三相异步电动机的 $\lambda_m = 2.2 \sim 2.8$。

(4)启动点 D。其特点是对应的转速 $n = 0$,$s = 1$,对应的转矩 T_s 称为启动转矩,又称为堵转转矩,它是异步电动机接通电源开始启动时的电磁转矩。若令式(5-47)中的 $s = 1$,即有

$$T_s = \pm \frac{3pU_1^2 r_2'}{2\pi f_1[(r_1 + r_2')^2 + (x_1 + x_2')^2]} \tag{5-52}$$

通过上式可以得出下列结论：T_s 与电压 U_1 平方成正比，与电阻 r_2' 或漏电抗 $(x_1 + x_2')$ 成反比。这说明电阻或漏电抗越大，启动转矩越小；电源电压 U_1 过低，会造成启动转矩明显下降，甚至使 $T_s < T_N$，而造成电机不能启动。

启动转矩 T_s 与额定转矩 T_N 的比值称为启动转矩倍数，用 λ_s 表示，即

$$\lambda_s = \frac{T_s}{T_N}$$

λ_s 是表征三相异步电动机启动性能的另一个重要参数。三相异步电动机启动时，必须保证有一定的启动转矩倍数。只有 $\lambda_s > 1$，异步电动机才能在额定负载下启动。

一般情况下，λ_s 是针对鼠笼式电动机而言的。因为绕线式电动机通过增加转子回路的电阻 r_2，可加大或改变启动转矩，这是绕线式电动机的优点之一。一般的鼠笼式电动机的 $\lambda_s = 1.0 \sim 2.0$，起重、冶金机械专用的鼠笼式电动机的 $\lambda_s = 2.8 \sim 4.0$。

3. 机械特性的实用表达式

1）实用表达式的推导

实际应用时，三相异步电动机的参数（定子、转子电阻电抗等）在电机产品的目录中是查不到的，因此使用参数表达式和物理表达式一样，也是不方便的。为了能利用三相异步电动机产品说明书中给出的数据，计算出异步电动机的机械特性，有必要导出实用的表达式。

用式(5-47)去除以式(5-48)得

$$\frac{T}{T_m} = \frac{2r_2'[r_1 + \sqrt{r_1^2 + (x_1 + x_2')^2}]}{s[(r_1 + \frac{r_2'}{s})^2 + (x_1 + x_2')^2]} \tag{5-53}$$

由式(5-49)得

$$\sqrt{r_1^2 + (x_1 + x_2')^2} = \frac{r_2'}{s_m} \tag{5-54}$$

将式(5-54)代入式(5-53)得

$$\frac{T}{T_m} = \frac{2r_2'(r_1 + \frac{r_2'}{s_m})}{s\frac{r_2'^2}{s_m^2} + \frac{r_2'^2}{s} + 2r_1 r_2'} = \frac{2(1 + \frac{r_1 s_m}{r_2'})}{\frac{s}{s_m} + \frac{s_m}{s} + \frac{2r_1 s_m}{r_2'}} = \frac{2 + q}{\frac{s}{s_m} + \frac{s_m}{s} + q} \tag{5-55}$$

对于三相异步电动机，其 $s_m = 0.1 \sim 0.2$。上式中显然对任何 s 值，都有

$$\frac{s}{s_m} + \frac{s_m}{s} \geqslant 2 \tag{5-56}$$

而 $q \approx 2s_m \ll 2$，可以忽略，则式(5-55)可简化为

$$\frac{T}{T_m} = \frac{2}{\frac{s}{s_m} + \frac{s_m}{s}} \tag{5-57}$$

这就是三相异步电动机机械特性的实用表达式。

2) 实用表达式的使用

从实用表达式看出，只需求出最大转矩 T_m 和临界转差率 s_m，就能求出 T。下面介绍 T_m 和 s_m 的求法。

已知三相异步电动机的铭牌数据中额定功率 P_N(kW)、额定转速 n_N(r/min) 和过载倍数 λ_m，则额定输出转矩为

$$T_N = 9\,550\frac{P_N}{n_N}(\mathrm{N \cdot m})$$

额定转差率为

$$s_N = \frac{n_1 - n_N}{n_1}$$

当 $s = s_N$ 时，可近似认为 $T = T_N$（忽略空载转矩），且 $T_m = \lambda_m T_N$，代入式(5-57)得

$$\frac{T_N}{\lambda_m T_N} = \frac{s_N}{s_m} + \frac{s_m}{s_N}$$

由上式可得

$$s_m^2 - 2\lambda_m s_N s_m + s_N^2 = 0$$

解之得

$$s_m = s_N(\lambda_m \pm \sqrt{\lambda_m^2 - 1})$$

因 $s_m > s_N$，故上式应取"+"号，则

$$s_m = s_N(\lambda_m + \sqrt{\lambda_m^2 - 1}) \tag{5-58}$$

算出 T_m 和 s_m，只需给出 s 值，就可算出相应的 T 值。

3) 实用表达式的简化

在 $0 < s < s_m$ 的直线段，即三相异步电动机在额定负载范围内运行时，它的转差率小于额定转差率，可以认为

$$\frac{s}{s_m} \ll \frac{s_m}{s}$$

实用公式中忽略 s/s_m 也是可以的，则实用表达式(5-57)变成为

$$T = \frac{2T_m}{s_m}s \tag{5-59}$$

经过以上简化，使三相异步电动机的机械特性呈线性关系，使用起来更方便，并称为机械特性的近似表达式。在使用式(5-59)时，s_m 可按下式计算

$$s_m = 2s_N\lambda_m$$

上述三相异步电动机机械特性的三种表达式，虽然都能用来表征电动机的运行特性，但其应用的场合各有不同。一般来说，物理表达式适用于对电动机的运行作定性分析，参数表达式适用于分析电机各种参数变化对电动机运行特性的影响，实用表达式适用于电动机机械特性的工程计算。

4. 机械特性的固有特性和人为特性

1) 固有机械特性

在额定频率和额定电压下，三相异步电动机的定子绕组按规定的接线方式连接，定子

及转子回路不外接任何电气元件,此时的机械特性称为固有机械特性。其形状如图 5-19 所示。

三相异步电动机的固有机械特性可以利用实用表达式计算得到。方法是:先利用实用表达式计算出同步转速点 A、额定运行点 B、最大转矩点 C 和启动点 D 这几个特殊点,然后将这些点连接起来,便得到固有特性曲线。当然,计算的点越多,作出的曲线就越精确。

2)人为机械特性

人为地改变三相异步电动机的某些参数后,所得到的机械特性称为人为机械特性。关于人为特性的分析,主要是分析下列四个公式的特性。

同步转速公式

$$n_1 = \frac{60f_1}{p}$$

临界转差率公式

$$s_m = \frac{r_2'}{\sqrt{r_1^2 + (x_1 + x_2')^2}}$$

最大转矩公式

$$T_m = \pm \frac{3pU_1^2}{4\pi f_1[\pm r_1 + \sqrt{r_1^2 + (x_1 + x_2')^2}]}$$

启动转矩公式

$$T_s = \pm \frac{3pU_1^2 r_2'}{2\pi f_1[(r_1 + r_2')^2 + (x_1 + x_2')^2]}$$

下面分析几种常见的人为机械特性。

(1)降低定子回路端电压的人为机械特性。

根据上述四个公式,降低定子回路端电压 U_1,则 n_1 不变,s_m 不变,T_m 和 T_s 与 ${U_1}^2$ 成正比地降低。由于三相异步电动机的磁路在额定电压下已有饱和的趋势,故不宜再升高电压。

图 5-20 所示为 $U_1 = 0.8U_N$,$U_1 = 0.5U_N$ 时的人为机械特性。定子回路端电压降低后,机械特性线性段的特性变软了,且 T_s 和 T_m 也显著地减小,电动机的过载能力显著下降。

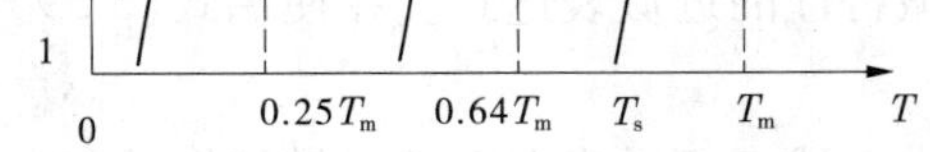

图 5-20　三相异步电动机定子降压的人为机械特性

(2)转子回路内串接电阻时的人为机械特性。

绕线式三相异步电动机的转子回路内可以串接电阻(要求三相串接的电阻阻值相等),其电路图及人为机械特性如图 5-21 所示。

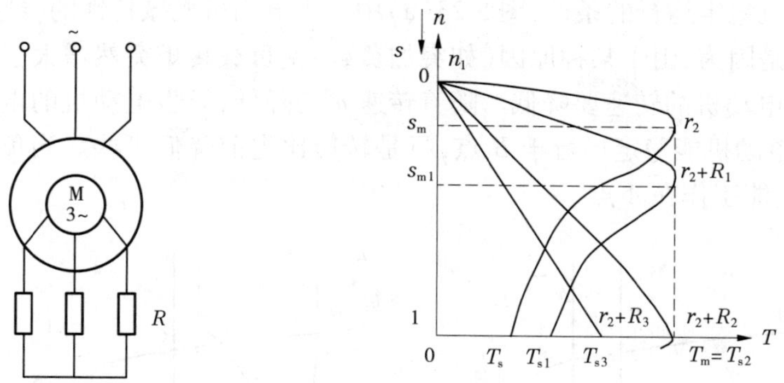

(a)电路图　　(b)人为机械特性

图 5-21　绕线式异步电动机的转子回路串接电阻

根据上述四个公式，n_1 不变，T_m 不变，s_m 随 R 的增大而增大，T_s 开始随 R 的增大而增大，当 R 增大到某数值时，$T_{s2}=T_m$。如果 R 再继续增大，则 T_s 开始减小。

绕线式三相异步电动机的转子回路串接电阻后，电阻 R 越大，其线性段的特性越软。

(3)定子回路串接电抗或电阻时的人为机械特性。

三相异步电动机的定子回路串接对称电抗的电路图和人为机械特性如图 5-22 所示。

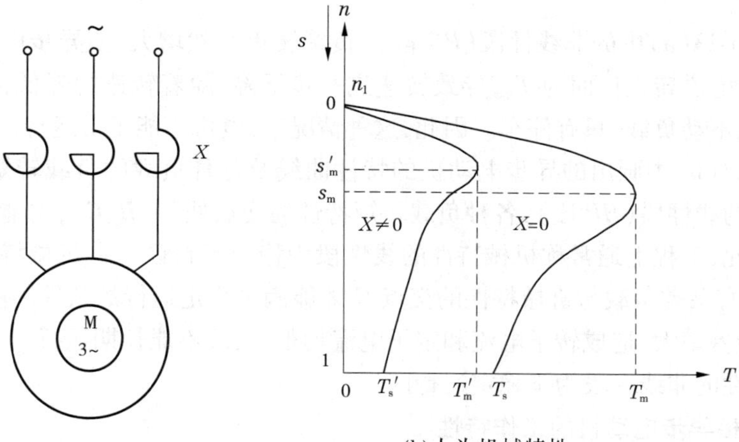

(a)电路图　　(b)人为机械特性

图 5-22　异步电动机的定子回路串接对称电抗

根据上述四个公式，n_1 不变，T_m、T_s 和 s_m 随电抗 X 的增大而减小，其线性段的特性也变软了。同理，可分析定子回路串接对称电阻 R 时的人为机械特性。

5. 三相异步电动机的稳定运行

电力控制系统能否稳定运行，取决于电动机的机械特性 $n=f(T)$ 和负载转矩特性 $n=f(T_L)$ 的配合。电动机拖动负载稳定运行时，电磁转矩 T 和负载转矩 T_L 应该大小相等、方向相反。其稳定运行的条件是在这两条特性曲线的交点应满足关系式

$$\frac{dT}{dn}<\frac{dT_L}{dn}\quad 或\quad \frac{dT}{ds}>\frac{dT_L}{ds}$$

根据电动机稳定运行的条件,图 5-23(a)中对于电动机机械特性的线性段 HP 是能正常运行的。这是因为,由于某种原因(如突加负载)使负载转矩突然增大了,比如从 T_{LA} 增大到 T_{LB},异步电动机的转速要降低。随着转速 n 的降低,异步电动机的电磁转矩反而增大为 T_B,可见电动机能稳定运行于 B 点,只是转速比先前降低了些。当负载转矩恢复正常时,电动机仍能工作在 A 点。

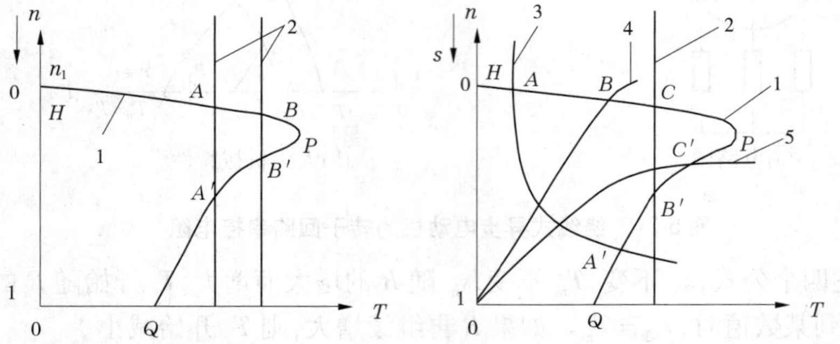

1—异步电动机的机械特性
2—恒转矩负载特性
(a)三相异步电动机的稳定运行分析

1—异步电动机的特性；2—恒转矩负载特性；
3—恒功率负载特性；4、5—泵类负载特性
(b)三相异步电动机的稳定运行点

图 5-23　三相异步电动机的稳定运行问题

对于图 5-23(a)中的非线性段(PQ 段),负载转矩突然增大,使异步电动机的转速降低,电动机的电磁转矩反而为 T_A,导致转速进一步下降,随着转速的降低,电磁转矩越来越小,最后拖不动负载,只有停车。因此,这种情况下,电机不能正常运行。

由图 5-23(b)中画出的异步电动机的特性曲线及各种负载的负载转矩曲线,可判定在机械特性的线性段(HP 段),各种负载转矩特性的交点处(A、B、C),均能满足稳定运行的条件。因此,工程上通常称机械特性的线性段为稳定运行区。在机械特性的非线性段(PQ 段),只有泵类负载与机械特性的交点 C'才能满足稳定运行的条件。但是,此时电机的转速低,转差率大,造成转子电流和定子电流均很大,故不能长期运行。因此,工程上通常称机械特性的非线性段为不稳定运行区。

(二)三相异步电动机的工作特性

异步电动机的工作特性是指在额定电压、额定频率下,电动机的转速 n、定子电流 I_1、功率因数 $\cos\varphi$、电磁转矩 T、效率 η 与输出功率 P_2 的关系曲线。

1. 转速特性 $n=f(P_2)$

电动机的转速 n 与输出功率 P_2 的关系曲线 $n=f(P_2)$ 称为三相异步电动机的转速特性。

因为

$$p_{Cu2}=sP_M$$

所以

$$s=\frac{p_{Cu2}}{P_M}=\frac{m_1 I_2'^2 r_2'}{m_1 E_2' I_2' \cos\varphi_2}$$

理想空载时，$I_2=0$，$s=0$，故 $n=n_1$。随着负载的增加，转子电流 I_2'增大，p_{Cu2}和 P_M 也随之增大。因为 p_{Cu2}与 I'_2 的平方成正比，而 P_M 则近似地与 I_2 的一次方成正比，随着负载的增大，s 也增大，转速 n 就降低。为了保证电动机有较高的效率，一般在额定负载时的转差率 $s_N=0.01\sim0.06$，所以额定负载时的转速与同步速度十分接近。由此可见，异步电动机的转速特性 $n=f(P_2)$ 是一条相对横轴稍微下降的曲线，与并励直流电动机的转速调整特性相似。

2. 定子电流特性 $I_1=f(P_2)$

电动机的定子电流 I_1 与输出功率 P_2 的关系曲线 $I_1=f(P_2)$ 称为三相异步电动机的定子电流特性。

由磁势平衡方程式(5-25)可知，理想空载时 $I_2=0$，所以 $I_1=I_0$。随着负载的增加，转子转速下降，转子电流增大，于是定子电流及磁势也跟着增大，抵消转子电流产生的磁势，以保持磁势的平衡。所以，I_1 随 P_2 的增大而增大。

3. 功率因数特性 $\cos\varphi_1=f(P_2)$

电动机的定子功率因数 $\cos\varphi_1$ 与输出功率 P_2 的关系曲线 $\cos\varphi_1=f(P_2)$ 称为三相异步电动机的功率因数特性。

三相异步电动机是从电网吸取滞后的无功电流进行励磁的。空载时，定子电流基本上是励磁电流，功率因数很低，仅为 0.1～0.2；随着负载的增加，定子电流的有功分量增加，功率因数逐渐上升，在额定负载附近，功率因数达最大值；超过额定负载后，由于转速降低，转差率增大，转子功率因数下降较多，定子电流中与之平衡的无功分量也增大，功率因数反而有所下降。对小型异步电动机，额定功率因数在 0.75～0.9。因此，电动机长期处于轻载或空载运行是很不经济的。

4. 转矩特性 $T=f(P_2)$

电动机的电磁转矩 T 与输出功率 P_2 的关系曲线 $T=f(P_2)$ 称为三相异步电动机的转矩特性。因为负载转矩 $T_2=P_2/\omega$，考虑到异步电动机从空载到满载时转速 ω 变化不大，可以认为 T_2 与 P_2 成正比，所以 $T_2=f(P_2)$ 近似为一条直线。而 $T=T_2+T_0$，因 T_0 近似不变，所以 $T=f(P_2)$ 也近似为一条直线。

5. 效率特性 $\eta=f(P_2)$

电动机的效率 η 与输出功率 P_2 的关系曲线 $\eta=f(P_2)$ 称为三相异步电动机的效率特性。根据效率的定义，三相异步电动机的效率为

$$\eta=\frac{P_2}{P_1}=\frac{P_1-\sum p}{P_1}=\frac{P_2}{P_2+\sum p}$$

与直流电机相似，异步电动机中的损耗也可分为不变损耗和可变损耗两部分。当输出功率 P_2 增加时，可变损耗增加较慢，所以效率上升很快；当可变损耗等于不变损耗时，异步电动机的效率达到最大值；随着负载继续增加，可变损耗很快增加，效率则随着降低。对于中小型异步电动机，最大效率大约出现在 3/4 额定负载时，同时电动机容量愈大，效率愈高。

三相异步电动机的各种工作特性如图 5-24 所示。

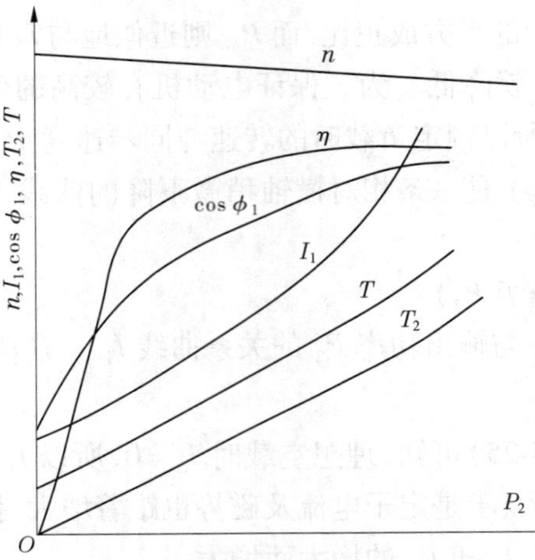

图 5-24 异步电动机的工作特性

六、三相异步电动机的参数测定

异步电动机有两种参数,一种是表示空载状态的励磁参数,即 r_m、x_m;另一种是表示短路状态的短路参数,即 r_1、r_2'、x_1、x_2'。前者取决于电机主磁路的饱和程度,所以是一种非线性参数;后者基本上与电机的饱和程度无关,是一种线性参数。励磁参数、短路参数可分别通过空载试验和短路试验测定。

(一)空载试验及励磁参数与损耗的确定

1. 空载试验

三相异步电动机空载运行是指在额定电压和额定频率下,轴上不带任何负载时的运行状态。试验在电机空载时进行,定子绕组上施加频率为额定值的对称三相电压,将电动机运转一段时间(30 min)使其机械损耗达到稳定值,然后调节电源电压从(1.1~1.3)额定电压值开始,逐渐降低到可能达到的最低电压值(转速随之发生明显变化时为止)。测量7~9 点,每次记录端电压 U_1、空载电流 I_0、空载功率 P_0 和转速 n。根据记录数据,绘制电动机的空载曲线 $I_0 = f(U_1)$ 和 $P_0 = f(U_1)$,如图 5-25 所示。

2. 励磁参数与损耗的确定

由异步电动机的空载特性可确定等值电路中的铁损和机械损耗、励磁参数。

1)机械损耗和铁损的分离

异步电动机空载时,$s \approx 0$,$I_2 \approx 0$,此时输入电动机的功率用来补偿定子铜耗 p_{Cu1}、铁耗 p_{Fe}和机械损耗 p_m,即

$$p_{10} \approx p_{Cu1} + p_{Fe} + p_m = m_1 I_0^2 r_1 + p_{Fe} + p_m \tag{5-60}$$

在空载损耗中,定子铜损和铁损与电压大小有关,而机械损耗仅与转速有关。从空载功率中,扣除定子铜损以后,即得铁损与机械损耗之和

$$p_{10} - m_1 I_0^2 r_1 \approx p_{Fe} + p_m = p_0' \tag{5-61}$$

由于铁损可以认为与磁密平方成正比,即与端电压平方成正比,故需绘制铁损与机械

损耗之和与端电压平方值的曲线 $p_0' = f(U_1^2)$,如图 5-26 所示。

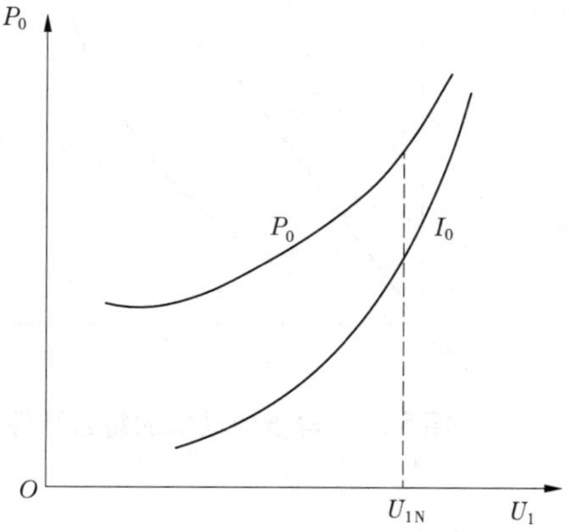

图 5-25　异步电动机空载特性

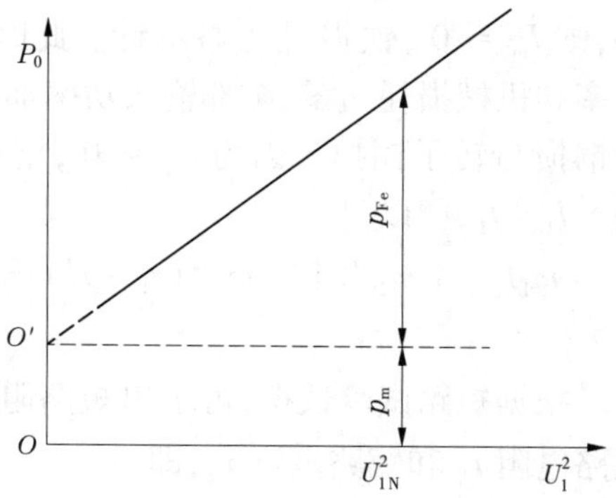

图 5-26　机械损耗的分离

将曲线延长相交于 $U_1 = 0$ 处,得交点 O',过 O'作水平虚线将曲线的纵坐标分为两部分,由于机械损耗仅与电动机的转速有关,而在空载状态下,电动机的转速接近同步转速,则机械损耗可认为是常数。所以,虚线下部纵坐标表示与电压大小无关的机械损耗,虚线上部纵坐标表示对应于 U_1 大小的铁损。

2)励磁参数的确定

空载时,转差率 $s \approx 0$,则 T 形等值电路中的附加电阻很大,可认为该支路开路,根据电路计算励磁参数如下

$$x_m + x_1 = x_0 \approx \frac{U_1}{I_0} \tag{5-62}$$

$$r_m = \frac{p_{Fe}}{m_1 I_0^2} \tag{5-63}$$

$$Z_m = \sqrt{r_m^2 + x_m^2} \tag{5-64}$$

式中　U_1——相电压;

I_0——相电流;

x_1——可由短路试验确定。

(二)短路试验及短路参数的确定

1. 短路试验

就异步电动机而言,短路是指 T 形等值电路中的附加电阻为零的状态。在这种情况下, $s = 1$, $n = 0$,即电动机在外施电压下处于静止状态。因此,短路试验必须在电动机堵转情况下进行,故短路试验亦称堵转试验。为了使短路试验时电动机的短路电流不致过大,可降低电源电压进行,一般从 $U_1 = 0.4U_N$ 开始,逐渐降低电压。为避免定子绕组过热,试验应尽快进行。测量 5 ~ 7 点,每次记录端电压、定子短路电流和短路功率,并测量定子绕组的电阻。根据记录数据,绘制短路特性 $I_k = f(U_1)$ 和 $p_k = f(U_1)$,如图 5-27 所示。

2. 短路参数的确定

电动机堵转时，代表总机械功率的附加电阻为零，由于 $Z_m \gg Z_2$，可以认为励磁支路开路，则 $I_m \approx 0$，铁损可忽略不计。此时，输出功率和机械损耗为零，全部输入功率都变成定子铜损与转子铜损。因为 $I_m \approx 0$，则可认为 $I'_2 \approx I_1 = I_k$，所以

$$p_k \approx m_1 I_1^2 r_1 + m_2 I'^2_2 r'_2 = m_1 I_k^2 (r_1 + r'_2) = m_1 I_k^2 r_k \tag{5-65}$$

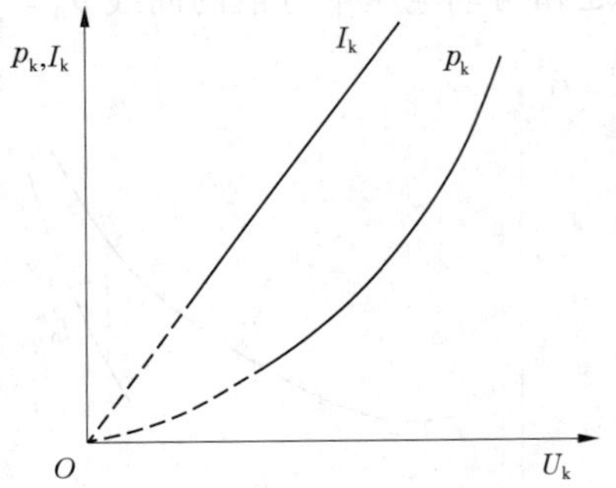

图 5-27　异步电动机的短路特性

根据短路试验数据，可求出短路阻抗 Z_k、短路电阻 r_k 和短路电抗 x_k，即

$$\left.\begin{aligned} Z_k &= \frac{U_k}{I_k} \\ r_k &= r_1 + r'_2 = \frac{p_k}{m_1 I_k^2} \\ x_k &= x'_2 + x_1 = \sqrt{Z_k^2 - r_k^2} \end{aligned}\right\} \tag{5-66}$$

式中，定子电阻 r_1 可直接测得，将 r_k 减去 r_1 即得 r'_2。对于大、中型异步电动机，可认为 $x'_2 = x_1 = 0.5x_k$。对于 100 kW 以下小型异步电动机，当 $2p \leqslant 6$ 时，$x'_2 = 0.67x_k$；当 $2p \geqslant 8$ 时，$x'_2 = 0.57x_k$。

必须指出，短路参数受磁路饱和的影响，它的数值是随电流数值的不同而不同的。因此，根据计算目的不同，应该选取不同的短路电流进行计算。例如，在求最大转矩时，应取 $I_k = (2 \sim 3) I_N$ 时的短路参数计算。

七、单相异步电动机的认识

用单相交流电源供电的电动机称为单相异步电动机，它被广泛用于家用电器、医疗器械和一些工业设备上。与同容量的三相异步电动机相比较，单相异步电动机的体积较大，运行性能稍差，一般只做成几瓦到几百瓦的小容量电动机。按照获得旋转磁场方式及本身结构的不同，单相异步电动机主要有分相式和罩极式两类。

（一）分相式单相异步电动机

1. 基本结构

单相异步电动机的结构与三相鼠笼式异步电动机相似，由定子和转子两个基本部分组成。图 5-28 为电容分相异步电动机的基本结构。

分相式电动机的定子铁芯与普通三相异步电动机类似，在定子铁芯上装有主绕组和启动绕组。主绕组用以产生主磁场并从电源获取电能；启动绕组一般只在启动时接通，当转速达到同步转速的 70% ~80% 时，由离心开关或继电器断开。由于定子内径较小，绕组的嵌入比较困难，故大多采用单层绕组，也有电动机为改善启动性能而采用双层绕组或正弦绕组。在采用电容分相的单相异步电动机中，主绕组占定子总槽数的 2/3，启动绕组

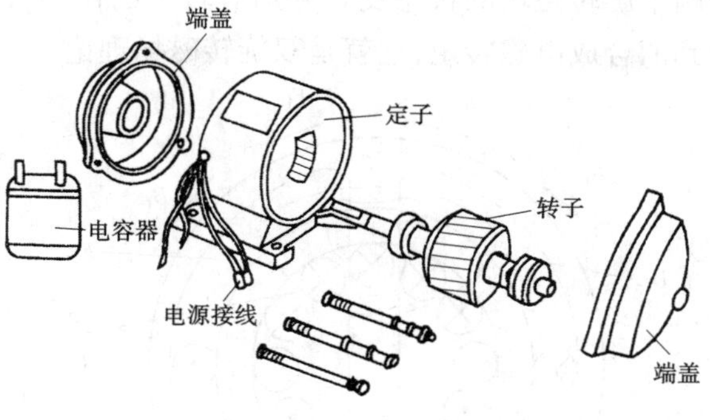

图 5-28 单机异步电动机的基本结构

占总槽数的 1/3。

单相异步电动机的转子都是鼠笼式。

2. 工作原理

三相异步电动机的定子绕组通以三相正弦交流电后，会产生旋转磁场，在旋转磁场的作用下，转子获得启动转矩而自行启动。单相异步电动机的主绕组通以单相正弦交流电后，在定子和转子气隙中会产生磁场，所产生磁场的大小按正弦规律变化。如图 5-29 所示，当电流在正半周时，磁场方向垂直向下，当电流在负半周时，磁场方向则垂直向上。这种大小按一定规律变化，空间位置不发生变化的磁场，称为脉动磁场。转子在脉动磁场中受到的合成电磁转矩为零，所以转子不会转动。

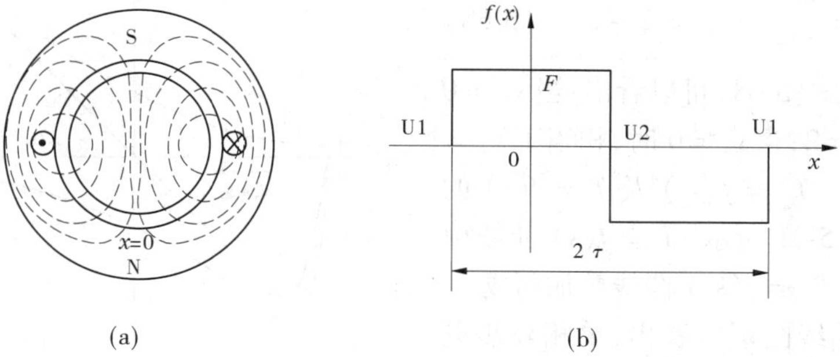

图 5-29 单相异步电动机中的脉动磁场

单相异步电动机的工作原理，可以用双旋转磁场理论予以描述。

单相异步电动机的主绕组接通单相交流电时，会产生一个脉动磁场，此脉动磁场可分解成两个大小相等、转向相反、转速相同的旋转磁场，每个旋转磁场的磁感应强度幅值等于脉动磁场的磁感应强度幅值的一半，两个旋转磁场的磁感应强度在任何瞬时的合成，总是等于脉动磁场的磁感应强度瞬时值。若脉动磁场的磁感应强度为 $\dot{B}$，两个旋转磁场的磁感应强度分别为 $\dot{B}_+$ 和 $\dot{B}_-$，则 $\dot{B} = \dot{B}_+ + \dot{B}_-$。即电动机内的合成磁场为两个旋转磁场的叠加，如图 5-30 所示。两个旋转磁场切割转子导体，并分别在转子导体中产生感应电动势和感应电流，感应电流与磁场相互作用产生正向和反向电磁转矩 T_+ 和 T_-。若转子所受电磁转矩为 T，则 $T = T_+ + T_-$，即转子受到的电磁转矩为两个旋转磁场所产生的电磁转矩的叠加。根据两个旋转磁场的状态及其分别对转子的作用，即可得到电动机内的合成磁场和转子所受到的合成电磁转矩，这就是双旋转磁场理论。

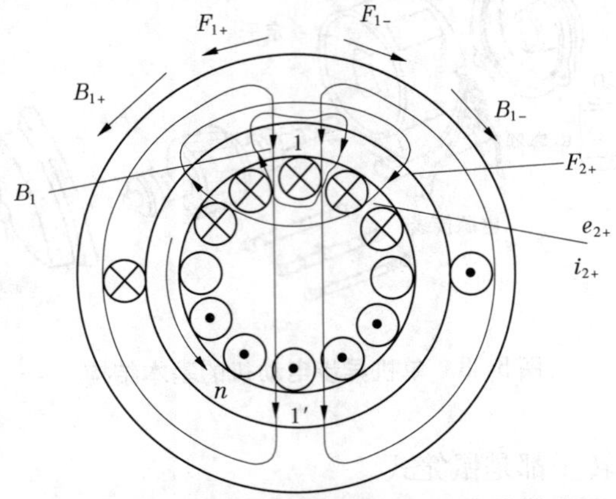

图 5-30　脉动磁场分解成等效的两个旋转磁场

旋转磁场产生电磁转矩的大小与转差率的关系同三相异步电动机一样。若转子转速为 n，转子对正向旋转磁场的转差率 s_+ 为

$$s_+ = \frac{n_s - n}{n_s} = s \tag{5-67}$$

式中　n_s——同步转速。

转子对反向旋转磁场的转差率 s_- 为

$$s_- = \frac{-n_s - n}{-n_s} = 2 - s \tag{5-68}$$

由式(5-67)和式(5-68)可以看出：当 $s_+ = 0$ 时，相当于 $s_- = 2$；当 $s_- = 0$ 时，相当于 $s_+ = 2$。$T_+ = f(s_+)$、$T_- = f(s_-)$ 及 $T = f(s)$ 的关系曲线如图 5-31 所示。$T = f(s)$ 曲线由 $T_+ = f(s_+)$ 和 $T_- = f(s_-)$ 曲线叠加而成。

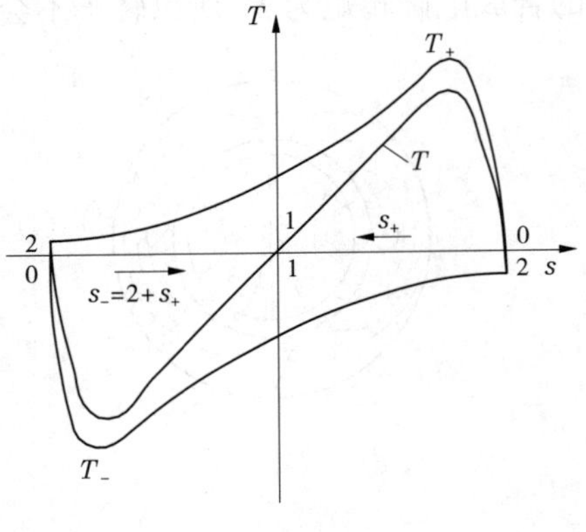

图 5-31　单相异步电动机的 T—s 曲线

从 T—s 曲线图可以看出，单相异步电动机具有以下特点。

1) 无启动转矩

当转子静止时，正、反旋转磁场均以速度 n_s 切割转子绕组，在转子绕组中感应出大小相等而相序相反的电动势和电流，并分别产生大小相等而方向相反的两个电磁转矩，其合成电磁转矩为零。即 $T = T_+ + T_- = 0$，$n = 0$，$s = 1$，单相异步电动机无启动转矩。要使单相异步电动机启动，必需采取其他措施。

2) 无固定转向

在 $s = 1$ 的两边，合成电磁转矩是对称的，因此单相异步电动机无固定的转动方向，其转向取决于 s。如果用某种外力使转子顺时针或逆时针方向转动起来，此时 $s \neq 1$，合转矩不为零，若合转矩大于负载转矩，即使去掉外力，电动机仍然沿原方向转动。也就是说，单相异步电动机虽无启动转矩，但一经启动，便可达到某一稳定转速。单相异步电动机的转动方向,取决于启动瞬间作用于转子的外力矩方向。

3)过载能力较低

由于反向转矩的作用,使单相异步电动机的合转矩减小,最大转矩也随之减小,因此其过载能力比三相异步电动机要低。

根据单相异步电动机的特性,可以推导出三相异步电动机启动前断相和启动后断相的状态。当三相异步电动机断开一相时,相当于一台单相异步电动机,故在这种情形下接通三相电源也不能启动。当三相异步电动机在运行中断开一相时,仍能继续运转,但由于存在反向转矩,其合转矩将减小。当负载转矩不变时,电动机转速下降,转差率增大,定子和转子绕组中的电流增加,从而使电动机的温度升高。

3. 启动方法

要使单相异步电动机能够自行启动,关键的问题就是在启动时,使电动机内部形成一个旋转磁场。分相式单相异步电动机的定子铁芯上嵌放启动绕组,启动绕组在空间位置上与主绕组相差90°。在启动绕组支路串联一个适当容量的电容器,并经离心开关或继电器触点与主绕组并联接到单相交流电源上,如图5-32所示。这样,启动绕组中的电流 $\dot{I}_2$ 将超前于主绕组电流 $\dot{I}_1$ 约90°电角度,并共同形成一个接近于圆形的旋转磁场。旋转磁场作用于转子导体产生较大的起动转矩,使转子转动起来。

当转子转速达到同步转速的70% ~80%时,将启动绕组断开,进入单相运行状态的电动机,称为电容启动电动机。若启动完成后,启动绕组支路并不切断,则称为电容运行电动机或电容电动机。电容运行电动机比电容启动电动机的过载能力要高,但其启动性能一般比电容启动电动机稍差。采用电容分相启动的单相异步电动机,启动性能和运行性能都比较好,其启动转矩、过载能力和功率因数比其他型式的单相异步电动机要高。

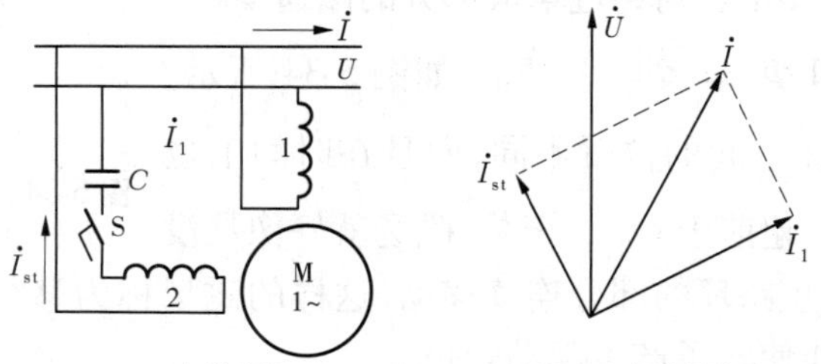

(a)电路图　　(b)相量图

图5-32　单相异步电动机电容分相启动接线图

如果适当选择启动绕组的导线规格和匝数,或者串接特殊的电阻元件,使启动绕组的电阻增大,也可以实现电动机的启动。当启动绕组支路和主绕组并联,接通单相交流电源后,启动绕组支路产生的电流将超前于主绕组中的电流一个电角度,在电动机内部就会形成一个椭圆形旋转磁场,并产生一定的启动转矩,使电动机转动起来。这种启动方法所产生的启动转矩较小,启动电流较大,性能较差,但价格比较便宜,这种电动机又称为电阻分相异步电动机。

(二)罩极式单相异步电动机

1. 基本结构

罩极式电动机的铁芯具有凸出的磁极,每个极上嵌装主绕组。在距极靴一侧约1/3

的部位开一个凹槽,凹槽将磁极分为大小两个部分,如图 5-33 所示。在较小的部分套装一个短路铜环,把部分磁极"罩"了起来,此短路铜环也称为罩极线圈。

罩极式电动机的转子也为鼠笼式。

罩极式电动机除凸极式外,还有隐极式。隐极式电动机的定子铁芯与三相异步电动机一样,定子槽中嵌放有两套绕组,即主绕组和罩极绕组。罩极绕组一般只有 2～6 匝,其导线较粗,且自行短路,罩极绕组的轴线与主绕组的轴线错开一定的角度,其作用与短路环相同。隐极式电动机也只能轻载启动,且过载能力很小。

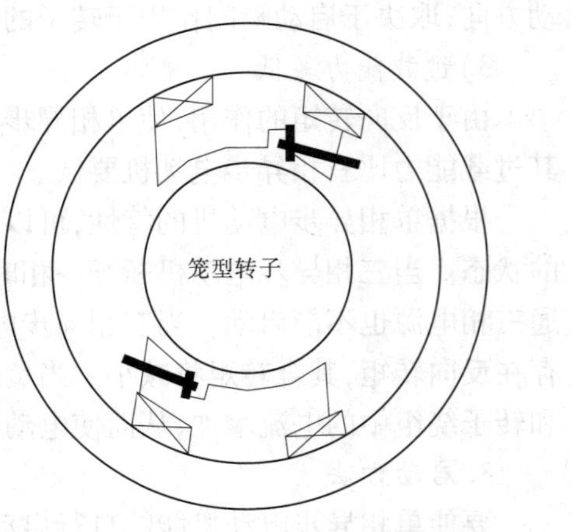

图 5-33　罩极式电动机结构简图

罩极式电动机具有结构简单,制造方便的特点,但其启动转矩小,容量一般为几瓦或几十瓦,常用于风扇、风机中。

2. 工作原理

罩极式电动机的主绕组接通单相交流电源后,产生的脉动磁场可分为两部分。其中,$\dot{\Phi}_{11}$ 不穿过短路环直接进入气隙,$\dot{\Phi}_{12}$ 穿过短路环进入气隙。当 $\dot{\Phi}_{12}$ 在短路环中脉动时,短路环中就会产生感应电动势,并在短路环中产生电流 $\dot{I}_2$,$\dot{I}_2$ 产生磁通 $\dot{\Phi}_{21}$。则穿过罩极部分的磁通 $\dot{\Phi}_2$ 为 $\dot{\Phi}_{12}$ 和 $\dot{\Phi}_{21}$ 所合成,即 $\dot{\Phi}_2 = \dot{\Phi}_{12} + \dot{\Phi}_{21}$,如图 5-34 所示。磁通 $\dot{\Phi}_{11}$ 与 $\dot{\Phi}_2$ 不仅在空间的位置不同,而且在时间上也有一定的相位差,$\dot{\Phi}_{11}$ 超前于 $\dot{\Phi}_2$。于是,磁场就好像从没有短路环的部分向有短路环的部分连续移动,这样的磁场称为移行磁场。移行磁场与旋转磁场的作用相似,能使转子产生起动转矩。

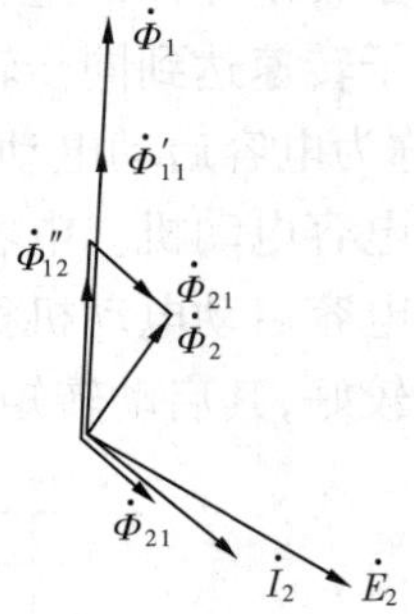

图 5-34　罩极式电动机的相量图

从以上分析可以看出,罩极式电动机总是向有短路环的磁极部位转动,因而它的旋转方向无法改变。

任务实施

一、三相异步电动机的拆装

(一)操作技术要点

1. 拆卸三相异步电动机

1)拆卸准备

拆卸电动机之前,必须拆除电动机与外部电气连接的连线,并做好相位标记。

2)拆卸步骤

带轮或联轴器、前轴承外盖、前端盖、风罩、风扇、后轴承外盖、后端盖、抽出转子、前轴承、前轴承内盖、后轴承、后轴承内盖。

3)皮带轮或联轴器的拆卸

拆卸前,先在皮带轮或联轴器的轴伸端做好定位标记,用专用拉具将皮带轮或联轴器慢慢拉出。要注意皮带轮或联轴器受力情况,务必使合力沿轴线方向,拉具顶端不得损坏转子轴端中心孔。

4)拆卸端盖、抽转子

拆卸前,先在机壳与端盖的接缝处(止口处)做好标记以便复位。均匀拆除轴承盖及端盖螺栓,拿下轴承盖,再用两个螺栓旋于端盖上两个顶丝孔中,两螺栓均匀用力向里转(较大端盖要用吊绳将端盖先挂上)将端盖拿下。

无顶丝孔时,可用铜棒对称敲打,卸下端盖,但要避免过重敲击,以免损坏端盖。对于小型电动机抽出转子是靠人工进行的,为防手滑或用力不均碰伤绕组,应用纸板垫在绕组端部进行。

5)轴承的拆卸、清洗

拆卸轴承应先用适宜的专用拉具。拉力应着力于轴承内圈,不能拉外圈,拉具顶端不得损坏转子轴端中心孔(可加些润滑油脂)。在轴承拆卸前,应将轴承用清洗剂洗干净,检查它是否损坏,有无必要更换。

2. 装配三相异步电动机

(1)用压缩空气吹净电动机内部灰尘,检查各零部件的完整性,清洗油污等。

(2)装配三相异步电动机的步骤与拆卸相反。装配前要检查定子内污物、铁锈是否清除,止口有无损坏,装配时应将各部件按标记复位,并检查轴承盖配合是否合适。

(3)轴承装配可采用热套法和冷装配法。

(二)注意事项

(1)拆移电机后,电机底座垫片要按原位置摆放固定好,以免增加钳工对中的工作量。

(2)拆、装转子时,一定要遵守要点的要求,不得损伤绕组,拆前、装后均应测试绕组绝缘及绕组通路。

(3)拆、装时不能用手锤直接敲击零件,应垫铜、铝棒或硬木,对称敲打。

(4)装端盖前应用粗铜丝,从轴承装配孔伸入,钩住内轴承盖,以便于装配外轴承盖。

(5)用热套法装轴承时,只要温度超过 100 ℃,应停止加热,工作现场应放置灭火器。

(6)清洗电机及轴承的清洗剂(汽油、煤油)不准随便乱倒,必须倒入污油井。

(7)检修场地需打扫干净。

二、三相异步电动机的参数测定

(一)测量定子绕组冷态电阻

可用伏安法或电桥法,记录当时室温。

(二)空载试验

按电动机空载运行进行接线,功率表应为低功率因数的功率表。将调压器输入电压调至零位，合上电源开关，逐渐升高电压以启动电动机。保持电动机在额定电压下空载运行几分钟，待电动机摩擦稳定以后，再进行试验。

调节调压器的输出电压使电动机定子绕组的外施电压升高到 $1.2U_N$，由 $1.2U_N$ 开始逐渐减小，则电动机的电流相应较小，直到转差率显著增大，定子电流开始回升（或基本不变）。

每次读取三相空载电压、三相空载电流及两瓦特表的功率，共读取数据 7 ~9 组，注意在 U_N 附近多测几点，记录在表 5-2 中。

表 5-2　空载试验数据

序号	电压(V)				电流(A)				功率(W)			功率因数
	U_{UV}	U_{VW}	U_{WU}	$U_{0平均}$	I_U	I_V	I_W	$I_{0平均}$	P_1	P_{11}	P_0	$\cos\varphi_0$
1												
2												
3												
4												
5												
6												
7												

（三）短路试验

接线图与空载试验接线图相同，但要注意更换电压表及电流表的量程，并将低功率因数功率表换为高功率因数功率表。先检查电动机转动方向，再堵住转子，要注意防止制动工具抛出伤害周围人员。合上电源开关，调节调压器，使输出电压为零，缓慢增加电动机定子绕组上的电压，直至电动机定子绕组电流为 $1.2I_N$。

读取此时三相线电压表、三相线电流表及两只功率表的功率。读取后，立即降低外施电压。在降低电动机外施电压直至电动机定子绕组降为 $0.3I_N$ 过程中，读取数据 4 ~5 组，记录于表 5-3 中。

注意，此试验需要快速进行，否则因为电动机电流较大，定子绕组将过热。

表 5-3　短路试验数据

序号	电压(V)				电流(A)				功率(W)			功率因数
	U_{UV}	U_{VW}	U_{WU}	$U_{k平均}$	I_U	I_V	I_W	$I_{k平均}$	P_1	P_{11}	P_k	$\cos\varphi_k$
1												
2												
3												
4												
5												
6												
7												

练习与提高

5-1　三相异步电动机为什么会旋转，怎样改变它的转向？

5-2　什么是异步电动机的转差率？如何根据转差率来判断异步电机的运行状态？

5-3　在三相绕线转子异步电动机中，如将定子三相绕组短接，并且通过滑环向转子绕组通入三相电流，转子旋转磁场若为顺时针，问这时电动机能转吗？如能旋转，其转向如何？

5-4　异步电动机为什么又称感应电动机？

5-5　异步电动机中的空气隙为什么做得很小？

5-6　假如有一台星形连接的三相异步电动机，在运行中突然切断三相电流，并同时将任意两相定子绕组立即接入直流电源，这时异步电动机的工作状态如何，试画图分析。

5-7　异步电动机在启动及空载运行时，为什么功率因数较低？当满载运行时，功率因数为什么会较高？

5-8　当异步电动机运行时，设外加电源的频率为 f_1，电机运行时转差率为 s，问：定子电动势的频率是多少？转子电动势的频率是多少？由定子电流所产生的旋转磁势以什么速度切割定子？又以什么速度切割转子？由转子电流产生的旋转磁势以什么速度切割转子？又以什么速度切割定子？定、转子旋转磁势的相对速度为多少？

5-9　三相异步电动机主磁通和漏磁通是如何定义的？主磁通在定、转子绕组中感应电动势的频率一样吗？两个频率之间数量关系如何？

5-10　为什么三相异步电动机励磁电流比相应的三相变压器大很多？

5-11　为什么三相异步电动机的功率因数总是滞后的，而变压器呢？

5-12　试说明异步电动机转轴上机械负载增加时，电动机的转速 n、定子电流 I_1 和转子电流 I_2 如何变化？为什么？

5-13　三相异步电动机在正常运行时如果转子突然被卡住，会产生什么后果？为什么？

5-14　异步电动机T形等效电路中的附加电阻的物理意义是什么？能否用电抗或电容代替这个附加电阻？为什么？

5-15　漏抗大小对异步电动机的启动转矩、最大转矩及功率因数有何影响，为什么？

5-16　绕线转子异步电动机，如果转子电阻增加、转子漏抗增大、定子频率增大，对最大转矩和启动转矩都分别有哪些影响？

5-17　一台笼型异步电动机，原转子铜条改为铝条，如输出同样的功率，试问对 $\cos\varphi$、η、I_{1N}、T_m、s_N、s_m 等有何影响？

5-18　增大异步电动机气隙时，对空载电流、漏抗、最大转矩和启动转矩有何影响？

5-19　一台异步电动机额定运行时，通过气隙传递的电磁功率约有3%转化为转子铜损耗，试问这时电动机的转差率是多少？有多少转化为总机械功率？

5-20　异步电动机的电磁转矩与哪些因素有关？哪些是运行因素？哪些是结构因素？

5-21　在异步电动机等效电路图中，Z_m 反映什么物理量？是否为变量？在额定电压下电动机由空载到满载，Z_m 如何变化？

5-22　一台 $P_N=5.5$ kW、$U_N=380$ V、$f_N=50$ Hz 的三相四极异步电动机，在某运行情况下，自定子方面输入的功率为 $P_1=6.32$ kW，$p_{Cu1}=341$ W，$p_{Cu2}=237.5$ W，$p_{Fe}=167.5$ W，$p_m=45$ W，$p_s=29$ W，试绘出该电动机的功率流程图，并计算在该运行情况下电动机的效率、转差率、转速、空载转矩、输出转矩和电磁转矩。

5-23　有一台四极异步电动机，$P_N=10$ kW，$U_N=380$ V，$f_N=50$ Hz，转子铜损 $p_{Cu2}=314$ W，铁芯损耗 $p_{Fe}=102$ W，机械损耗 $p_m=175$ W，求电动机的额定转速及额定电磁转矩。

5-24　一台 $P_N=4.5$ kW、Y/D 连接、380 V/220 V、$\cos\varphi_N=0.8$、$\eta_N=0.8$、$n_N=1\ 450$ r/min的三相异步电动机，试求：(1)接成 Y 连接及 D 连接时的额定电流；(2)同步转速 n_1 及定子磁极对数 p；(3)带额定负载时的转差率 s_N。

5-25　一台六极异步电动机额定功率 $P_N=28$ kW，额定电压 $U_N=380$ V，频率 $f_N=50$ Hz，额定转速 $n_N=950$ r/min，额定负载时 $\cos\varphi_N=0.88$，$p_{Cu}+p_{Fe}=2.2$ kW，$p_m=1.1$ kW，$p_s=0$，试计算在额定负载时的 s_N、η_N、I_1 和 f_2。

5-26　一台三相四极 Y 连接的异步电动机，$P_N=10$ kW、$U_N=380$ V、$I_N=11.6$ V，在额定运行时，$p_{Cu1}=560$ W、$p_{Cu2}=310$ W、$p_{Fe}=270$ W、$p_m=70$ W、$p_s=200$ W。试求额定运行时的：(1)额定转速 n_N；(2)空载转矩 T_0；(3)输出转矩 T_2；(4)电磁转矩 T_M。

5-27　已知一台三相异步电动机定子输入功率为 60 kW，定子铜损为 600 W，铁芯损耗为 400 W，转差率为 0.03，试求电磁功率 P_M、总机械功率 P_m 和转子铜损 p_{Cu2}。

任务六　三相异步电动机的电力拖动

【能力要求】

本任务要求学生掌握三相异步电动机的转矩特性及机械特性，三相异步电动机的人为机械特性，掌握鼠笼式异步电动机常用启动方法、启动性能及适用范围，掌握三相异步电动机的调速和制动方法。

【引入】

本任务主要介绍三相异步电动机的启动、调速、制动的种类及实现方法，并对各种方法的特性作简单分析，使大家对三相异步电动机的各种拖动系统有所了解。

任务资讯

一、三相异步电动机的启动

异步电动机的启动就是转速从零开始到稳定运行为止的这一过程，衡量异步电动机启动性能的主要指标有启动转矩倍数 T_s/T_N 和启动电流倍数 I_s/I_N。即要求启动转矩足够大，从而带动生产机械很快达到稳定转速而正常工作；同时希望启动电流不要太大，以免线路产生过大电压降而影响接在同一电网的其他用电设备的正常工作。

要达到降低启动电流和增大启动转矩目的，可以采取降压、增大电机参数和适当加大转子电阻等方法。

下面介绍几种三相异步电动机中常用的启动方法。

（一）直接启动

直接启动是最简单的启动方法。启动时用刀开关、电磁启动器或接触器将电动机定子绕组直接接到电源上，其接线如图6-1所示。直接启动时，启动电流很大，一般选取熔体的额定电流为电机额定电流的2.5～3.5倍。

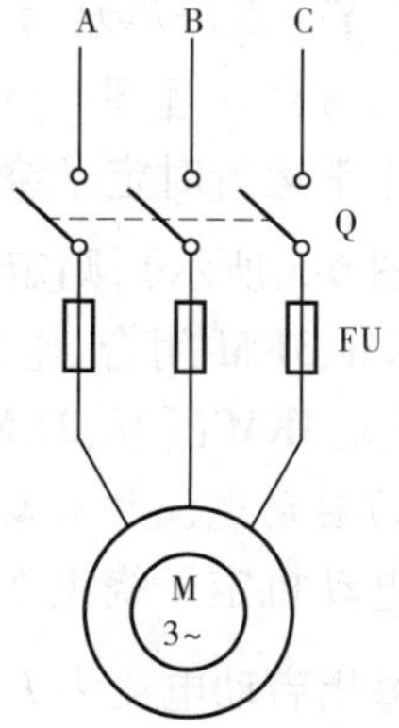

图6-1　直接启动电路

对于一般小型鼠笼型异步电动机，如果电源容量足够大，应尽量采用直接启动方法。对于某一电网，多大容量的电动机才允许直接启动，可按下列经验公式来确定

$$K_1 = \frac{I_s}{I_N} \leqslant \frac{1}{4}\left(3 + \frac{\text{电源总容量}}{\text{电动机额定功率}}\right) \qquad (6\text{-}1)$$

电动机的启动电流倍数需符合式(6-1)中电网允许的启动电流倍数，才允许直接启动，否则应采取降压启动。一般

10 kW 以下的电动机都可以直接启动。随电网容量的加大，允许直接启动的电动机容量也在逐渐变大。

（二）降压启动

为降低启动电流，一般可采取降低电源电压的办法，具体可通过定子回路串电阻或电抗、Y—△降压、自耦降压变压器等几种方法。

1. 定子串接电抗器或电阻启动

三相鼠笼式异步电动机在定子回路中串接电抗器（可改接电阻器，但能耗较大，适用于较小容量电机），降压启动的接线原理如图 6-2 所示。三相异步电动机定子串电抗启动。即开关 1KM 闭合，2KM 断开，使启动时电抗器接入定子回路；启动后，切除电抗器，即开关 2KM 闭合，电动机正常运行。

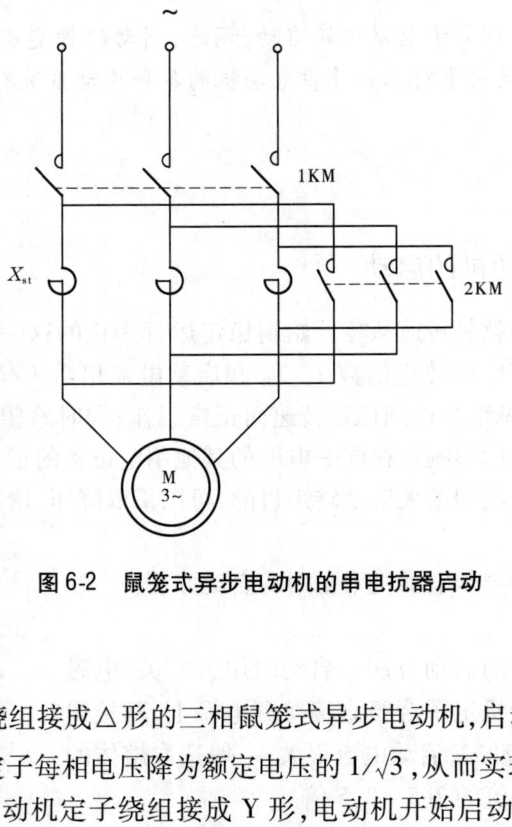

图 6-2　鼠笼式异步电动机的串电抗器启动

2. Y—△降压启动

1）接线原理图

正常运行时定子绕组接成△形的三相鼠笼式异步电动机，启动时接成 Y 形（接线原理如图 6-3 所示），则定子每相电压降为额定电压的 $1/\sqrt{3}$，从而实现了降压启动。即启动时，1KM、3KM 闭合，电动机定子绕组接成 Y 形，电动机开始启动；当转速升到一定程度后，开关 3KM 断开，2KM 闭合，定子绕组接成△形，电动机进入正常运行。

2）启动电流和启动转矩的分析

电动机定子绕组△形和 Y 形接法的电流和电压如图 6-4 所示。对于图 6-4（a），$U_1 = U_N$，每相启动电流为 $I_\triangle$，则 $I_{s\triangle}=\sqrt{3}I_\triangle$；对于图 6-4（b），$I_{sY} = I_Y$，则

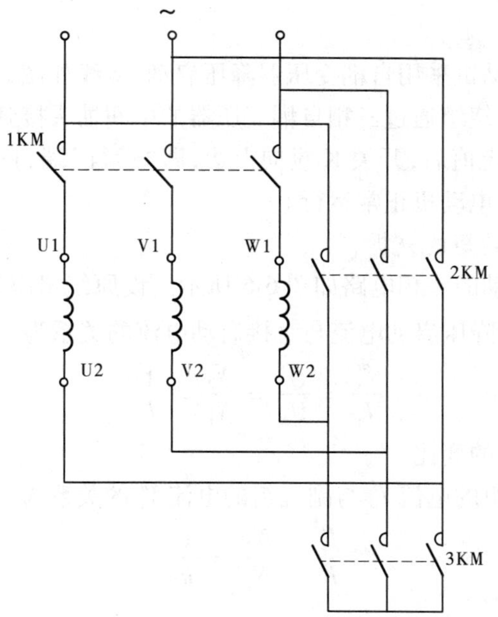

图 6-3　Y—△启动接线图

$$\frac{I_{sY}}{I_{s\triangle}} = \frac{I_Y}{\sqrt{3}I_\triangle} = \frac{\frac{U_N}{\sqrt{3}Z}}{\sqrt{3}\frac{U_N}{Z}} = \frac{1}{3} \tag{6-2}$$

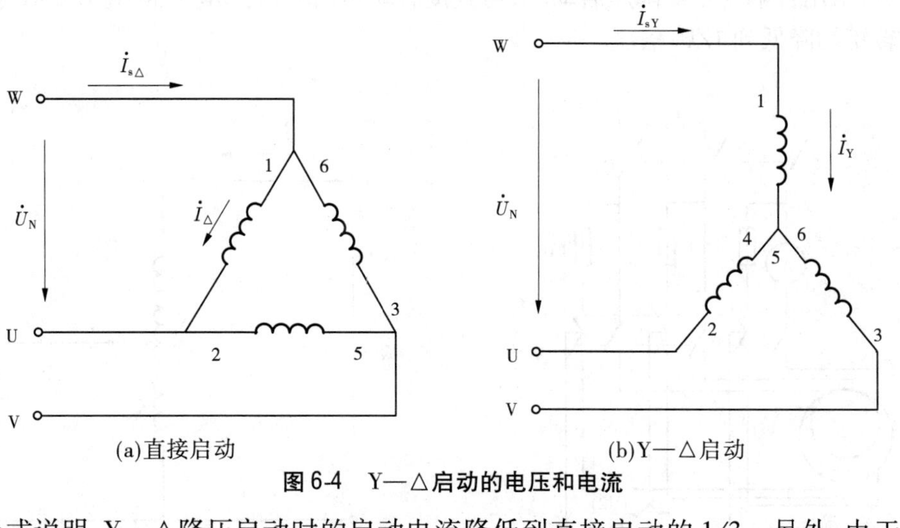

图 6-4　Y—△启动的电压和电流

上式说明，Y—△降压启动时的启动电流降低到直接启动的 1/3。另外，由于 Y—△启动时电压降为额定电压的 $1/\sqrt{3}$，而电磁转矩与电压的平方成正比，因此启动转矩也下降到直接启动的 1/3。所以，Y—△降压启动适用于电动机的轻载启动，而且限于正常运行时为△形接法的电动机。

3. 自耦变压器降压启动

1) 接线原理图

三相鼠笼式异步电动机采用自耦变压器降压启动，接线如图6-5所示。启动时，开关向下一边，电动机的定子绕组通过三相自耦变压器的中间抽头接到三相电源上，从而降压启动。当转速升高到稳定值后，开关K投向上边，即“运行”端，自耦变压器被切除，电动机定子直接接到电源上，电动机正常运行。

2) 启动电流和启动转矩的分析

自耦变压器降压启动的一相电路如图6-6所示。设原绕组匝数为 N_1，副绕组匝数为 N_2，且 $N_1 > N_2$，则电动机降压启动电流与直接启动电流的关系为

$$\frac{I''_s}{I_s} = \frac{U'}{U_N} = \frac{N_2}{N_1} = \frac{1}{k} \tag{6-3}$$

式中 k——自耦变压器的变比。

自耦变压器原边绕组的电流 I'_s 与副绕组的电流 I''_s 的关系为

$$\frac{I'_s}{I''_s} = \frac{N_2}{N_1} = \frac{1}{k}$$

则有

$$\frac{I'_s}{I_s} = \left(\frac{N_2}{N_1}\right)^2 = \frac{1}{k^2} \tag{6-4}$$

自耦变压器降压启动时电动机的启动转矩为 T'_s 与直接启动时启动转矩 T_s 的关系为

$$\frac{T'_s}{T_s} = \left(\frac{U'_s}{U_s}\right)^2 = \left(\frac{N_2}{N_1}\right)^2 = \frac{1}{k^2} \tag{6-5}$$

显然，采用自耦变压器降压启动时，与直接启动相比较，启动电压降低 $1/k$ 倍，而启动电流和转矩均降低到 $1/k^2$ 倍。

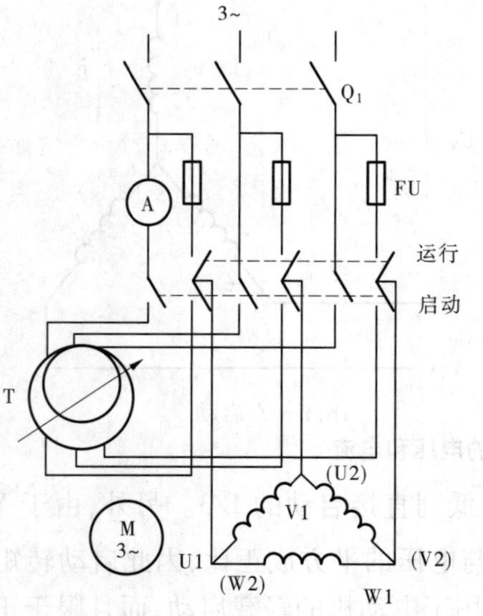

图6-5 自耦变压器降压启动

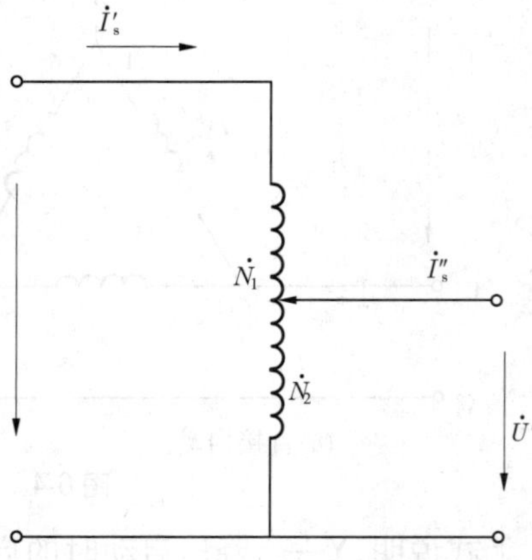

图6-6 自耦变压器降压启动的一相电路

4. 延边三角形降压启动

1) 接线原理图

延边三角形降压启动接线原理图如图 6-7 所示。电动机的定子绕组每相都有一个中间抽头，启动时，将每相定子绕组的尾端 4、5、6 分别与中间抽头 8、9、7 相连，首端 1、2、3 接相电源，这时定子绕组一部分接成△形，另一部分接成 Y 形，合起来像一个三条边都延长了一段的△形，故称“延边三角形”启动，如图 6-7(b) 所示。当转速升高到一定值后，三相绕组改成如图 6-7(a) 的接法，电动机正常运行。

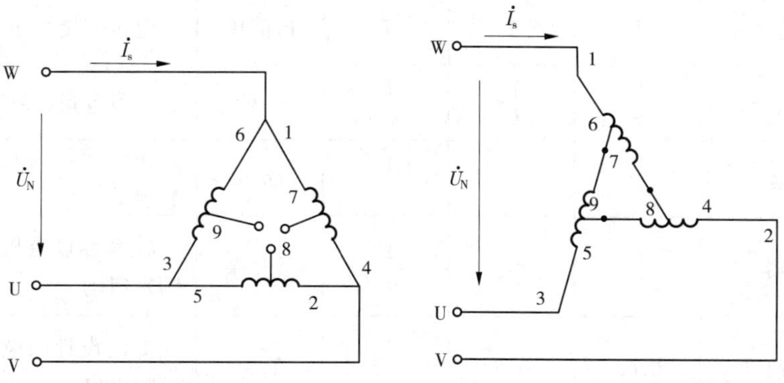

图 6-7　延边三角形降压启动接线图

2) 启动电流和启动转矩的分析

当中间抽头的位置等于尾端位置时，延边三角形降压启动方式等同于 Y—△降压启动。实际上，延边三角形启动是在 Y—△启动的基础上发展起来的。这里就延边三角形启动时的启动电流和启动转矩不作定量计算，只定性分析结果为：设计的延边三角形启动方式的电动机定子绕组的中间抽头越靠近尾端位置，启动电流和启动转矩降低得越多，反之则降低得越少。

3) 延边三角形启动设备的选择

采用延边三角形启动的电动机，其绕组接法必须专门设计，设计比较复杂，其定子绕组的抽头比分别为 1∶1、2∶1、5∶3 等几种，可根据用户要求选用，但目前还没有统一的标准系列产品。因为延边三角形启动的电动机制成后，抽头不能随意变动，从而限制了延边三角形启动方法的应用。

5. 四种降压启动方法的比较

上面介绍了三相鼠笼式异步电动机的四种降压启动方法，为了便于和直接启动方法进行比较，现将其主要性能指标列表 6-1 中。

二、三相异步电动机的调速

(一) 调速方法概述

三相异步电动机的调速开始于 20 世纪 50 年代末，在电气传动领域中，原来只用于恒速传动的交流电动机实现了调速控制，以取代制造复杂，价格昂贵，维护麻烦的直流电动机。随着电力电子技术和微型计算机的发展，再加上现代控制理论向电气传动领域的渗透，使得交流调速技术得到了迅速发展，其设备容量不断扩大，性能指标及可靠性不断提高，高性能交流调速系统应用的比例逐年上升，在各工业部门中，交流调速系统逐步取代直流调速系统，以达到节能、缩小体积、降低成本的目的。

表 6-1 三相鼠笼式异步电动机降压启动方法的比较

启动方法	启动电压比值	启动电流比值	启动转矩比值	启动设备	应用场合
直接启动	1	1	1	最简单	电机容量小于 7.5 kW
定子串电抗启动	$\frac{1}{k}$	$\frac{1}{k}$	$\frac{1}{k^2}$	一般	任意容量，轻载启动
Y—△启动	$\frac{1}{\sqrt{3}}$	$\frac{1}{3}$	$\frac{1}{3}$	简单	正常运行为△形，电机可频繁启动
自耦变压器	$\frac{1}{k}$	$\frac{1}{k^2}$	$\frac{1}{k^2}$	较复杂	较大容量电机，较大负载不频繁启动
延边三角形启动	0.66	0.5	0.5	简单	专门设计的电机，较大负载可频繁启动

三相异步电动机的转速公式为

$$n = \frac{60f_1}{p}(1-s) = n_1(1-s) \tag{6-6}$$

式中 f_1——异步电动机的定子电压供电频率；

p——异步电动机的极对数；

s——异步电动机的转差率。

由式(6-6)可见，调节三相异步电动机的转速有三种方法。

1. 改变转差率调速

改变转差率的方法有很多，常用的方案有改变异步电动机的定子电压调速、采用电磁转差离合器调速、转子回路串电阻调速以及串级调速。前两种方法适用于鼠笼式异步电动机，后两种适合于绕线式异步电动机。这些方案都能使异步电动机实现平滑调速，但共同的缺点是在调速过程中存在转差损耗，即在调节过程中转子绕组均产生大量的铜损 $p_{Cu2} = sP_M$（又称转差功率），使转子发热，系统效率降低。

2. 变极调速

变极调速是改变异步电动机的同步转速 n_1，通过改变定子绕组的连接方式来实现，所以一般称变极调速的电动机为多速异步电动机。

3. 变频调速

通过改变定子绕组的电压供电频率 f_1 来实现。当转差率 s 一定时，电动机的转速 n 基本上正比于 f_1。很明显，只要有输出频率可以平滑调节的变频电源，就能平滑地调节异步电动机的转速。

本节就上述异步电动机各种调速方法的基本原理、特点和性能进行介绍。

(二)降压调速

1. 调速原理及机械特性

根据三相异步电动机降低定子电源电压的人为机械特性,在同步转速 n_1 不变的条件下,电磁转矩正比于电源电压的平方。因此,降低电源电压可以降低转速,如图 6-8(a)所示,图中 $U_N > U_1 > U_2$。对于恒转矩负载,在不同电压下的稳定运行点为 A、B、C;对于泵类负载,在不同电压下的稳定运行点为 A'、B'、C'。可见,当定子电压降低时,稳定运行时的转速将降低($n_A > n_B > n_C$),从而实现了转速的调节。

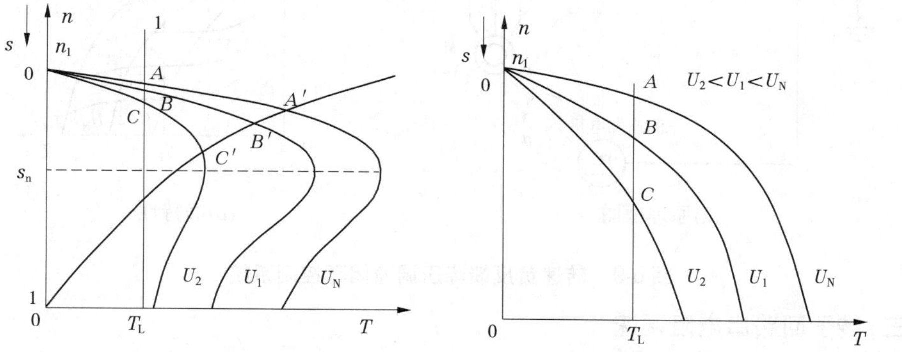

(a)异步电动机降压调速 (b)高转子电阻电机降压调速机械特性

图 6-8 降压调速的机械特性

2. 调速方法的特点及特性

降压调速的特点和性能如下:

(1)三相异步电动机降压调速方法比较简单。

(2)对于一般的鼠笼式异步电动机,拖动恒转矩负载,调速范围很小,没有多大实用价值。

(3)若拖动泵类负载,如通风机,降压调速有较好的调速效果,但在低速运行时,由于转差率 s 增大,消耗在转子电路的转差功率增大,电机发热严重。

(4)低速时,机械特性太软,其调速范围和静差率达不到生产工艺的要求。

(5)采用下述闭环控制系统的调速范围一般为 10:1。

3. 降压调速方法的改进

(1)若要求拖动恒转矩负载且调速范围要求较宽的场合,可采用高转差率型双鼠笼型或深槽型的鼠笼电机(表现出高转子电阻);对于采用绕线式异步电动机,可在转子回路串入电阻。此时的机械特性如图 6-8(b)所示。由于低速下转子发热严重,多采用绕线式异步电动机,大部分转差功率消耗在电机外部的电阻上。

(2)若要求低速时机械特性较硬,即在一定静差率下有较宽的调速范围,又保证电机具有一定的过载能力,可采用转速负反馈降压调速闭环控制系统,其原理框图及静特性如图 6-9 所示。简单说明如下:

当电动机运行于 A 点时,对应的负载转矩为 T_L,系统处于平衡状态。由于某种原因,如负载增大,若无转速负反馈,则转速会下降。而采用转速负反馈降压调速系统后,则电机定子电压会自动调节到 U_1,使电动机运行于 A''点。

同理,若负载减小,则电机定子电压会自动调节到 U_2,使电动机运行于 A'点,将三个工作点 A'、A、A''连接起来便是闭环控制系统的静特性。

这种调速方法即非恒转矩调速方法,也非恒功率调速方法,多用于泵类负载的场合。

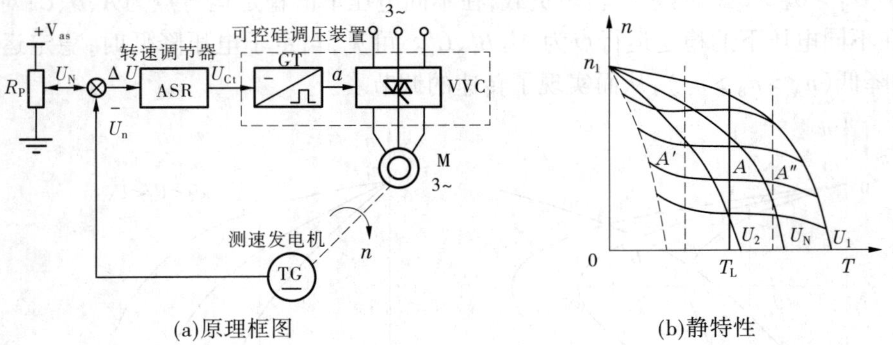

图 6-9　转速负反馈降压调速闭环控制系统

(三)转子回路串电阻调速

1. 调速原理及机械特性

由三相异步电动机转子回路串电阻的人为机械特性可知,在同步转速 n_1 和最大转矩 T_m 不变的条件下,临界转差率 s_m 与转子回路串电阻值(r_2+R)成正比。改变转子回路串入的电阻值,可以改变临界转差率,即降低了转速,其机械特性如图 6-10 所示。对于恒转矩负载,转子回路串入电阻越大,临界转差率越大,则转速越低,从而实现了转速的调节。

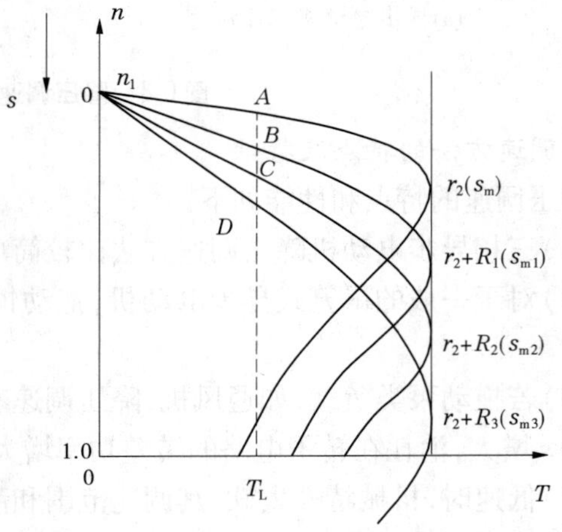

图 6-10　绕线转子异步电动机转子串电阻调速

2. 调速方法的特点和性能

转子回路串电阻属于恒转矩调速方法,其特点和性能如下:

(1)绕线式异步电动机转子回路串电阻调速设备简单,操作方便,易于实现。

(2)调速电阻多为分段式,调速方法为分段多级调节,调速的平滑性较差。

(3)不利于空载或轻载调速,表现为转速变化很小。

(4)低速时转差率大,造成转差功率($p_{Cu2}=sP_M$)大,效率低,经济性差。

(5)调速范围不大,一般为(2~3):1,负载较小时,调速范围更小。这种调速方法多用于起重机一类的对调速性能要求不高的场合,对泵类负载也能应用。

(四)电磁转差离合器调速

1. 调速原理及机械特性

电磁转差离合器又称电磁滑差离合器,是一个鼠笼式异步电动机与负载之间互相连接的设备,如图 6-11(a)所示。电磁转差离合器主要由电枢和磁极两个旋转部分组成,电枢部分与三相异步电动机相连,是主动部分。电枢部分相当于由无穷多单元导体组成的鼠笼转子,其中流过的涡流类似于鼠笼式转子导体的电流。磁极部分与负载连接,是从动部分,磁极上励磁绕组通过滑环、电刷与整流装置连接,由整流装置提供励磁电流。电枢通常可以装鼠笼式绕组,也可以是整块铸钢。电枢与磁极之间有一个很小的气隙,约为 0.5 mm。

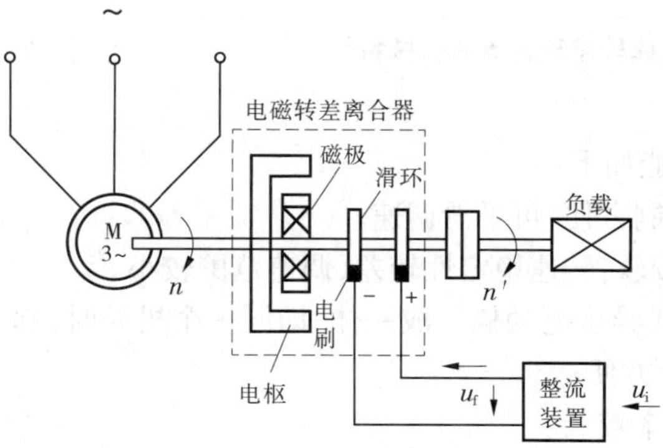

(a)结构图

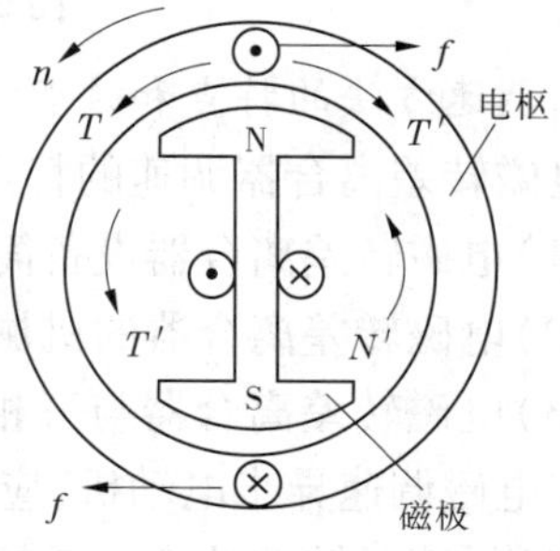

(b)原理图

图 6-11 电磁转差离合器

电磁转差离合器的工作原理与异步电动机相似。当异步电动机运行时,电枢部分随异步电动机的转子同速旋转,若磁极部分的励磁绕组不通入励磁电流,磁极的磁场为零,电枢与磁极二者之间既无电的联系又无磁的联系,无电磁转矩产生,磁极及关联的负载是不会转动的,这时负载相当于与电机“离开”。若磁极部分的励磁绕组通入励磁电流,磁极部分则产生磁场,由于电枢与磁极之间有相对运动,电枢鼠笼式导体要感应电动势并产生电流,如图 6-11(b)所示。电枢载流导体受磁极的磁场作用产生电磁力及电磁转矩,用左手定则可以判定其方向与电枢的旋转方向相反,是制动转矩,与作用在电枢上的输入转矩相平衡。而磁极部分则受到与电枢部分大小相等、方向相反的电磁转矩,也就是逆时针方向的电磁转矩,在其作用下磁极部分的负载跟随电枢转动,相当于电机与负载“合上”。与三相异步电动机类似,负载转速始终小于电动机转速,即电枢与磁极之间一定要有转差,这种基于电磁感应原理,使电枢与磁极之间产生转差的设备称为电磁转差离合器。

由于异步电动机的固有机械特性较硬,可以认为电枢的转速是恒定不变的,而磁极的转速取决于磁极绕组电流的大小。只要改变磁极电流的大小,就可以改变磁场的强弱,则磁极和负载转速就不同,从而达到调速的目的。电磁转差离合器改变励磁电流时的机械特性如图 6-12 所示。通过以上分析可知,这种方法其实并没有改变异步电动机的转速,只是改变了“输出”转速而已。

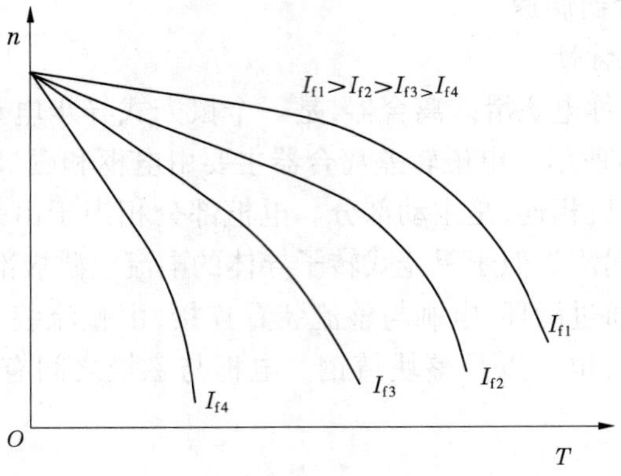

图 6-12　电磁转差离合器的机械特性

2. 调速方法的特点和性能

电磁转差离合器调速的特点和性能如下：

(1)电磁转差离合器设备简单，控制方便，可平滑调速。

(2)电磁转差离合器的机械特性较软，转速稳定性较差，调速范围较小。

(3)电磁转差离合器与三相鼠笼式异步电动机装成一体，即同一个机壳时，称为滑差电机或电磁调速异步电动机，应用更为方便；

(4)低速时转差功率损耗较大，效率较低。

(五)变极调速

1. 变极调速原理

三相鼠笼式异步电动机定子绕组极对数的改变，是通过改变绕组的接线方式实现的。如图 6-13(a)所示的一个四极电机 A 相定子绕组，两个线圈头尾相连时(正向串联)，具有四个磁极；如果将定子绕组的连接方式改成如图 6-13(b)、(c)的形式，根据每相绕组中线圈的电流方向可以判断，此时定子绕组具有两个磁极。由此可见，改变半相绕组的电流方向，就能使极对数减半，从而使同步转速增加一倍，电机的转速也接近成倍变化。

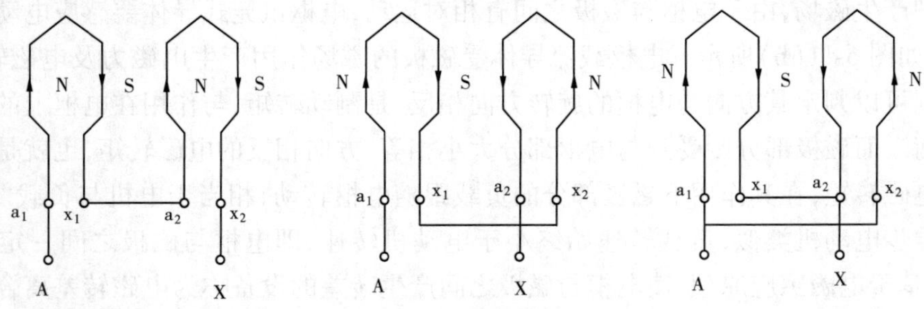

图 6-13　定子绕组变极原理图($2p=4$)

变极调速中，定子绕组的接线方式改变的同时，还需要改变定子绕组的相序，即倒换定子电流的相序，以保证变极调速前后电动机的转向不变，即要求磁通旋转方向不变。

2. 变极调速方法及其机械特性

改变定子绕组接线方式使半相绕组反向，从而实现变极的具体方法很多，常用的有Y—YY 及△—YY 两种典型方法。

当定子绕组采用 Y 接法或△接法时，每相中的两个半相绕组正向串联，极对数为 $2p$，同步转速为 n_1，接线图如图 6-14(a)、(b)所示；当定子绕组从 Y 接法变成 YY 接法或从△接法变成 YY 接法时，每相中的两个半相绕组反向并联，极对数变为 p，同步转速变为 $2n_1$，接线图如图 6-14(c)所示。

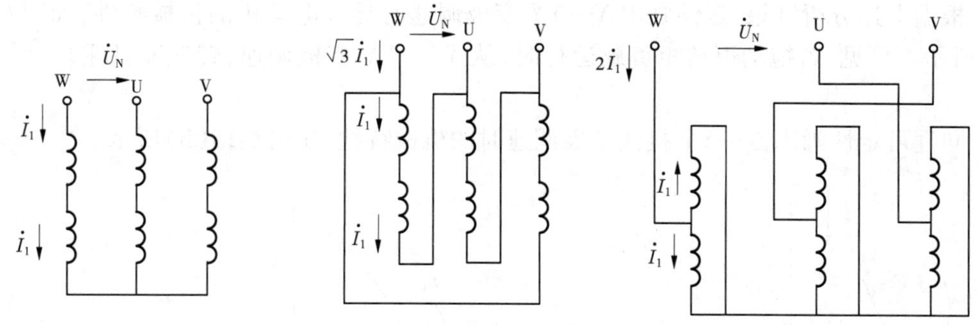

(a)Y接法　(b)△接法　(c)YY接法

图 6-14　异步电动机 Y—YY 或△—YY 接线图

无论是 Y 接法还是△接法，定性分析中可以近似假定每半相绕组的参数都相等，分别为 $r_1/2$、$r_1'/2$、$x_1/2$ 和 $x_1'/2$，每相绕组参数为半相参数的两倍(串联)，即为 r_1、r_1'、x_1 和 x_1'；YY 接法时，每相绕组的参数为半相绕组参数的 1/2(并联)，即为 $r_1/4$、$r_1'/4$、$x_1/4$ 和 $x_1'/4$。Y—YY 接法时，Y 接法与 YY 接法每相电压相等，电动机最大转矩、启动转矩及临界转差率分别为

Y 接法时

$$T_{mY} = 0.5\frac{m_1 2pU_1^2}{2\pi f_1[r_1+\sqrt{r_1^2+(x_1+x_2')^2}]} \tag{6-7}$$

$$T_{sY} = \frac{m_1 2pU_1^2 r_2'}{2\pi f_1[(r_1+r_2')^2+(x_1+x_2')^2]} \tag{6-8}$$

$$s_{mY} = \frac{r_2'}{\sqrt{r_1^2+(x_1+x_2')^2}} \tag{6-9}$$

YY 接法时

$$T_{mYY} = 0.5\frac{m_1 pU_1^2}{2\pi f_1\left[\frac{r_1}{4}+\sqrt{\left(\frac{r_1}{4}\right)^2+\left(\frac{x_1+x_2'}{4}\right)^2}\right]} = 2T_{mY} \tag{6-10}$$

$$s_{mYY}=\frac{\dfrac{r_2'}{4}}{\sqrt{\left(\dfrac{r_1}{4}\right)^2+\left(\dfrac{x_1+x_2'}{4}\right)^2}}=s_{mY} \tag{6-11}$$

$$T_{sYY}=\frac{m_1 p U_1^2\dfrac{r_2'}{4}}{2\pi f_1\left[\left(\dfrac{r_1+r_2'}{4}\right)^2+\left(\dfrac{x_1+x_2'}{4}\right)^2\right]}=2T_{sY} \tag{6-12}$$

根据上述分析结果,定性画出 Y—YY 变极调速时异步电动机的机械特性,如图 6-15(a)所示。可见,若拖动恒转矩负载运行时,从 Y 向 YY 变极调速,转速 n 几乎增加了一倍。

同理可定性画出△—YY 接法变极调速时的机械特性,如图 6-15(b)所示。

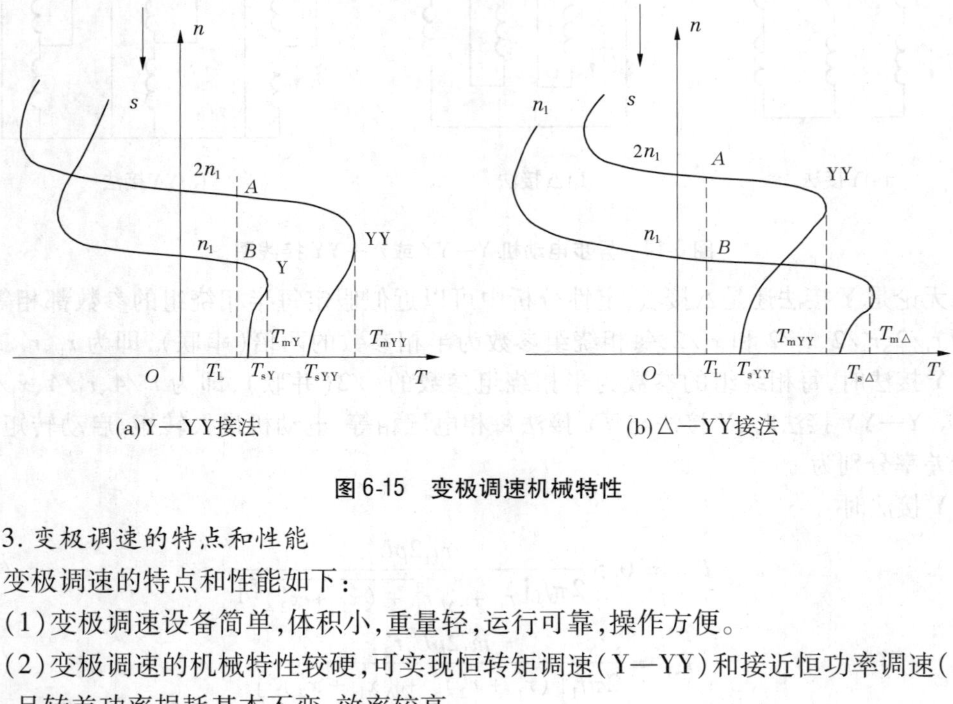

图 6-15 变极调速机械特性

3. 变极调速的特点和性能

变极调速的特点和性能如下:

(1)变极调速设备简单,体积小,重量轻,运行可靠,操作方便。

(2)变极调速的机械特性较硬,可实现恒转矩调速(Y—YY)和接近恒功率调速(△—YY),且转差功率损耗基本不变,效率较高。

(3)变极调速方法为有级调速,且调速的级数不多,一般最多为四级,普遍应用于各种机床、起重机和输送机等设备上。

(4)变极调速的平滑性较差。为了改进调速的平滑性,可采用变极调速与降压调速相结合的方法,从而扩大调速范围,又减小了低速损耗。

(六)串级调速

1. 串级调速原理

前述绕线式异步电动机转子回路串电阻调速时,在转子回路产生转差功率损耗,且转速越低,转差率越大,转差功率损耗越大,效率就越低,而且完全消耗在转子电阻上。三相绕线式异步电动机的串级调速,就是在转子回路中不串入电阻,而是串入一个可控的转子

外加电压 $\dot{U}_2$，其频率与转子频率 f_2 相同，其相位与转子感应电动势 $\dot{E}_{2s}$ 反向或同相。其工作原理图及转子一相的等值电路如图 6-16 所示。

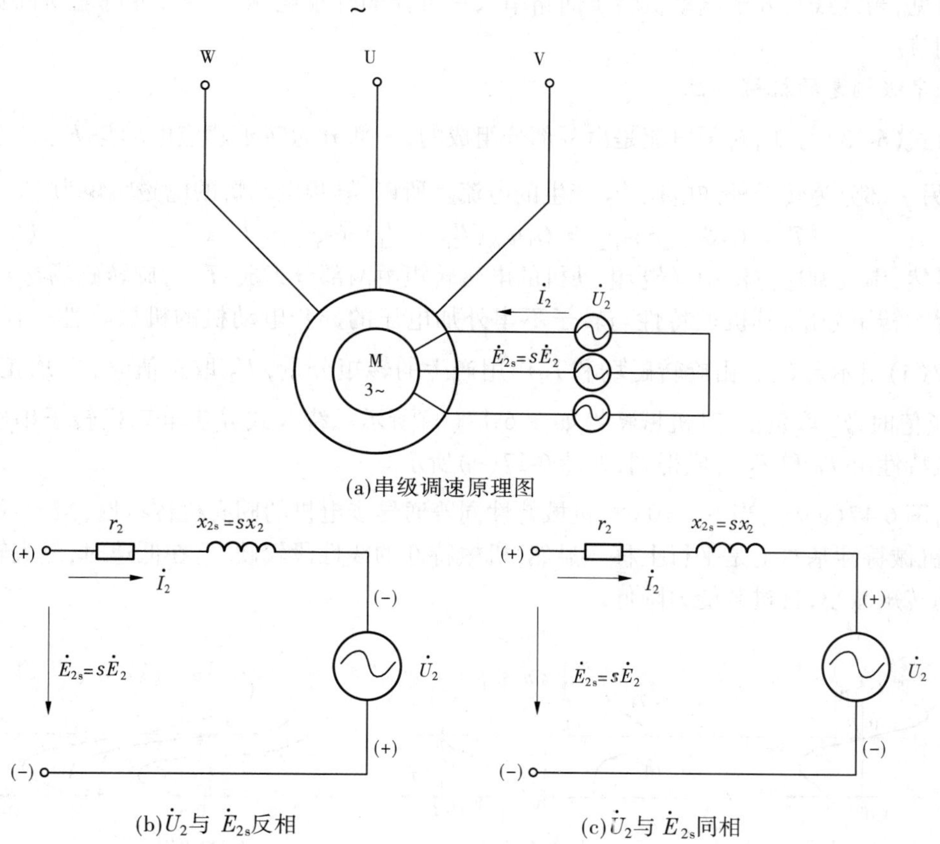

图 6-16　串级调速的等值电路

当某一瞬间电势的极性 $\dot{U}_2$ 与 $\dot{E}_{2s}$ 反相或同相时，转子回路电流为

$$\dot{I}_2 = \frac{sE_2 \pm U_2}{\sqrt{r_2^2 + (sx_2)^2}} = \frac{E_2 \pm U_2/s}{\sqrt{(r_2/s)^2 + x_2^2}} = I_{2D} \pm I_{2f} \tag{6-13}$$

式中，“-”号表示 $\dot{U}_2$ 与 $\dot{E}_{2s}$ 反相，“+”号表示 $\dot{U}_2$ 与 $\dot{E}_{2s}$ 同相。

异步电动机的电磁转矩 T 为

$$T = \frac{P_M}{\omega_1} = \frac{3I_2^2 r_2}{\frac{2\pi n_1 s}{60}} \tag{6-14}$$

在负载转矩 T_L 一定的条件下，若转子串入 $\dot{U}_2$ 与 $\dot{E}_{2s}$ 反相，则

$$I_2 \downarrow (I'_2 \downarrow) \rightarrow T \downarrow \rightarrow n \downarrow \rightarrow s \uparrow \rightarrow I_2 \uparrow (I'_2 \uparrow) \rightarrow T \uparrow$$

直到 $T = T_L$，这时电动机就减速到一定的转速下稳定运行，而提供 $\dot{U}_2$ 的装置通过转子电路吸收电能。同理，若转子串入 $\dot{U}_2$ 与 $\dot{E}_{2s}$ 同相，可分析出电动机就加速到一定的转速

下稳定运行，而提供 $\dot{U}_2$ 的装备向转子回路输入电能。由于此时，定子电源还向定子回路输入电能，即定子和转子回路两路同时输入电能，故串级调速又称为电动机的双馈调速。

可见，当绕线式异步电动机转子回路串入一可控的外加电压 $\dot{U}_2$ 时，可对电动机实现转速调节。

2. 串级调速的机械特性

由式(6-13)可知，转子电流是由两部分组成的，一部分为转子感应电动势 $\dot{E}_{2s}$ 产生的电流，另一部分为转子外加电压 $\dot{U}_2$ 产生的电流。所以，异步电动机的电磁转矩为

$$T = C_T\Phi_m I_2'\cos\varphi_2 = C_T\Phi_m(I_{2D}' \pm I_{2f}')\cos\varphi_2 = T_1 \pm T_2 \tag{6-15}$$

显然，串级调速方法中，异步电动机的电磁转矩由两部分组成：T_1 为旋转磁场与 I_{2D} 作用产生的转矩分量，其机械特性与转子不串外加电压的异步电动机的机械特性一样，如图 6-17(a)所示。T_2 为由旋转磁场和 I_{2f} 作用产生的转矩分量，$\dot{U}_2$ 取正值时，T_2 取正值；$\dot{U}_2$ 取负值时，T_2 取负值，其机械特性如图 6-17(b)所示。绕线式异步电动机转子串电压的机械特性由 T_1 和 T_2 合成得到，如图 6-17(c)所示。

由图 6-17(c)知，当 $\dot{U}_2=0$ 时，机械特性同普通异步电机的固有机械特性；当 $\dot{U}_2$ 取正值时，机械特性基本上是平行上移。显然，机械特性的线性段较硬，但在低速时，最大转矩和启动转矩减小，且过载能力降低。

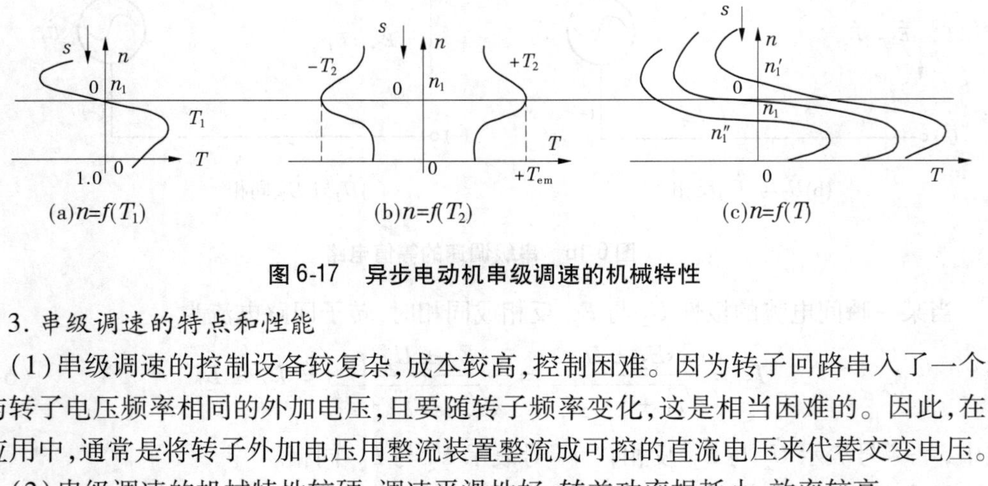

图 6-17 异步电动机串级调速的机械特性

3. 串级调速的特点和性能

(1)串级调速的控制设备较复杂，成本较高，控制困难。因为转子回路串入了一个频率与转子电压频率相同的外加电压，且要随转子频率变化，这是相当困难的。因此，在实际应用中，通常是将转子外加电压用整流装置整流成可控的直流电压来代替交变电压。

(2)串级调速的机械特性较硬，调速平滑性好，转差功率损耗小，效率较高。

(3)低速时，转差功率损耗较大，功率因数较低，过载能力较弱。

(4)串级调速范围一般为(2～4)∶1，适用于大容量的通风机、提升机等泵类负载。

4. 串级调速系统的组成

串级调速电机转子回路要求提供可控幅值、频率和相位的电源。实现的方法有多种，早期为机械串级调速系统、组合电机串级调速系统以及电机式串级调速系统，现已很少采用。目前常用的有采用可控硅组成的交直交变频器串级调速系统(如图 6-18 所示)和交交变频器串级调速系统(如图 6-19 所示)。

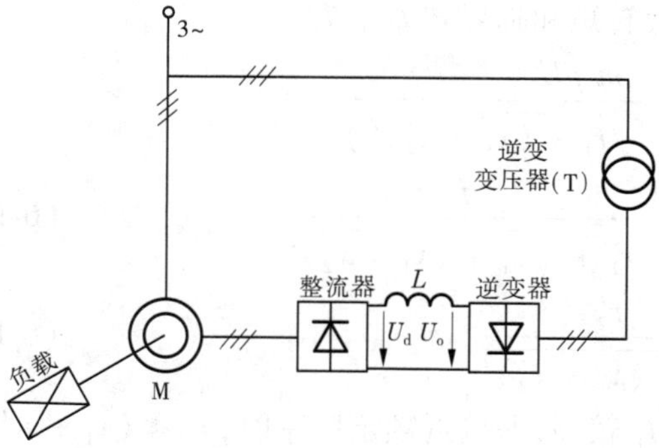

图 6-18　交直交变频器串级调速系统

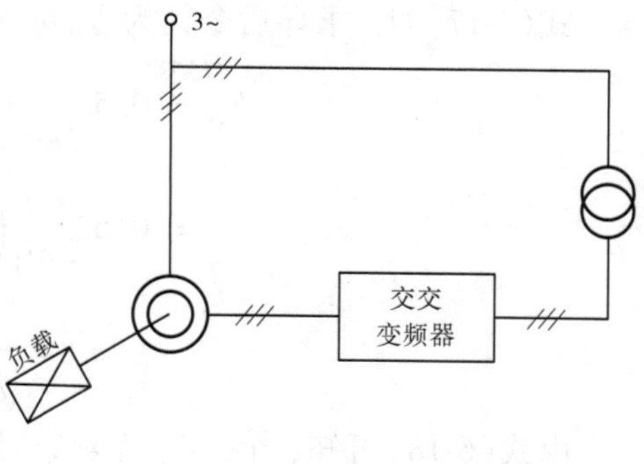

图 6-19　交交变频器串级调速系统

由于转差功率通过逆变器回馈给电网,它将异步电动机与电网串接起来,把电机本身不能输出的转差功率接过来,再送到电网,故称作“串级”调速。同时,逆变器给异步电动机转子回路提供外加直流电势。

(七)变频调速

异步电动机的变压变频调速系统一般简称变频调速系统,由于调速时转差功率不变,在各种异步电动机调速系统中效率最高,同时性能最好,是交流调速系统的主要发展方向。

1. 变频调速原理及其机械特性

改变异步电动机定子绕组供电电源的频率,可以改变同步转速,从而改变转速。如果频率 f_1 连续可调,则可平滑的调节转速。

三相异步电动机运行时,如忽略定子阻抗压降,定子每相电压为

$$U_1 \approx E_1 = 4.44 f_1 N_1 K_{w1} \Phi_m \tag{6-16}$$

如果改变频率 f_1,且保持定子电源电压不变,则气隙每极磁通将增大,会引起电动机铁芯磁路饱和,从而导致过大的励磁电流,严重时会因绕组过热而损坏电机,这是不允许的。因此,降低电源频率时,必须同时降低电源电压,以达到控制磁通的目的。对此,需要考虑基频(额定频率)以下的调速和基频以上的调速两种情况。

1)基频以下变频调速

为了防止磁路的饱和,当降低定子电源频率 f_1 时,保持 U_1/f_1 为常数,使气隙每极磁通为常数,也就是应使电压和频率按比例的配合调节。

将电动机的电磁转矩参数表达式改写为

$$T = \frac{m_1 p U_1^2 \frac{r_2'}{s}}{2\pi f_1\left[\left(r_1 + \frac{r_2'}{s}\right)^2 + (x_1 + x_2')^2\right]}$$

$$= \frac{m_1 p}{2\pi}\left(\frac{U_1}{f_1}\right)^2 \frac{f_1 \frac{r_2'}{s_1}}{\left(r_1 + \frac{r_2'}{s}\right)^2 + (x_1 + x_2')^2} \tag{6-17}$$

式(6-17)对 s 求导后令其为零,可得最大转矩和临界转差率为

$$T_{m} = 0.5\frac{m_{1}pU_{1}^{2}}{2\pi f_{1}\left(r_{1}+\sqrt{r_{1}^{2}+(x_{1}+x_{2}')^{2}}\right)}$$

$$= 0.5\frac{m_{1}p}{2\pi f_{1}}\left(\frac{U_{1}}{f_{1}}\right)^{2}\frac{f_{1}}{r_{1}+\sqrt{r_{1}^{2}+(x_{1}+x_{2}')^{2}}} \tag{6-18}$$

$$s_{m} = \frac{r_{2}'}{\sqrt{r_{1}^{2}+(x_{1}+x_{2}')^{2}}} \tag{6-19}$$

由式(6-18)可知,当 U_1/f_1 为常数时,在 f_1 较高,即接近额定频率时,$r_1 \ll (x_1+x_2')$,随着 f_1 的降低,T_m 减少得不多;而当 f_1 较低时,$(x_1+x'_2)$ 较小,电阻相对变大,则随着 f_1 的降低,T_m 就减小了。保持 U_1/f_1 为常数,降低频率调速时的机械特征如图 6-20(a)所示,这相当于他励直流电机的降压调速。

2)基频以上变频调速

变频调速的特点和性能如下:

在基频以上变频调速时,也按比例升高电源电压是不允许的,会导致电机的损坏。因此,只能保持电压为 U_N 不变,频率 f_1 越高,磁通 Φ_m 越低,是一种降低磁通升速的方法,相当于他励直流电动机的弱磁调速。仍如原电磁转矩公式,即

$$T = \frac{m_{1}pU_{1}^{2}\frac{r_{2}'}{s}}{2\pi f_{1}\left[\left(r_{1}+\frac{r_{2}'}{s}\right)^{2}+(x_{1}+x_{2}')^{2}\right]} \tag{6-20}$$

$$T_{m} = 0.5\frac{m_{1}pU_{1}^{2}}{2\pi f_{1}\left(r_{1}+\sqrt{r_{1}^{2}+(x_{1}+x_{2}')^{2}}\right)} \tag{6-21}$$

$$s_{m} = \frac{r_{2}'}{\sqrt{r_{1}^{2}+(x_{1}+x_{2}')^{2}}}$$

在 f_1 较高时,r_1 相对较小,则上式变为

$$T_{m} \approx 0.5\frac{m_{1}pU_{1}^{2}}{2\pi f_{1}(x_{1}+x_{2}')} \propto \frac{1}{f_{1}^{2}} \tag{6-22}$$

$$s_{m} \approx \frac{r_{2}'}{x_{1}+x_{2}'} = \frac{r_{2}'}{2\pi f_{1}(L_{1}+L_{2}')} \propto \frac{1}{f_{1}} \tag{6-23}$$

因此,频率越高时,T_m 越小,s_m 也越小。保持电压为常数,升高频率调速时的机械特性如图 6-20(b)所示。

2. 变频调速的特点和性能

变频调速的特点和性能如下:

(1)变频调速设备(简称变频器)结构复杂,价格昂贵,容量有限。但随着电力电子技术的发展,变频器向着简单可靠、性能优异、价格便宜、操作方便等趋势发展。

(2)变频器具有机械特性较硬、静差率小、转速稳定性好、调速范围广(可达 10:1)、平滑性高等特点,且可实现无级调速。

(3)变频调速时,转差率 s 较小,则转差功率损耗较小,效率较高。

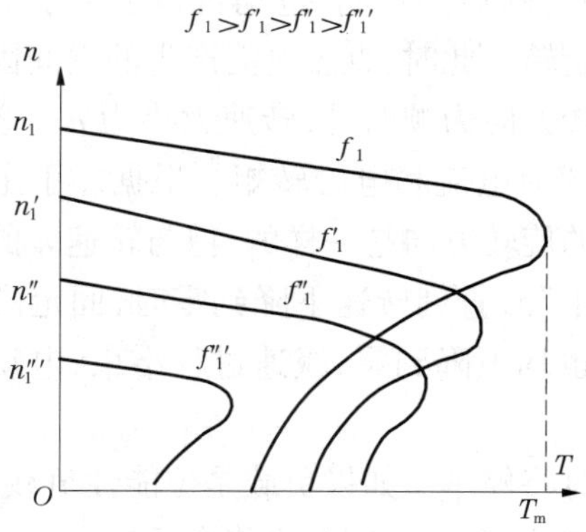

(a)基频以下调速(U_1/f_1常数)

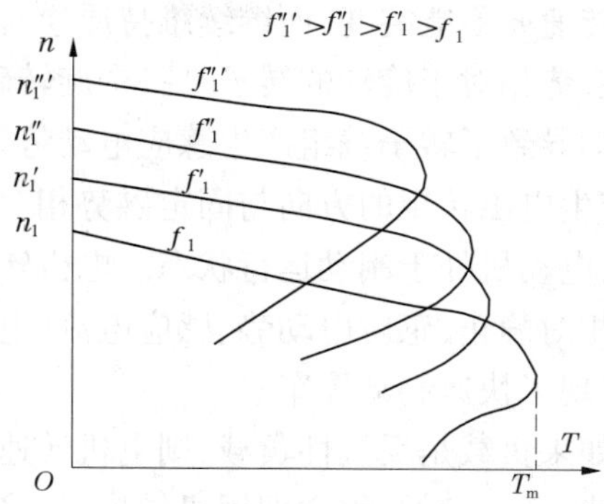

(b)基频以上调速(U_1为常数)

图 6-20 变频调速的机械特性

(4)可以证明,变频调速时,基频下的调速为恒转矩调速方式;基频以上调速时,近似为恒功率调速方式。

三、三相异步电动机的制动和反转

三相异步电动机的电力拖动与直流电动机电力拖动系统一样,要求电动机具有各种运行状态。除电动状态外,还有各种制动运行状态。各种运行状态的定义方法也和直流电动机一样,即当 T 与 n 方向一致时为电动状态,当 T 与 n 方向相反时为制动状态。

如果三相异步电动机定子绕组断开三相电源,则电机内无励磁磁势,从而电磁转矩为零,电动机在负载转矩作用下自然停车,这是自然制动过程。自然制动过程较慢,特别是电机运行转速较高,系统惯性较大时,必须采用专门的制动措施。

三相异步电动机的制动方法有能耗制动、反接制动、回馈制动三种,其制动运动状态有能耗制动状态、反接制动状态、回馈制动状态。

(一)能耗制动

1. 能耗制动的原理

能耗制动的电路原理如图 6-21 所示。三相异步电动机定子绕组切断三相交流电源(1K 断开),同时在定子绕组任意两相上通入直流电流(2K 接通),从而在电机内形成一个

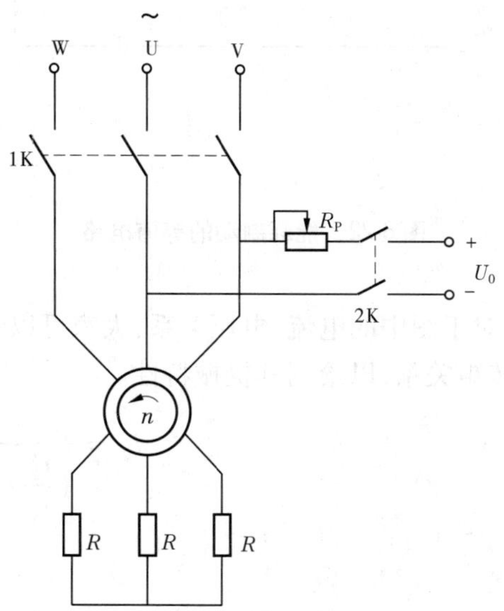

图 6-21 能耗制动接线图

不旋转的空间位置固定的磁势。在三相交流电源切断后的瞬间,电动机转子由于机械惯性其转速 n 不能突变,而继续维持原逆时针方向旋转。此时,直流电流产生的空间固定不转的磁势相对于旋转的转子是一个旋转磁势,旋转方向为顺时针,转速大小为 n。这种相对运动导致了转子绕组产生感应电动势,并产生感应电流和电磁转矩。根据左手定则可知,产生电磁转矩的方向与固定磁势相对于转子的旋转方向是一样的,但与转速 n 的方向相反,电动机处于制动运行状态。电机转速迅速下降,直到转速下降到零时,固定磁势与转子相对静止,感应电动势、感应电流、电磁转矩也均下降到零,减速过程结束,电动机停转,实现了快速制动停车。

如果负载是反抗性负载,则电机转速 $n=0$ 时将停车。如果负载是位能性负载,则电机转速 $n=0$ 时必须立即用机械抱闸,将电机轴刹住停车,否则电机将会反向启动。由于制动过程中转轴的机械能转换成电能消耗在转子回路的电阻上,故而称为能耗制动。

2. 能耗制动的机械特性

三相异步电动机能耗制动时机械特性的推导类似于三相异步电动机固有机械特性的推导。当异步电动机切断三相交流电源,接入直流电流时的等值电路如图 6-22 所示。它是转子绕组相数、匝数、绕组系数及转子电路的频率都折算到定子边的结果,图中 s 为能耗制动转差率。根据等值电路画出能耗制动时各电流之间的关系图,如图 6-23 所示。

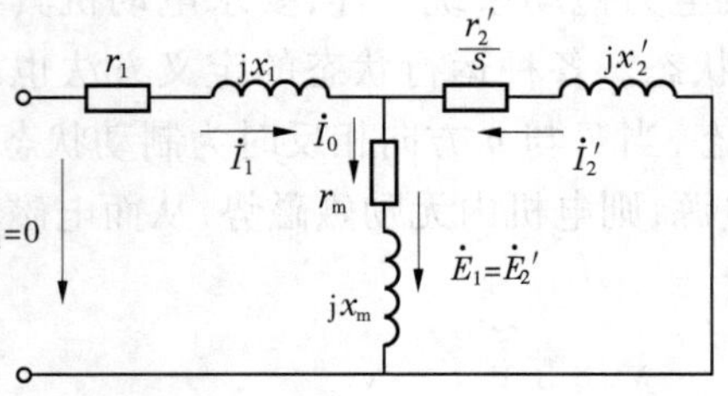

图 6-22 能耗制动的等值电路

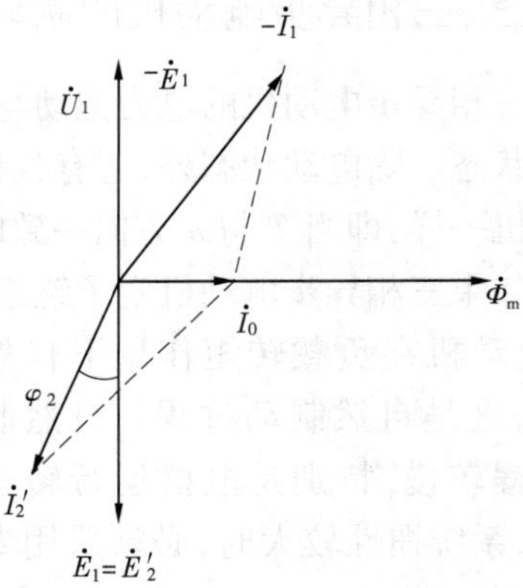

图 6-23 能耗制动的电流关系

对于图中的电流、电压关系,大家可以自行推导,下面直接给出能耗制动情况下的电流、转矩关系,以绘制其机械特性。

$$I_2' = \frac{I_1^2 x_m^2}{\left(\frac{r_2'}{s_v}\right)^2 + (x_m + x_2')^2} \tag{6-24}$$

$$T = \frac{3pI_1^2 x_m^2 \frac{r_2'}{s_v}}{2\pi f_1\left[\left(\frac{r_2'}{s_v}\right)^2 + (x_m + x_2')^2\right]} \tag{6-25}$$

$$T_{mT} = \frac{3pI_1^2x_m^2}{4\pi f_1(x_m + x_2')} \tag{6-26}$$

$$s_{vm} = \frac{r_2'}{x_m + x_2'} \tag{6-27}$$

根据以上各式画出三相异步电动机能耗制动时的机械特性,如图6-24所示。图中曲线1为直流电流为I_-,转子串入电阻$R=0$时的特性;曲线2为直流电流为I_-,转子串入电阻$R\neq0$时的特性;曲线3为直流电流为$I'_-(I'_- > I_-)$,转子串入电阻$R=0$时的特性;曲线4为电机运行的固有特性。

3. 制动过程分析

三相异步电动机工作于电动运行状态时,采用能耗制动停车,电动机的运行点如图6-25所示。即$A\rightarrow B\rightarrow 0$。改变直流电流$I_-$的大小,可改变制动转矩,从而改变制动时间。

4. 直流电流I_-的选择

对于三相鼠笼式异步电动机取

$$I_- = (3.5 \sim 5)I_0 \tag{6-28}$$

对于三相绕线式异步电动机取

$$I_- = (2 \sim 3)I_0 \tag{6-29}$$

$$R = (0.2 \sim 0.4)\frac{E_{2N}}{\sqrt{3}I_{2N}} \tag{6-30}$$

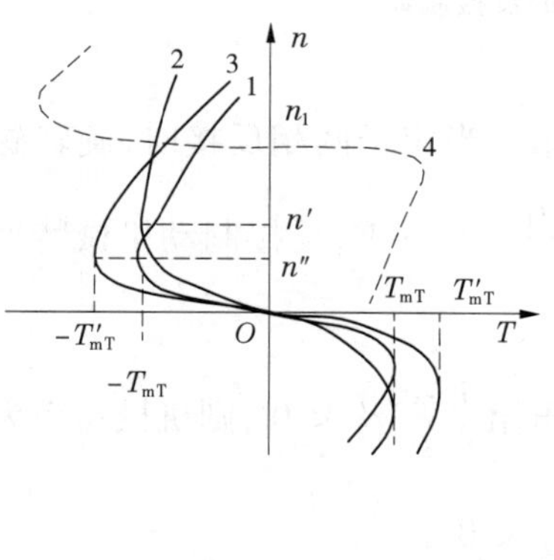

图6-24　能耗制动的机械特性

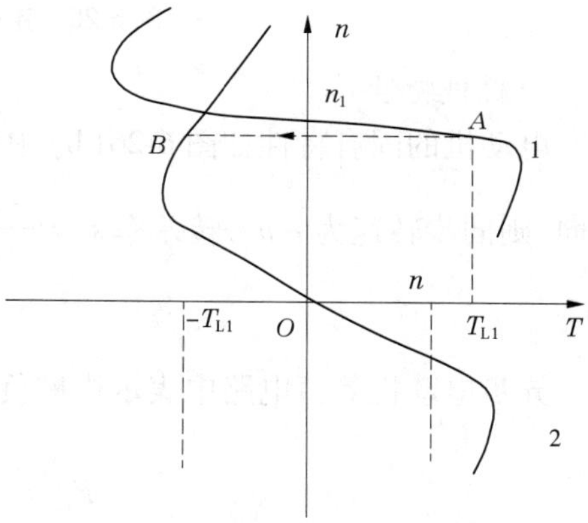

图6-25　能耗制动过程

式中　I_0——异步电动机的空载电流,一般取$I_0=(0.2\sim0.4)I_N$。

能耗制动广泛应用于要求平稳准确停车的场合,也可用于起重机等带位能性负载的机械。限制重物下放的速度,使重物保持匀速下降,只需改变直流电流I_-的大小(调节电位器R_P)或改变转子回路所串电阻的值,即可达到目的。

(二)反接制动

三相异步电动机的反接制动分为定子电源反接的反接制动和倒拉反接制动两种。

1. 定子电源反接的反接制动

1)反接制动原理

设三相绕线式异步电动机处于正常电动机状态运行,当改变三相电源的相序时(如

图6-26(a)所示),即1K断开,2K闭合,则电源相序改变,电动机便进入了反接制动过程。由于电源相序改变,圆形旋转磁场反向,但由于惯性作用,转子不可能立即改变转向,因而转子感应电动势反向,电流反向,则电磁转矩也反向,电动机处于制动运行状态。电机转速迅速下降,直到转速 $n=0$,电机将停转,从而实现了快速制动停车。

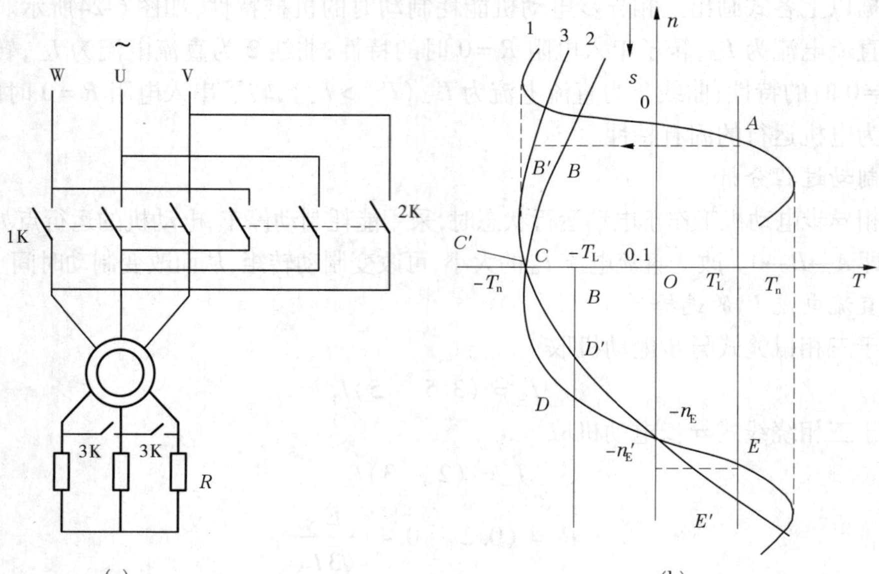

(a) (b)

图6-26　定子电源反接的反接制动

2)机械特性

电动机的固有特性如图6-26(b)中曲线1所示。当定子两相反接时,旋转磁场改变方向,则同步转速为 $-n_1$,转差率 $s = \frac{-n_1 - n}{-n_1} = \frac{n_1 + n}{n_1} > 1$,反接制动机械特性变为曲线2。

异步电动机等值电路中表示机械负载的附加电阻 $\frac{1-s}{s}r_2' < 0$,则机械功率为

$$P_m = 3I_2'^2 \frac{1-s}{s}r_2' < 0 \tag{6-31}$$

即负载向电动机内输入机械功率。

而定子传递到转子的电磁功率为

$$P_M = 3I_2'^2 \frac{r_2'}{s} > 0 \tag{6-32}$$

表明定子仍向电源吸收电功率,再由定子向转子传递电磁功率。由于

$$P_M - P_m = 3I_2'^2 \frac{r_2'}{s} - 3I_2'^2 \frac{1-s}{s}r_2' = 3I_2'^2 r_2' = p_{Cu2} \tag{6-33}$$

表明转子回路的铜损耗来自定子吸收电源的电功率和负载送入的机械功率,这个数值很大。若不在转子回路串入较大的电阻器,转子铜损耗将无法消耗,导致电机转子绕组过热而损坏。因此,电机转子回路必须串入一个大电阻 R,此时反接制动的机械特性为曲

线 3。

3）制动过程分析

三相绕线式异步电动机工作于电动状态时，开关 1K 闭合 2K 断开。当电机定子电源反接时，开关 1K 断开 2K 闭合，同时转子回路串入大电阻，即 3K 断开，电动机的运行点变化为 $A \to B' \to C'$，使得电动机快速停车。如果电动机拖动较小的反抗性恒转矩负载或位能性恒转矩负载运行，并采用定子电源反接的反接制动停车，那么必须当电机转速 $n=0$ 时切断电源并停车，否则电动机将反向启动 D' 点。

定子电源反接的反接制动广泛用于要求迅速停车和需要反转的生产机械上，多用于三相绕线式异步电动机中。对于三相鼠笼式异步电动机，由于转子回路无法串电阻，反接制动只能用于不频繁制动的场合。

2. 倒拉反接制动

这里仅对倒拉反接制动过程进行分析。

倒拉反接制动适用于位能性恒转矩负载。例如，起重机将重物保持均匀速度下降时，使得位能性负载（重物）倒过来拉着电动机反转。如图 6-27（a）所示，电动机定子电源断开时（1K 断开，2K 闭合），电机运行于 A 点，即转速 $n=0$，处于停车状态。然后电动机按提升方向接通电源，并在转子回路串入电阻（1K 闭合，2K 断开）。由于启动转矩小于负载转矩，电机被重物拖着反转，电机由 A 点加速到 B 点，电磁转矩与负载转矩相等，电动机处于稳定的反接制动运行状态，重物以 $-n_B$ 的转速匀速下放。

倒拉反接制动状态指三相绕线式异步电动机拖动位能性恒转矩负载时，在转子回路上串入较大电阻，使机械特性变为如图 6-27（b）所示的曲线 2，电动机反转运行于第Ⅳ象限的 B 点。图 6-27（b）中曲线 1 为电动机的固有机械特性。

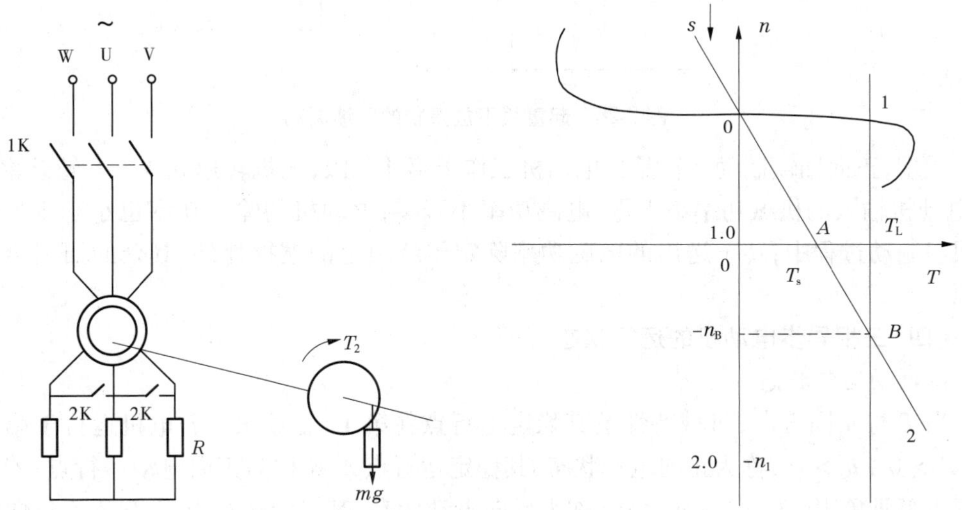

(a)接线原理图　　(b)机械特性

图 6-27　倒拉反接制动

（三）回馈制动

前面所述电源反接的反接制动机械特性，如图 6-26 所示曲线 2 或曲线 3。当三相异步电机拖动位能性恒转矩负载，定子电源接成负相序时，电动机运行于第Ⅳ象限的 E 点（称为回馈制动运行点），对应的电磁转矩 $T>0$，转速 $n<0$，则称为反向回馈制动运行。以起重机下放重物为例（如图 6-28 所示），电机利用回馈制动下放重物时，定子两相反接，这时同步转速由 n_1 变为 $-n_1$，启动转矩为 $-T_s<0$（见图 6-26 的 C 点），电机将反向加速运行到 E 点，以 $-n_E$ 的转速使重物匀速下放。在下放过程中，重物贮存的位能不断被电机定子绕组吸收，并转换成电能"回馈"到电网中。为防止下降转速过快，转子串电阻 R 值不宜太大。

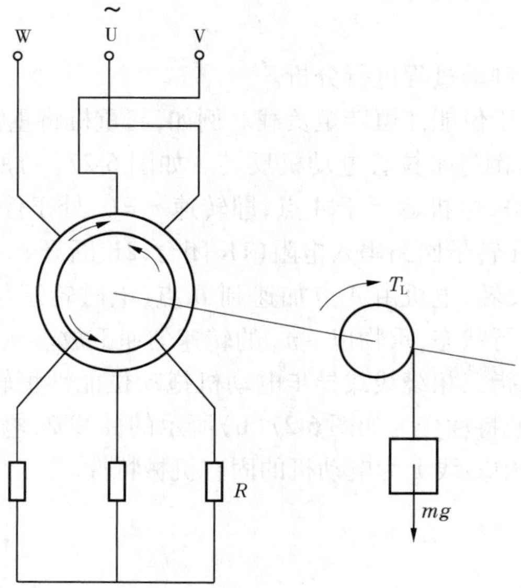

图 6-28　起重机下放重物的回馈制动

同理，正向回馈制动运行是指电动机工作于第Ⅱ象限，电机转速 $n > n_1$，转差率 $s < 0$。电动机输入的机械功率小于零，电磁功率小于零，电动机的输入功率也小于零。即正向回馈制动过程中，转子送出的电磁功率除定子绕组上的铜损耗外，其余的回馈给定子电源。

（四）三相异步电动机的运行状态

1. 电动运行状态

当 T 与 n 同方向，机械特性及其稳定运行点在第Ⅰ、Ⅲ象限。若电机运行于第Ⅰ象限，$T>0$，$n>0$，称为正向电动状态，其稳定运行点 A、B 称为正向电动运行点；若电机运行于第Ⅲ象限，$T<0$，$n<0$，称为反向电动状态，其稳定运行点 C、D 称为反向运行点，如图 6-29 所示。

在电动状态，电机通过定子向电网吸收电能，经过转子转换成机械能输出。

2. 制动运行状态

当 T 与 n 反方向，机械特性及其稳定运行点在第Ⅱ、Ⅳ象限，能耗制动、反接制动、倒拉

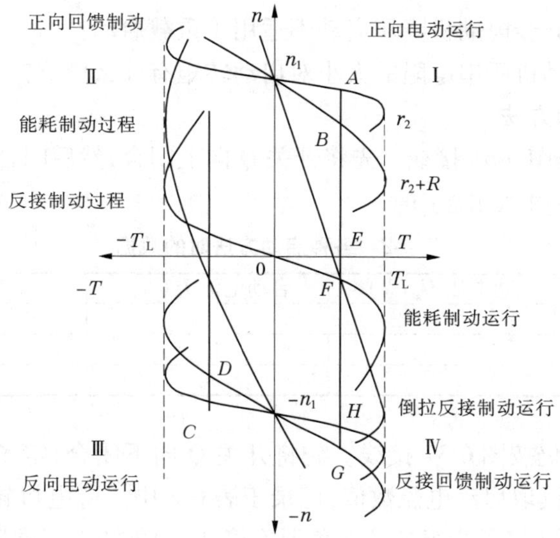

图 6-29　三相异步电动机的各种运行状态

反接制动和回馈制动等各种制动运行过程均属于这种情况。各种运行状态根据上述分析结果绘于图 6-29 中。

（五）三相异步电动机的反转

从三相异步电动机的工作原理可知，电动机的旋转方向取决于定子旋转磁场的旋转方向。因此，只要改变旋转磁场的旋转方向，就能使三相异步电动机反转。

图 6-30 所示是利用控制开关 Q_1、Q_2 来实现电动机正、反转的原理线路图。Q_1、Q_2 分别把电源的 A、B 相调换后接入电动机，即当 Q_1 闭合、Q_2 断开时，电动机正转；当 Q_2 闭合、Q_1 断开时，电动机反转。

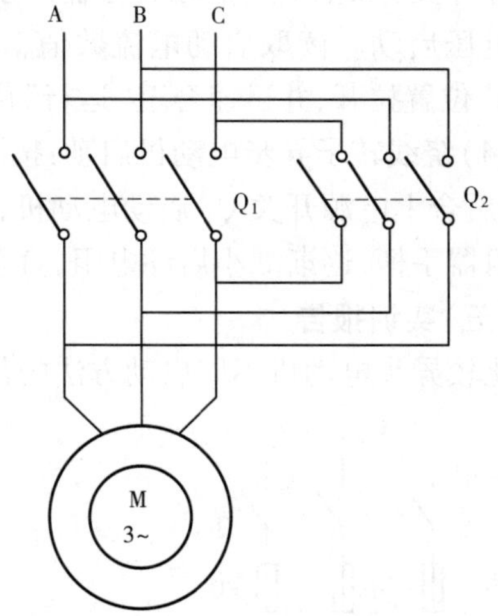

图 6-30　异步电动机反转电路

任务实施

一、三相异步电动机的启动

（一）任务目的

熟悉异步电动机的启动设备和启动方法。

（二）实施内容

（1）笼型异步电动机的启动。

（2）绕线异步电动机的启动。

（三）预习要点

（1）为什么笼型异步电动机降压启动不适用于重载启动？

（2）绕线异步电动机所串电阻的大小对启动转矩有什么影响？

（四）实施步骤和方法

（1）直接启动：按图 6-31 接线。先将开关 Q 向上闭合，然后闭合电源开关 Q_1，读取瞬时启动电流数值，记录于表 6-2 中。

表 6-2　各种启动方法时的数据

启动方式	启动电压 U_{st}（V）	启动电流 I_{st}（A）	启动电流倍数 I_{st}/I_N
直接启动			
Y—△启动			
自耦变压器启动			

（2）Y—△启动：仍按图 6-31 接线。先将开关 Q 向下闭合，定子绕组为星形连接，然后合上电源开关 Q_1，读取启动电流数值，记录于表 6-2 中。待电机转速稳定后，将开关 Q 拉开，并迅速向上闭合，定子绕组换接三角形连接，电动机转入正常运行。

（3）自耦变压器启动：按图 6-32 接线，自耦变压器抽头电压选 60% 电源电压。先合上电源开关 Q_1，然后将启动补偿器的手柄扳至"启动"位置，此时电动机由自耦变压器供给低电压启动。读取启动电流数值，记录于表 6-2 中。待电动机转速稳定后，将手柄从"启动"位置拉开，并迅速合至"运行"位置，电动机启动过程结束。

（4）绕线转子异步电动机启动：按图 6-33 接线，先将启动变阻器手柄置于阻值最大位置，然后合上电源开关 Q_1 启动电动机，读取启动电流数值，记录于表 6-2 中。缓慢转动启动变阻器手柄，逐渐减小启动电阻，直至启动变阻器被切除，电动机进入稳定运行。

（五）实训报告

比较异步电动机不同启动方法的优、缺点。

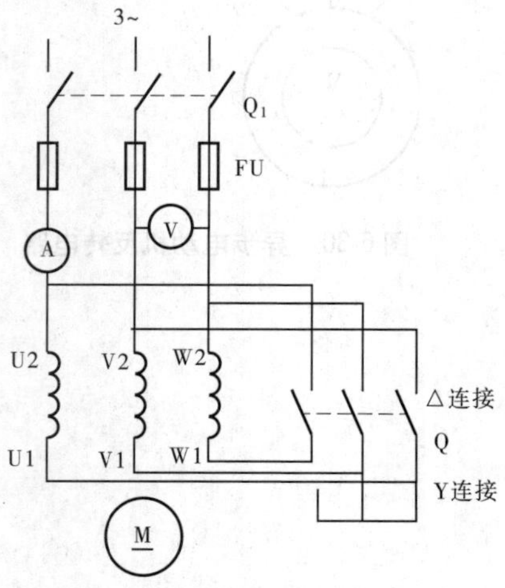

图 6-31　直接启动

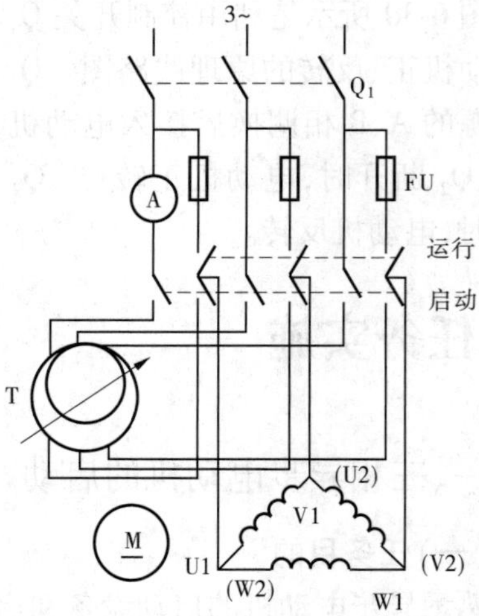

图 6-32　自耦变压器降压启动线路

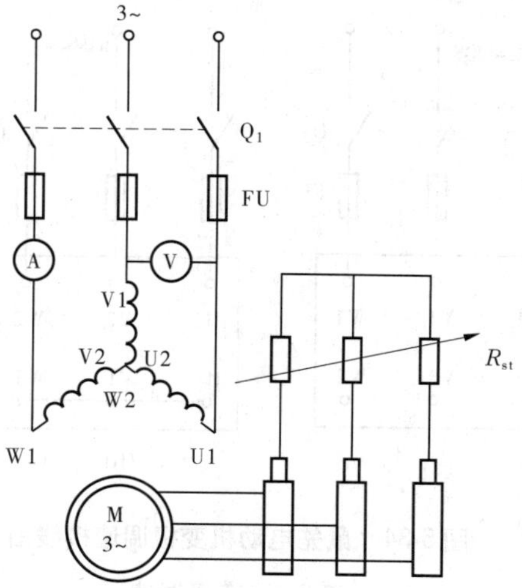

图 6-33　绕线异步电动机转子串电阻启动线路

二、三相异步电动机的调速

(一)任务目的

熟悉异步电动机的调速原理和调速方法。

(二)实施内容

(1)笼型异步电动机的变极调速。

(2)绕线异步电动机的转子回路串电阻调速。

(三)预习要点

异步电动机的调速原理。

(四)实施步骤和方法

(1)绕线异步电动机转子回路串电阻调速:仍按图 6-33 接线,将电动机带一定负载启动后,改变转子电阻,观察转速变化,然后改变变阻器手柄位置,分别测量各电阻值所对应的电动机转速,并记录于表 6-3。

表 6-3　转子回路串电阻调速

R_{st}(Ω)	1	2	3
I_{st}(A)			
T_{st}(N · m)			

(2)鼠笼式转子电机变极调速:按图 6-34 的两种方式接线分别测出转速并记录于表 6-4。

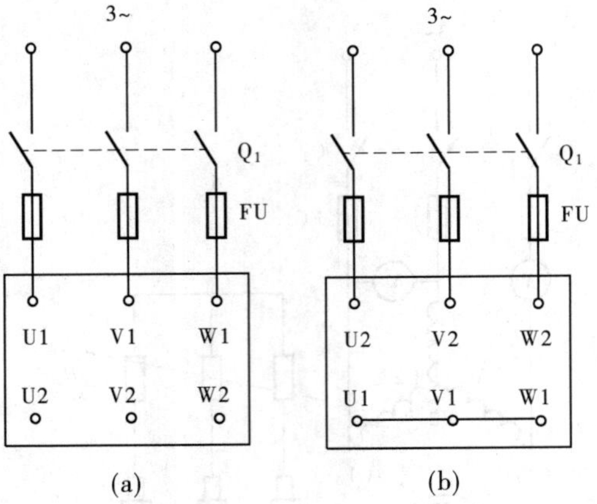

图 6-34　鼠笼电动机变极调速接线图

表 6-4　变极调速

连接方式	△	YY
n (r/min)		

(五)任务报告

从调速性能方面,对绕线转子异步电动机串电阻调速进行分析。

练习与提高

6-1　三相异步电动机有几种启动方式,各有何特点,各自应用于什么场合?

6-2　三相异步电动机直接启动的条件是什么?

6-3　三相异步电动机有几种调速方式,各有何特点,各自应用于什么场合?

6-4　查找相关资料,并利用已经学过的知识,说明为什么现在变频调速的应用越来越多。

6-5　三相异步电动机有几种制动方式,各有何特点,各自应用于什么场合?

6-6　根据图 6-29,说明三相异步电动机有几种工作状态。

6-7　三相异步电动机如何实现反转?

6-8　三相异步电动机,$P_N = 100$ kW,$n_N = 725$ r/min,$E_{2N} = 304$ V,$I_{2N} = 206$ A,$\lambda_m = 2.8$。(1)试绘制固有机械特性。(2)设负载转矩 $T_L = 0.8T_N$,求转速 $n = 0.3n_N$ 时,转子电路中的附加电阻。

6-9　一绕线转子异步电动机的技术数据为:$P_N = 75$ kW,$n_N = 720$ r/min,$I_{1N} = 148$ A,$E_{2N} = 213$ V,$I_{2N} = 220$ A,$\lambda_m = 2.4$,$\eta_N = 90.5\%$,$\cos\varphi = 0.85$。(1)用实用表达式绘制电动机的固有特性。(2)用该电动机带动位能负载,如下放负载时要求转速 $n = 300$ r/min,负载转矩 $T_L = T_N$ 时转子每相应串接多大电阻?(3)电动机在额定状态下运转,为了停车采用反接制动,如要求制动转矩在起始时为 $2T_N$,求转子每相串接的电阻值。

6-10　桥式起重机主钩电动机为绕线式异步电动机,有关数据为:$P_N = 22$ kW,$n_N =$

723 r/min，$E_{2N}=197$ V，$I_{2N}=70.5$ A，$\lambda_m=3$。已知电动机轴上的位能负载转矩 $T_L=100$ N·m，求：(1)在固有特性上提升负载时，电动机的转速是多少？(2)在固有特性上利用回馈制动稳定下降负载时，电机的转速是多少？(3)如果要使电动机以 800 r/min 的转速回馈制动下降负载，则转子内应接入多大的附加电阻？

6-11　仍如习题 6-3 电机与负载，求：(1)电动机以 758 r/min 的转速下放重物，转子每相应串入多大的附加电阻（接线不改变）？(2)当转子每相中接入附加电阻 $R=119r_2$，重物下降时电机的转速是多少？(3)当转子每相接入附加电阻 $R=49r_2$，电动机转速为多少？重物上升还是下降？

6-12　仍如习题 6-3 的电机，原在向上提升重物（$T_L=100$ N·m），现采用电源反接的反接制动，反接制动转矩不超过 $2T_N$，试求：(1)反接制动时，转子应串多大的附加电阻？(2)在 $T_L=100$ N·m 的位能负载时，电动机一直串入这么大的附加电阻，最终电机将运转在什么状态？电动机的转速为多少？

6-13　一台三相四极绕线式异步电动机，$P_N=40$ kW，$n_N=1\ 470$ r/min，$r_2=0.08\ \Omega$，$\lambda_m=2.6$，带动位能性负载（考虑机械特性为直线）。试求：(1)将该电机用来提升重物，要求启动瞬间具有 $2T_N$ 的启动转矩，转子每相应串入多大电阻？(2)若启动电阻不切除，当负载转矩为 $0.8T_N$ 时，电机转速为多少？(3)若负载转矩不变（仍为 $0.8T_N$），要求电机进入倒拉反接制动状态，此时转子总电阻至少应大于什么数值？(4)负载转矩仍为 $0.8T_N$，电机在固有特性上利用回馈制动下放重物时，电机的转速为多少？

任务七 同步电机的启动

【能力要求】

本任务要求学生掌握同步电机的结构和工作原理，并能掌握同步电动机启动的方法及常见的故障解决方法。

【引入】

本任务主要介绍同步电机的基本结构与工作原理，重点介绍同步电动机的应用方法，为实际工作中应用同步电机打下一定的基础。

任务资讯

一、同步电机的结构及原理

同步电机的应用十分广泛，根据功能可分为同步发动机、同步电动机、同步调相机三种。现今世界上几乎所有发电厂都用同步发电机发电，也就是说几乎所有电能都是由同步发电机发出来的；同步电动机可以通过调节励磁电流改善电网的功率因数，特别是随着交流变频技术的发展，其应用越来越广泛；同步调相机实际上是空载运行的同步电动机，只用于向电网发出感性或容性无功功率，以满足电网对功率因数的要求。

（一）同步电机的基本结构

同步电机与异步电机类似，也是由定子和转子两大部分组成的。

1. 定子结构

同步电机的定子结构与异步电机的定子结构基本一致，同样由定子铁芯、定子绕组、机座及端盖等组成。定子铁芯也是由硅钢片叠成，对于大型同步电机，硅钢片常制成扇形，然后对接成圆形；定子绕组也是三相对称绕组，一般大型高压同步电机定子绕组绝缘性能要求较高，常用云母绝缘；机座及端盖的作用也与异步电机相同，主要起支撑和固定作用。

2. 转子结构

同步电机的转子与异步电机有所不同，而与直流电机类似，主要由转轴、磁极、电刷、滑环、轴承等部分组成。通过电刷与滑环送入的直流电流励磁，转子产生固定的磁极，直流电源可以由连接在同步电机上的直流发电机供给，也可以由可控硅整流装置提供。根据磁极的外部结构，同步电机的转子通常可分为凸极式、隐极式两种，如图 7-1 所示。

1）凸极式转子

磁极的形状与直流电机的主磁极类似，由铁芯和绕组两部分构成。铁芯通常由普通薄钢片冲压后叠成，然后再装上成形的集中直流励磁绕组。凸极式转子结构简单，制造方

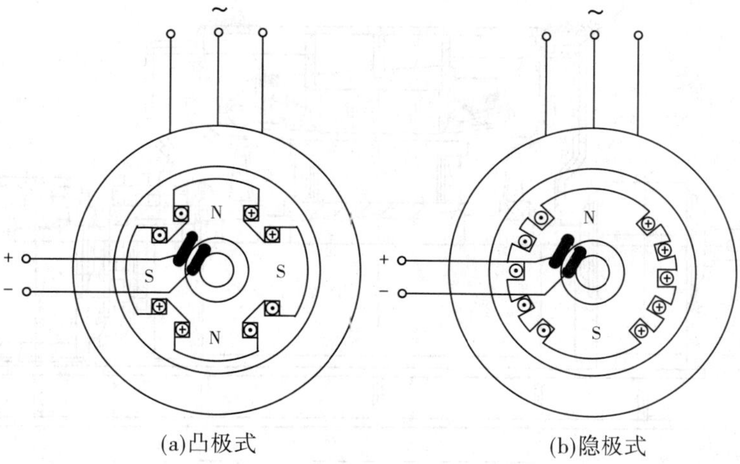

图 7-1　同步电机的转子结构

便,但是机械强度较低,适用于低速、多极的同步电机。发电厂中的水轮发电机多为凸极式转子结构。

另外,凸极电机的气隙不均匀,转子磁极中心附近气隙最小,磁阻也就比较小。而在转子磁极的几何中心线处气隙最大,磁阻也比较大。因此,在分析磁场时,磁通所走路径不同,磁阻不同,对应的电抗参数也就不同,为分析计算带来一定的麻烦。

2)隐极式转子

隐极式转子呈圆形,没有明显的磁极,通常由整块铸钢制成。在转子圆周的三分之二部分有开槽,槽中嵌有分布式直流励磁绕组,转子圆周没有开槽的三分之一部分称为大齿,是磁极的中心区域。隐极式转子制造工艺复杂,但其机械强度较好,适用于极数少、转速高的同步电机。发电厂中的汽轮发电机多为隐极式转子结构。

隐极式电机气隙均匀,无论磁通经过什么路径,磁阻变化不大,对应的电抗参数基本相同,分析计算较为方便。

除励磁绕组外,同步电机转子通常还装有类似笼型异步电机的短路绕组。同步电机做电动机运行时,该绕组起到启动绕组的作用,正常运行时还有稳定作用;同步电机做发电机运行时,该绕组作为阻尼绕组之用,起到稳定电机的作用。

图 7-2 所示为某凸极式同步电机的结构外形图。

(二)同步电机的工作原理

同步电机的运行方式主要有三种,即作为发电机、电动机和调相机运行。作为发电机运行是同步电机最主要的运行方式,将其他形式的能量转换为电能,送到电网上。作为电动机运行是同步电机的另一种重要的运行方式,同步电动机的功率因数可以调节,在不要求调速的场合,应用大型同步电动机可以提高运行效率。同步电机还可以接于电网作为同步调相机,这时电机不带任何机械负载,靠调节转子中的励磁电流向电网发出所需的感性或者容性无功功率,以达到改善电网功率因数或者调节电网电压的目的。

1. 同步发电机的工作原理

同步发电机的作用是由原动机拖动旋转,把机械能转变为电能。当转子直流励磁绕

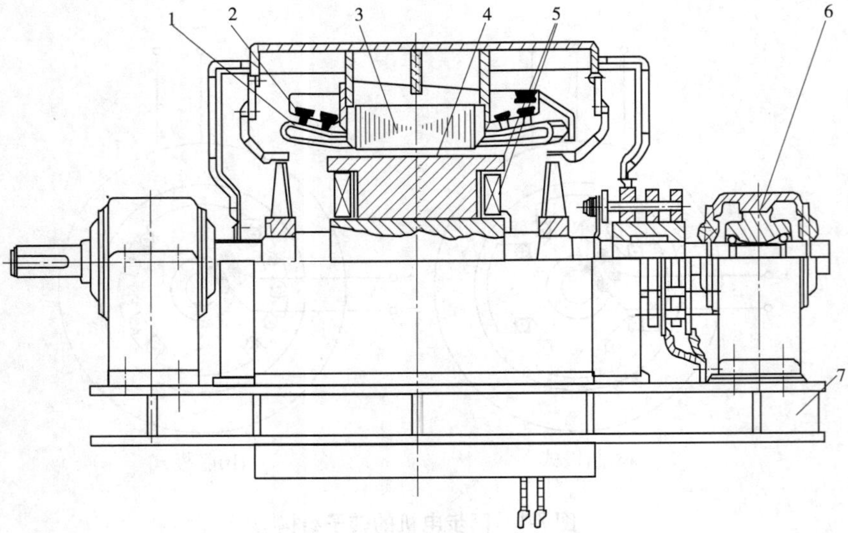

1—定子绕组;2—端箍;3—定子铁芯;4—磁极;5—励磁绕组;6—轴承;7—底板

图 7-2 凸极式同步电机的结构

组送入直流励磁电流后,形成固定的磁场。转子固定磁场切割定子绕组(或者认为定子绕组切割转子磁场),在定子三相对称绕组中将感应三相对称电动势,称为三相交流电源。

如果发电机作为电源单独给某些负载供电,对电源频率的要求并不严格,对原动机的转速要求也不会很高。但现代发电厂中的发电机均是向大电网供电,这就要求发电机的输出频率必须与电网一致。在我国,电网频率采用 50 Hz,所以要求发电机发出的电动势频率也必须为 50 Hz。

2. *同步电动机的工作原理*

同步电动机的工作原理如图 7-3 所示。在定子三相对称绕组中通入三相对称电流,将在气隙中产生旋转磁场,其转速仍为 $n_1 = 60\ f/p$。同时,在转子绕组中通入直流励磁电流,转子产生固定的磁极。电动机启动后,根据磁极异性相吸的原理,定子旋转磁场便拖着转子磁场沿着定子旋转磁场的方向旋转,将输入的电能转变为旋转的机械能。显然,转子转速 n_2 与定子旋转磁场转速 n_1 相等,即两者同步。

(三)同步电机的励磁方式

同步电机获得直流励磁电流的方法称为励磁方式。目前采用的励磁方式分为两大类:一类是用直流发电机作为励磁电源的直流励磁机励磁系统;另一类是用硅整流装置将交流转化成直流后供给励磁的整流器励磁系统。

现作简要说明。

1. *直流励磁机励磁*

直流励磁机通常与同步发电机同轴,采用并励或者他励接法。采用他励接法时,励磁机的励磁电流由另一台被称为副励磁机的同轴直流发电机供给,此时系统中包含两台直流励磁机和一台同步发电机。

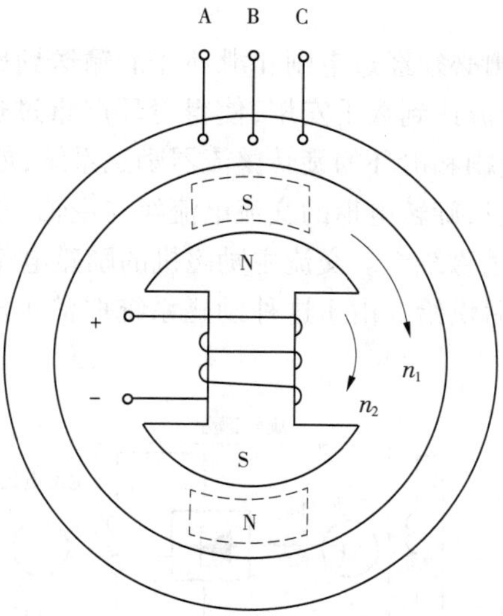

图 7-3　同步电动机的工作原理示意图

系统如图 7-4 所示。

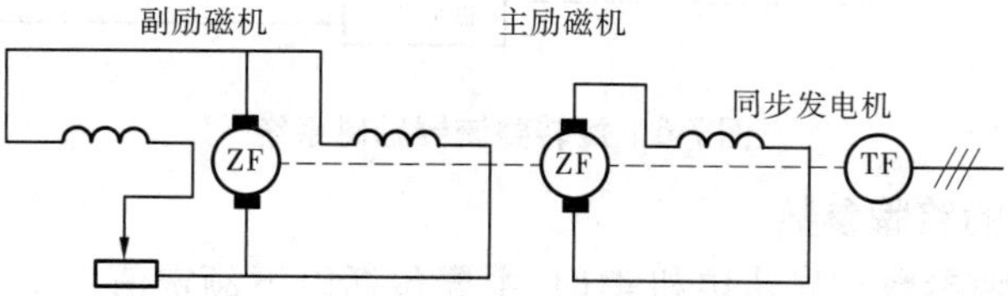

图 7-4　直流励磁机励磁

2. 静止整流器励磁

同一轴上有三台交流发电机，即主发电机、交流主励磁机和交流副励磁机。副励磁机的励磁电流开始时由外部直流电源提供，待电压建立起来后再转为自励（有时采用永磁发电机）。副励磁机的输出电流经过静止晶闸管整流器整流后供给主励磁机，而主励磁机的交流输出电流经过静止的三相桥式硅整流器整流后供给主发电机的励磁绕组，如图 7-5 所示。

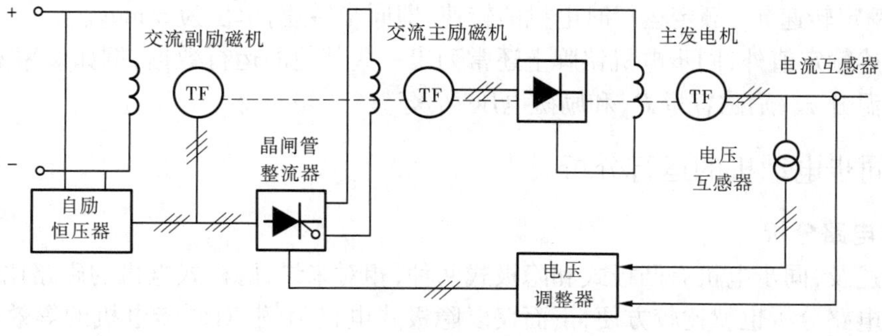

图 7-5　静止整流器励磁

3. 旋转整流器励磁

静止整流器的直流输出必须经过电刷和滑环才能输送到旋转的励磁绕组，对于大容量的同步发电机，其励磁电流达到数千安培，使得滑环严重过热。因此，在大容量的同步发电机中，常采用不需要电刷和滑环的旋转整流器励磁系统，如图 7-6 所示。主励磁机是旋转电枢式三相同步发电机，旋转电枢的交流电流经与主轴一起旋转的硅整流器整流后，直接送到主发电机的转子励磁绕组。交流主励磁机的励磁电流由同轴的交流副励磁机经静止的晶闸管整流器整流后供给。由于这种励磁系统取消了滑环和电刷装置，故又称为无刷励磁系统。

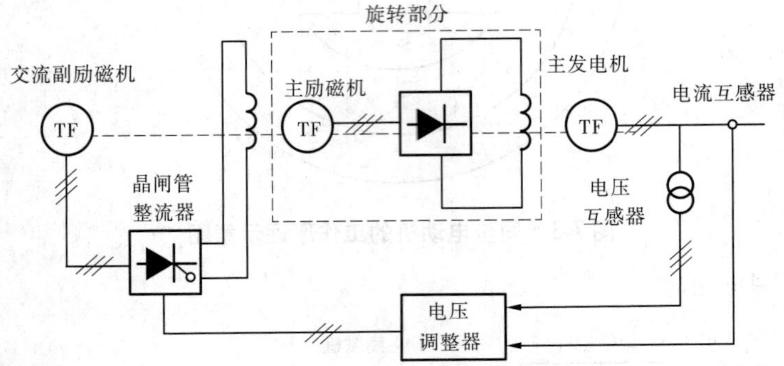

图 7-6　旋转整流器励磁系统

（四）同步电机的铭牌参数

同步电机的铭牌参数与异步电机类似，主要包括以下额定值：

（1）额定容量 S_N 或额定功率 P_N：指电机输出功率的保证值。发电机通过额定容量值可以确定电枢电流，通过额定功率可以确定配套原动机的容量。发电机的额定容量一般用 kVA 或 kW 表示，电动机的额定容量用 kW 表示，调相机则用 kvar 表示。

（2）额定电压 U_N：指额定运行时定子端的线电压，单位为 V 或 kV。

（3）额定电流 I_N：指额定运行时定子的线电流，单位为 A 或 kA。

（4）额定功率因数 $\cos\varphi_N$：额定运行时电机的功率因数。

（5）额定频率 f_N：额定运行时发电机电枢输出端电能的频率，或者电动机定子绕组通入交流电能的频率，我国标准工业频率规定为 50 Hz。

（6）额定转速 n_N：额定运行时电机的转速，即同步转速，单位为 r/min。

除上述额定值外，同步电机铭牌上还常列出一些其他的运行数据，例如效率 η_N、额定负载时的温升 τ_N、励磁容量 P_{fN} 和励磁电压 U_{fN} 等。

二、同步电动机的运行分析

（一）电路分析

前已述及，同步电机有凸极式和隐极式两种，相对来讲，隐极式电机的磁路比较简单，对应等效电路分析也就比较方便，下面仅以隐极式电机为例，对同步电机的等效电路、平衡方程式、相量图进行分析。对于凸极式电机的分析，请参考其他资料。

为了分析方便，假设电动机主磁路未饱和，即认为磁路是线性的，而且只考虑定、转子的基波磁势。

1. 电枢反应

从同步电动机的基本工作原理可见，定子绕组从电源吸收电能，借助电磁作用将电能转换成机械能，通过转子输出给负载。同步电动机的定子是电能转换的枢纽，因此同步电动机的定子称为电枢，定子绕组称为电枢绕组。

当同步电动机的电枢绕组通入三相对称交流电后，就会产生以同步转速 n_1 旋转的三相合成基波电枢磁势 F_a。当同步电动机稳定运行时，转子也以同步转速 n_1 旋转，在励磁绕组中通入直流励磁电流 I_f，使转子形成固定磁极，励磁电流产生励磁磁势 F_0，励磁磁势 F_0 与电枢磁势 F_a 同速同方向旋转，彼此在空间中是相对静止的，这样在电机的主磁路上有两个磁势，它们相互叠加，形成了合成磁场。也就是说，在电机的主磁路上有两个磁势，它们相互叠加，形成了合成磁场。我们把电枢磁场对主磁场的影响称为电枢反应。

2. 电压平衡方程式

气隙的磁场由定子、转子磁场合成，即

$$\dot{F}_{\Sigma} = \dot{F}_0 + \dot{F}_a \tag{7-1}$$

电机运行时，合成磁势、主磁势和电枢磁势分别切割电枢绕组，则在电枢绕组上分别产生感应电势为

$$\dot{E}_1 = \dot{E}_0 + \dot{E}_a \tag{7-2}$$

电枢一相绕组的电压方程式为

$$\dot{U}_1 = -\dot{E}_1 + \dot{I}_1 r_1 + \mathrm{j}\dot{I}_1 x_1 = -\dot{E}_0 - \dot{E}_a + \dot{I}_1 r_1 + \mathrm{j}\dot{I}_1 x_1 \tag{7-3}$$

式中　r_1——电枢绕组电阻，一般同步电动机容量都较大，电阻 r_1 很小，常忽略；

　　x_1——电枢漏电抗。

仿照变压器或异步电动机中使用的将漏电抗电势写成漏阻抗压降的方法，也可将电枢磁势 F_a 产生的电枢电势 E_a 写成电抗压降的形式，则有

$$\dot{E}_a = -\mathrm{j}\dot{I}_1 x_a \tag{7-4}$$

式中　x_a——电枢电抗，或称电枢反应电抗。

对应于主磁路 $x_a > x_1$，一般有 $x_a = (5 \sim 8)x_1$，这样式(7-3)可改写成

$$\dot{U}_1 = -\dot{E}_0 + \mathrm{j}\dot{I}_1 x_1 + \dot{I}_1 r_1 + \mathrm{j}\dot{I}_1 x_a = -\dot{E}_0 + \dot{I}_1 r_1 + \mathrm{j}\dot{I}_1 x_t \tag{7-5}$$

式中，$x_t = x_1 + x_a$ 称为隐极同步电动机的同步电抗，反映了电枢旋转主磁通、电枢漏磁通对电枢电路的影响。

3. 等效电路

根据电压平衡方程式，可画出隐极式同步电动机的电枢等效电路，如图 7-7 所示。

4. 相量图

隐极式同步电动机的相量图同样可根据电压平衡方程式画出，如图 7-8 所示。图中相量 $\dot{I}_1$ 与 $\dot{U}_1$ 的夹角 φ，称为功率因数角；相量 $\dot{I}_1$ 与 $-\dot{E}_0$ 的夹角 ψ，称为内功率因数角；相量 $\dot{U}_1$ 与 $-\dot{E}_0$ 的夹角为 θ，称为功角，三者之间有下列关系：

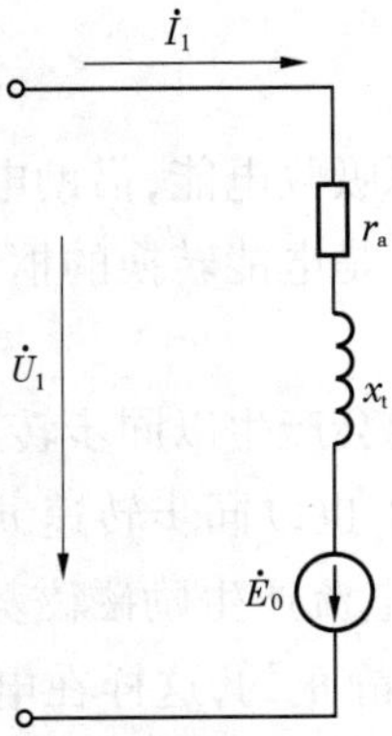

图 7-7　隐极式电动机的等效电路

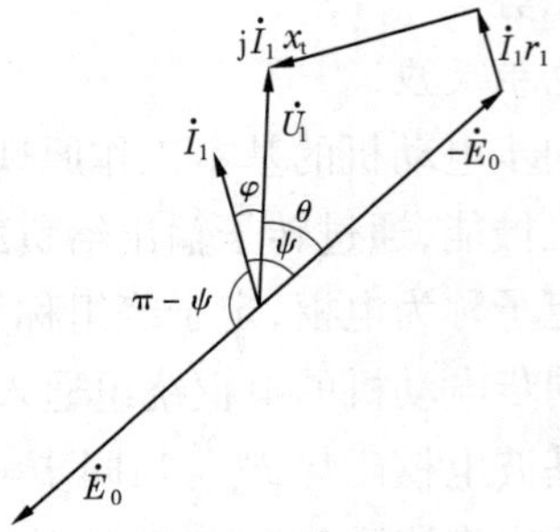

图 7-8　隐极式电动机的相量图

$$\psi = \varphi + \theta \tag{7-6}$$

从相量图中可见，定子电流 $\dot{I}_1$ 超前电源电压 $\dot{U}_1$，它可通过调节直流励磁电流使同步电动机工作在这种状态，目的是使同步电动机在拖动负载的同时，对电网呈容性，起电容补偿作用，以提高电网的功率因数。

（二）同步电动机的功角特性

前面在介绍直流电动机和三相异步电动机时，都重点分析了对应的机械特性 $T=f(n)$，而同步电动机由于以同步转速 n_1 转动，转速不随转矩变化，其机械特性为一条直线。在同步电动机中，功率或转矩是随功角变化的，所以下面讨论功角特性 $P_{em}=f(\theta)$ 和矩角特性 $T=f(\theta)$。

1. 功率平衡方程式

同步电动机的功率平衡方程式为

$$\left.\begin{aligned}P_1 &= 3U_1I_1\cos\varphi\\ P_{em} &= P_1 - p_{Cu} = P_1 - 3I_1^2r_1\\ P_2 &= P_{em} - p_0 = P_{em} - (p_m + p_{Fe} + p_{ad})\end{aligned}\right\} \tag{7-7}$$

上式中 P_1 为同步电动机从电网吸收的有功功率，p_{Cu} 为定子铜损，P_{em} 为同步电动机的电磁转矩，P_2 为电动机的输出功率，p_0 为同步电动机的空载损耗，p_m 为机械损耗，p_{Fe} 为铁损耗，p_{ad} 为附加损耗。

同步电动机的功率关系也可用功率流程图 7-9 表示。

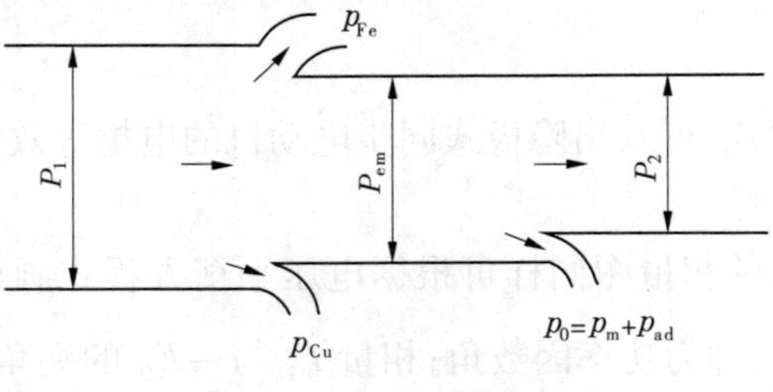

图 7-9　同步电动机的功率流程图

从上述功率平衡方程式可推出同步电动机的转矩平衡方程式为

$$T = T_2 + T_0 \tag{7-8}$$

式中　T——电磁转矩；

T_2——输出转矩；

T_0——空载转矩。

2. 功角特性

在功率平衡方程式中，考虑一般同步电动机的容量都比较大，而且效率比较高，可忽略定子的铜损 p_{Cu}，则有

$$P_{em} \approx P_1 = 3U_1I_1\cos\varphi \tag{7-9}$$

而在忽略电枢电阻 r_1（对应损耗为 p_{Cu}）时，相量图可以简化，如图 7-10 所示。根据图中表达的几何关系，可推出

$$x_tI_1\cos\varphi = E_0\sin\theta \tag{7-10}$$

将式(7-10)代入式(7-9)，可得

$$P_{em} \approx 3U_1I_1\cos\varphi = 3\frac{U_1E_0}{x_t}\sin\theta \tag{7-11}$$

从式(7-11)可以看出，当电源电压和励磁电流一定时，电磁功率只与功角有关。

同步电动机的功角特性是指在外加电源电压和励磁电流不变的条件下电磁功率 P_{em} 和功角 θ 之间的关系曲线，即 $P_{em}=f(\theta)$。具体如图 7-11 所示。

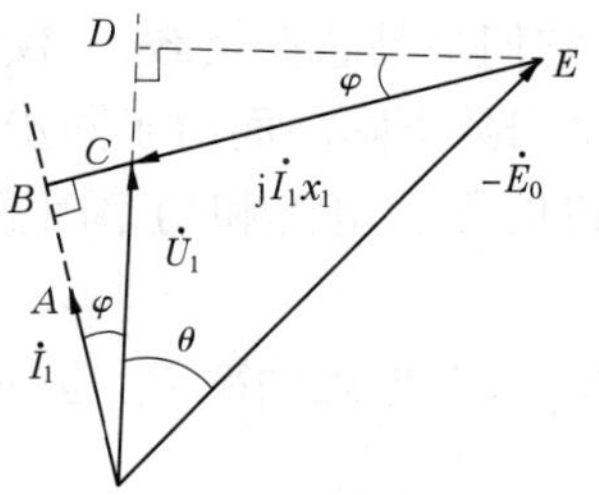

图 7-10　隐极式同步电动机的简化相量图

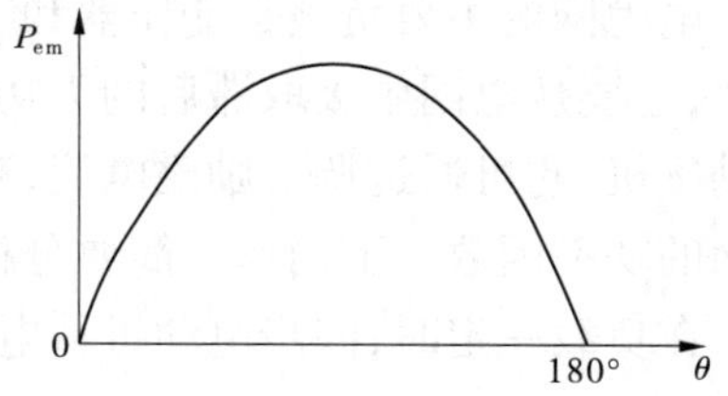

图 7-11　隐极式同步电动机的功角特性

由于 θ 角是每相电源电压 $\dot{U}_1$ 与励磁电动势 $-\dot{E}_0$ 的相位差，而 $\dot{U}_1$ 、$-\dot{E}_0$ 可分别看作气隙合成磁势、励磁磁势所产生的磁通感应的电动势，因此 θ 角也可近似认为气隙合成磁势与励磁磁势的轴线在空间上的电角度差。在电源电压和励磁电流一定时，如果负载增大，则要求同步电动机的输入功率增大，也即要求电磁功率增大。

由式(7-11)可以看出，θ 角也应随负载的增大而增大，说明气隙合成磁势与励磁磁势的电角度差应随负载的增大而增大，即气隙间的磁拉力随负载的增大而增大，这就是 θ 角的物理意义。

3. 矩角特性

根据功率与转矩的关系，很容易得到电磁转矩 T_{em} 和功角 θ 之间的关系，即

$$T_{em} = 3\frac{U_1E_0}{x_t\Omega_1}\sin\theta \tag{7-12}$$

电磁转矩 T_{em} 和功角 θ 之间的关系曲线即 $T_{em}=f(\theta)$ 称为同步电动机的矩角特性，如图 7-12 所示。

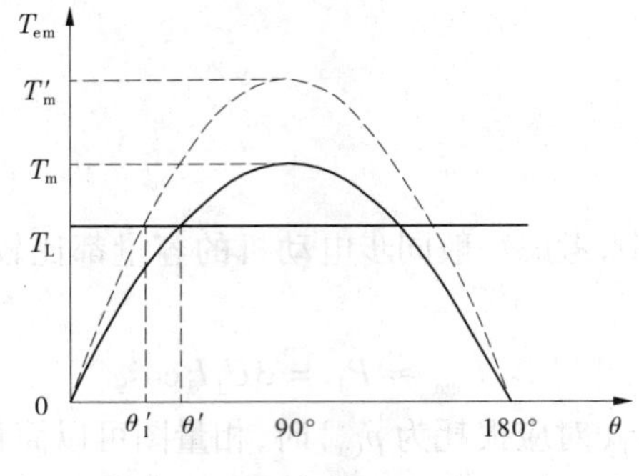

图 7-12　隐极式同步电动机的矩角特性

由矩角特性图可以看出，当 $0° < \theta < 90°$ 时，电磁转矩随负载的增大而增大，同步电动机的运行是稳定的；当 $90° < \theta < 180°$ 时，电磁转矩随负载的增大而减小，显然不能稳定运行。当负载转矩 T_L 一定时，功角 θ 越小，最大电磁转矩 T_m 越大，则稳定裕量越大，过载能力越大。实际应用时，常常通过加大励磁电流，增大磁场及 E_0，达到增大同步电动机的稳定裕量和过载能力的目的，如图 7-12 中虚线所示。

（三）同步电动机的功率因数调节

1. 励磁调节

电力网的主要负载是变压器和三相异步电动机，它们都是感性负载，不仅要消耗有功功率，还要从电网中吸取滞后的无功功率，使电网功率因数下降。而由于同步电动机是双边励磁机，它可通过调节励磁电流，来调节同步电动机的无功电流和功率因数，从而提高电网的功率因数。下面作一简要分析。

在负载一定时，同步电动机从电源吸收的功率 P_1 一定，电磁功率 P_{em} 也一定，即

$$P_{em} \approx 3U_1I_1\cos\varphi = 3\frac{U_1E_0}{x_t}\sin\theta = \text{常数} \tag{7-13}$$

考虑到一般情况下电源电压 U_1 基本不变，则有

$$I_1\cos\varphi = \text{常数} \qquad E_0\sin\theta = \text{常数} \tag{7-14}$$

根据以上两式，很容易得到改变励磁电流之后的简化相量图，如图 7-13 所示。

由图 7-13 可以看出，在正常励磁情况下，励磁电流 $\dot{I}_{f1}$ 对应的电势为 $\dot{E}_{01}$，电枢相电流 $\dot{I}_{11}$ 和定子相电压 $\dot{U}_1$ 同相位，电动机的功率因数 $\cos\varphi=1$，无功功率为零，说明电动机只消耗有功功率，不消耗无功功率，电动机对电网呈纯电阻性。当增大励磁电流为 $\dot{I}_{f2}$（$I_{f2} > I_{f1}$）时，对应的感应电势为 $\dot{E}_{02}$，电枢相电流 $\dot{I}_{12}$ 超前定子相电压 $\dot{U}_1$ 的相位角，电动机的功率因数 $\cos\varphi>1$，这时电动机除从电网吸收有功功率外，同时也从电网吸收超前的无功功率，电动机对电网呈容性负载，这种励磁方式称为过励，这种运行方式能提高电网的功率因数。当减小励磁电流为 $\dot{I}_{f3}$（$I_{f3} < I_{f1}$），对应的感应电势为 $\dot{E}_{03}$，电枢相电流 $\dot{I}_{13}$ 滞后定子相电压 U_1 的相位角，电动机的功率因数 $\cos\varphi<1$，这时电动机不仅消耗有功功率，还要从

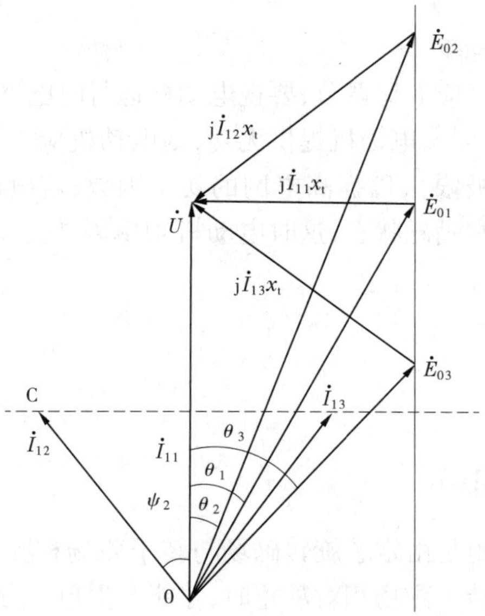

图 7-13 励磁电流改变时的简化相量图

电网吸收滞后的无功功率,电动机对电网呈感性负载,这种励磁方式称为欠励,它加重了电网的负担,一般不采用这种运行方式。

2. V 形曲线

在保持电压 U 和负载 T_L 不变的条件下,电枢电流 I_1 与励磁电流 I_f 之间的关系曲线即 $I_1=f(I_f)$,如图 7-14 所示,由于其形状很像英文字母 V,通常称为 V 形曲线,具体可通过试验测得。

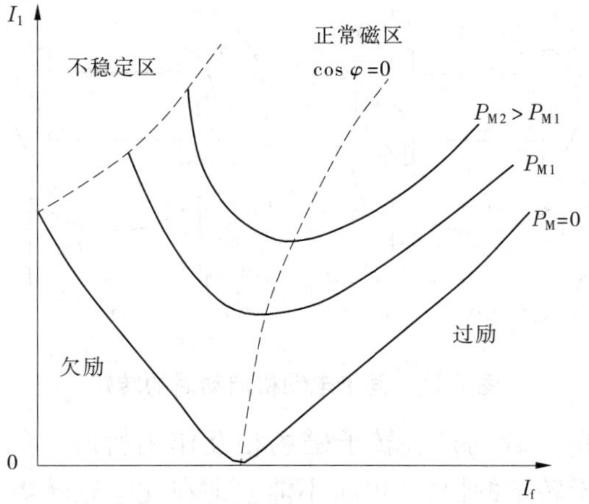

图 7-14 同步电动机的 V 形曲线

从图 7-14 中可见,不同的负载对应不同的 V 形曲线,对于每条 V 形曲线,电枢电流 I_1 都有一个最小值,曲线最低点的功率因数 $\cos\varphi=1$,是正常励磁点。以此点为界,左边是欠励,右边是过励。V 形曲线的左上半部分,其功率因数已超出对应于稳定极限的数值,所以是不稳定区。

3. 功率因数调节

同步电动机的励磁电流应如何调节，要视电动机运行时电网的实际情况而定，若电网功率因数未达到要求，需要同步电动机提供无功，则电动机应工作在过励状态（但要保证电枢电流不超过额定值为极限），以提高电网的功率因数；若电网功率因数已达到要求，则同步电动机应工作在正常励磁状态，这时电动机功率因数为 1，电枢电流 I_1 最小，铜损最小，效率也就最高。

任务实施

一、启动中存在的问题

同步电动机的电磁转矩是由定子旋转磁场与转子磁场相互作用而产生的，它只有在转子以同步转速旋转，定、转子磁场相对静止时，才能产生单一方向的电磁转矩，使电动机转动起来。若直接将静止不动的同步电动机转子进行励磁，而在定子三相电枢绕组通入三相交流电，在气隙中将有励磁磁场（恒定不变）和电枢磁场（旋转）同时存在，当电枢磁场超前励磁磁场时，将拖动励磁磁场转动，由于转子存在着惯性，而电枢磁场转速又很快，在半个周期内电枢磁场不能及时将转子拉入同步，而 θ 超过 180°后，电枢磁场与励磁磁场的相互作用力变成斥力，于是在一个周期内，电磁转矩的平均值为零。因此，同步电动机不能直接启动。具体分析可参照图 7-15。

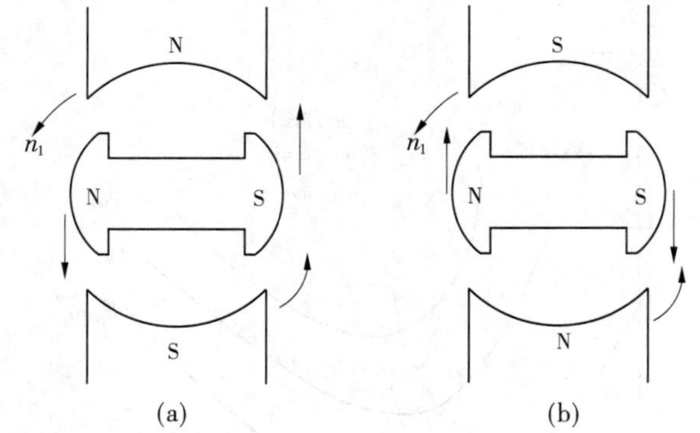

图 7-15　同步电动机启动时的转矩

在图 7-15(a)所示的一瞬间，定、转子磁场相互作用所产生的电磁转矩，企图使转子逆时针方向旋转，但由于转子的惯性，电机不能立即在此电磁转矩的作用下旋转。半个周期后，定子磁场已转过 180°，如图 7-15(b)所示，此时定、转子磁场相互作用产生的电磁转矩，企图使转子顺时针方向旋转。也就是说，在一个周期内，作用于转子的平均电磁转矩两次改变方向，在 1 s 内电磁转矩的方向改变 100 次。由于转子的惯性，对于交变电磁转矩不能立即响应，所以同步电动机不能自行启动。

二、启动方法

由于同步电动机不能自行启动，因此要启动同步电动机，必须借助于其他方法。常用的启动方法有三种，即辅助电动机启动法、变频启动法和异步启动法。

（一）辅助电动机启动法

所谓辅助电动机启动法，是借助一台与待启动的同步电动机同磁极数的异步电动机来启动同步电动机。通过其他机械（原动机）将同步电动机启动至额定转速，然后定子电枢绕组接三相交流电，转子励磁绕组通入励磁电流，通过机械离合器脱开原动机并带上机械负载，同步电动机进入正常的电动运行状态工作。

采用辅助电动机启动时，一般选用和同步电动机极数相同、容量为同步电动机 5% ~ 10% 的小型异步电动机作为辅助电动机。启动时，把辅助电动机投入电网，用辅助电动机将同步电动机拖动到接近同步转速，然后给转子加入励磁，将同步电动机拉入同步，最后再切除辅助电动机。

如果同步电动机装有足够容量的同轴直流励磁机，也可以将励磁机兼作辅助电动机。此时，应把直流励磁机先作为直流电动机使用，将同步电动机拖动到接近同步转速，然后利用自整步法把同步电动机拉入同步，再切断直流电源。

这种方法的缺点是不能在负载下启动，否则辅助电动机需要的容量太大，增加投资，是不经济的。因此，一般同步电动机较少采用，通常仅用于同步调相机的启动。

（二）变频启动法

采用变频启动法可以实现平滑启动，随着交流变频电源的日益普及，变频启动法的应用越来越广泛。启动时，先在转子绕组中通入直流励磁电流，借助变频器逐步升高加在定子上的电源频率，使转子磁极在开始启动时就与旋转磁场建立起稳定的磁拉力而同步旋转，并在启动过程中同步增速，一直增速到额定转速值。

此方法可以获得较大的启动转矩，但需要一个变频电源，投资较高。此外，励磁机必须是非同轴的，因为在低转速下，同轴励磁机无法产生所需的励磁电压。

（三）异步启动法

异步启动法就是依靠同步电动机磁极上的启动绕组（类似鼠笼绕组）启动的方法，是凸极式同步电动机特有的启动法。启动时，将转子绕组串联一个 5 ~ 10 倍励磁绕组电阻值的电阻，定子接入三相交流电，启动绕组以异步机的原理启动，当转子转速接近同步转速时，励磁绕组通过转换开关断开串联的电阻，接入正常励磁电流，此时由于电枢磁场与励磁磁场的相对转速很小，转子在电枢磁场的作用下将被拉入同步，拉入同步后的电动机就可带动机械负载正常工作。系统控制电路如图 7-16 所示。

为了实现异步启动，同步电动机的转子上装有与异步电动机鼠笼绕组类似的启动绕组，如图 7-17 所示。启动绕组用铜条制成，两端用导体短接。

由上面的分析可知，同步电动机启动分为异步启动和牵入同步两个阶段。首先通过异步启动使电机转速接近同步转速，然后加入直流励磁，利用自整步作用将转子拉入同步。由于磁阻转矩的影响，凸极式同步电动机很容易拉入同步，甚至在未加励磁的情况下，有时转子也能拉入同步，因此为改善启动性能，同步电动机一般采用凸极式转子。

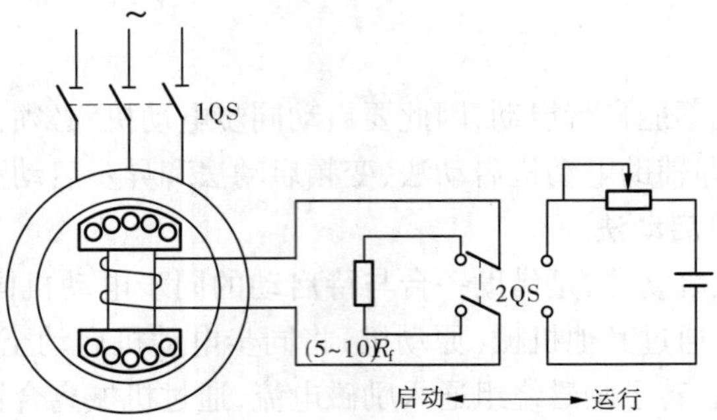

图 7-16　同步电动机异步启动法控制电路

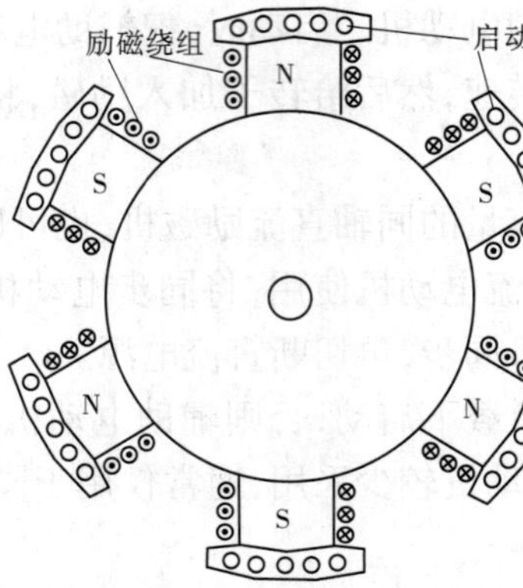

图 7-17　同步电动机的启动绕组

在同步电动机启动时，一定注意励磁绕组既不能开路也不能短路，而应在转子绕组回路中串联一个值为 5 ~ 10 倍励磁绕组电阻值的电阻。这是因为励磁绕组的匝数很多，启动时如果开路，则会感应出很高的电压，造成设备损坏等后果。而如果直接短路，则短路电流较大，会烧坏励磁绕组。

练习与提高

7-1　为什么同步电动机只能运行在同步转速，而异步电动机不能在同步转速下运行？

7-2　根据转子结构，可把同步电机分为哪两类，各有什么特点？

7-3　说明功角 θ 的物理意义。

7-4　同步电动机在启动过程中，励磁绕组为什么不能开路，也不宜直接短路？

7-5　如何调节同步电动机的功率因数？

7-6　同步电动机为什么不能自行启动？试述同步电动机的启动方法、启动过程和注意事项。

7-7　同步电动机的输出转矩是否随着直流励磁电流的增大而增大？

任务八 控制电机的认知

【能力要求】

本任务要求学生掌握一些常见的控制电机的结构和工作原理，并能掌握伺服电动机和步进电动机的使用方法。

【引入】

本任务主要介绍常用控制电机的结构、原理、特点和使用场合，主要包括伺服电动机、测速发电机、自整角机、旋转变压器和步进电动机等。前面介绍的异步电动机、直流电动机等都是作为动力使用的，其主要任务是能量转换，例如将电能转换为机械能。控制电机的主要功能是转换和传递信号。如：伺服电动机将电压信号转换为转矩和转速；步进电动机将脉冲信号转换为角位移或线位移。对控制电机的主要要求：动作灵敏、准确、重量轻、体积小、运行可靠、耗电少等。控制电机的种类很多，本任务主要介绍机电行业中常用的几种控制电机。

任务资讯

一、伺服电动机

伺服电动机分为直流伺服电动机和交流伺服电动机。直流伺服电动机是自动控制系统中具有特殊用途的直流电动机，它的作用原理、基本结构及内部的电磁关系均和一般动力用的直流电动机相同。交流伺服电动机与直流伺服电动机一样，交流伺服电动机在自动控制系统中也是常被用来作为执行元件，功率从几瓦到几十瓦的交流伺服电动机在小功率随动系统中得到非常广泛的应用。

（一）交流伺服电动机

1. 交流伺服电动机的基本结构

交流伺服电动机主要由定子和转子构成，如图 8-1 与图 8-2 所示。定子铁芯通常用硅钢片叠压而成，定子铁芯表面的槽内嵌有两相绕组，其中一相绕组是励磁绕组，另一相绕组是控制绕组，两相绕组在空间位置上互差 90°电角度。工作时励磁绕组 f 与交流励磁电源相连，控制绕组 k 加控制信号电压。

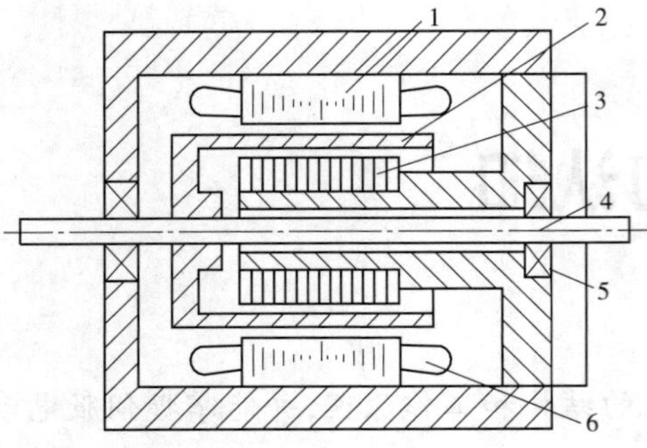

1—定子铁芯;2—杯形转子;3—内定子铁芯;
4—转轴;5—轴承;6—定子绕组

图 8-1　杯形转子伺服电动机结构图

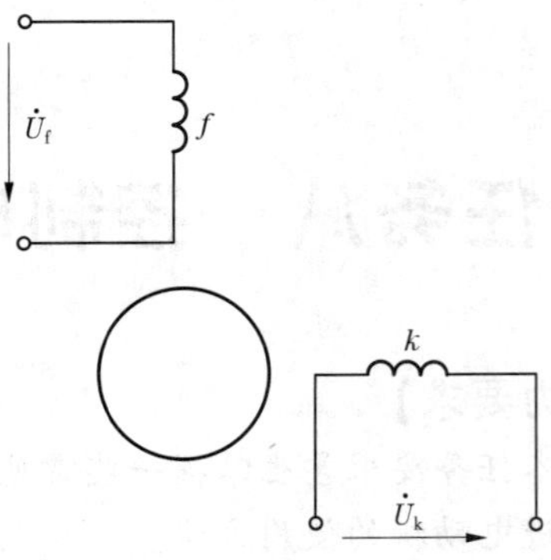

图 8-2　交流伺服电动机原理图

转子的形式有两种,一种是笼型转子,其绕组由高电阻率的材料制成,绕组的电阻较大。笼型转子结构简单,但其转动惯量较大;另一种是空心杯形转子,它由非磁性材料制成杯形,可以看成是导条数很多的笼型转子,其杯壁很薄,因而其电阻值较大。转子在内外定子之间的气隙中旋转,因空气隙较大而需要较大的励磁电流。空心杯形转子的转动惯量较小,响应迅速。

2. 工作原理

交流伺服电动机的工作原理和电容分相式单相异步电动机相似。在没有控制电压时,气隙中只有励磁绕组产生的脉振磁场,转子上没有启动转矩而静止不动。当有控制电压且控制绕组电流和励磁绕组电流不同相时,则在气隙中产生一个旋转磁场并产生电磁转矩,使转子沿旋转磁场的方向旋转。但是对伺服电动机要求不仅是在控制电压作用下就能启动,且电压消失后电动机应能立即停转。如果伺服电动机控制电压消失后像一般单相异步电动机那样继续转动,则出现失控现象,我们把这种因失控而自行旋转的现象称为自转。

为消除交流伺服电动机的自转现象,必须加大转子电阻 r_2,这是因为当控制电压消失后,伺服电动机处于单相运行状态,若转子电阻很大,使临界转差率 $s_m > 1$,这时正负序旋转磁场与转子作用所产生的两个转矩特性曲线以及合成转矩特性曲线如图 8-3 所示。

由图 8-3 可看出,合成转矩的方向与电机旋转方向相反,是一个制动转矩,这就保证了当控制电压消失后转子仍转动时,电动机将被迅速制动而停下。转子电阻加大后,不仅可以消除自转,还具有扩大调速范围、改善调节特性、提高反应速度等优点。

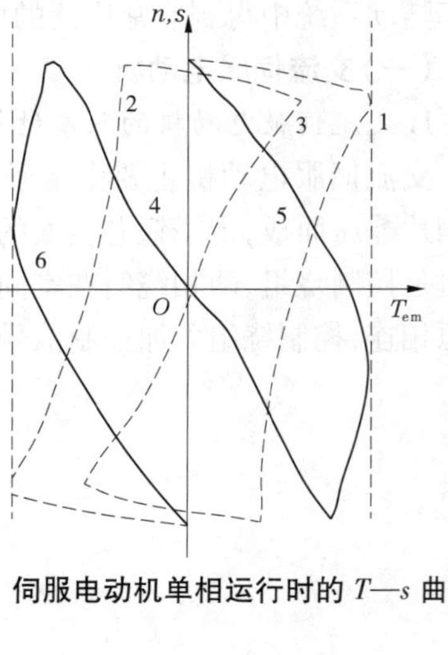

图 8-3　伺服电动机单相运行时的 T—s 曲线

3. 控制方法

可采用下列三种方法来控制伺服电动机的转速高低及旋转方向。

(1)幅值控制:保持控制电压与励磁电压间的相位差不变,仅改变控制电压的幅值。

(2)相位控制:保持控制电压的幅值不变,仅改变控制电压与励磁电压间的相位差。

(3)幅—相控制:同时改变控制电压的幅值和相位。

交流伺服电动机的输出功率一般在 100 W 以下。电源频率为 50 Hz 时,其电压有 36 V、100 V、220 V、380 V 等几种;当频率为 400 Hz 时,电压有 20 V、36 V、115 V 等几种。

交流伺服电动机运行平稳,噪声小,但控制特性为非线性并且因转子电阻大而使损耗大,效率比较低。与同容量直流伺服电动机相比体积大,质量大,所以只适用于 0.5 ~ 100 W 的小功率自动控制系统中。

(二)直流伺服电动机

1. 基本结构

传统的直流伺服电动机实质上是容量较小的普通直流电动机,有他励式和永磁式两种,其结构与普通直流电动机的结构基本相同。

杯形电枢直流伺服电动机的转子由非磁性材料制成空心杯形圆筒,转子较轻而使转动惯量小,响应快速。转子在由软磁材料制成的内、外定子之间旋转,气隙较大。

无刷直流伺服电动机用电子换向装置代替了传统的电刷和换向器,使之工作更可靠。它的定子铁芯结构与普通直流电动机基本相同,其上嵌有多相绕组,转子用永磁材料制成。

2. 基本工作原理

传统直流伺服电动机的基本工作原理与普通直流电动机完全相同,依靠电枢电流与气隙磁通的作用产生电磁转矩,使伺服电动机转动。通常采用电枢控制方式,即在保持励磁电压不变的条件下,通过改变电枢电压来调节转速。电枢电压越小,则转速越低;电枢电压为零时,电动机停转。由于电枢电压为零时电枢电流也为零,电动机不产生电磁转矩,不会出现"自转"现象。

二、自整角机

(一)自整角机概述

1. 自整角机的作用及分类

自整角机在自动控制系统中用作角度的传输、指示或变换,通常将两台或多台相同的自整角机组合起来使用。自整角机有力矩式和控制式两种,其用途不同。力矩式自整角机用作远距离转角指示,控制式自整角机可以将转角信号转换成电信号。

2. 自整角机的结构

自整角机的结构分成定子和转子两大部分,自整角机结构如图 8-4 所示。定、转子铁芯均由高导磁率、低损耗的薄硅钢片叠成。力矩式自整角机的转子多采用两极的凸极结构,对频率较高、规格较大的力矩式自整角机采用隐极结构。控制式自整角机的接收机转子采用隐极结构,定、转子之间的气隙较小。通常,定子铁芯槽内嵌有接成星形的三相对称绕组，称为整步绕组。转子铁芯槽内嵌有单相绕组，称为励磁绕组。励磁绕组通过滑环和电刷装置与外电路连接。

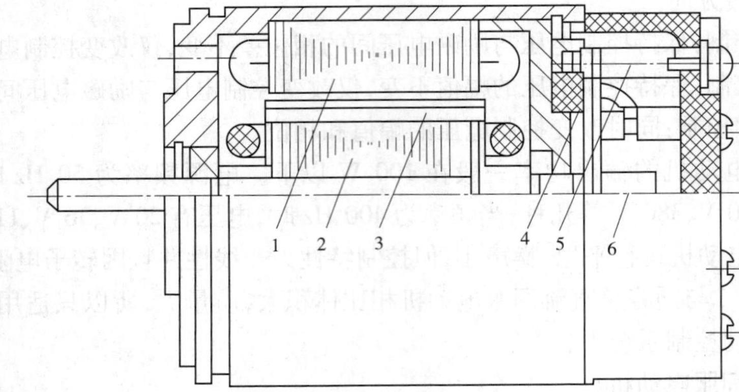

1—定子；2—转子；3—阻尼绕组；4—电刷；5—接线柱；6—滑环

图 8-4　自整角机的结构示意图

（二）力矩式自整角机

1. 力矩式自整角机的工作原理

力矩式自整角机的工作原理可以由图 8-5 来说明。图 8-5 中，由结构、参数均相同的两台自整角机构成自整角机组，一台用来发送转角信号，称自整角发送机，用 ZLF 表示；另一台用来接收转角信号，称为自整角接收机，用 ZLJ 表示。两台自整角机中的整步绕组均接成星形，三对相序相同的相绕组分别连接成回路。两台自整角机转子中的励磁绕组接在同一个单相交流电源上。

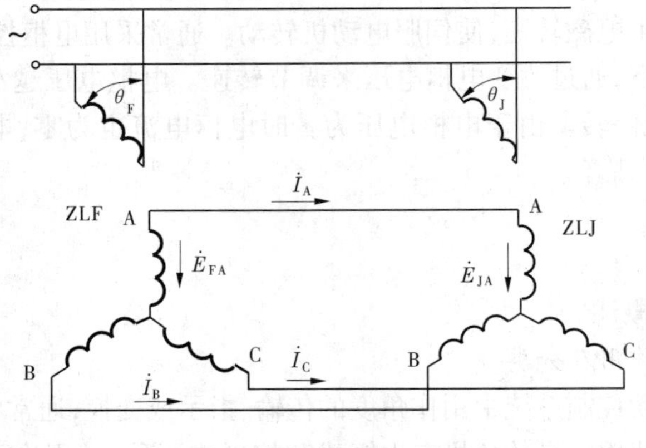

图 8-5　力矩式自整角机的原理图

在励磁绕组中通入单相交流电流时，两台自整角机的气隙中都将生成脉振磁场，其大小随时间按余弦规律变化。脉振磁场使整步绕组的各相绕组生成时间上同相位的感应电动势，电动势的大小取决于整步绕组中各相绕组的轴线与励磁绕组轴线之间的相对位置。当整步绕组中的某一相绕组轴线与其对应的励磁绕组轴线重合时，该相绕组中的感应电动势为最大，用 E_m 表示电动势的最大值。

设发送机整步绕组中的 A 相绕组轴线与其对应的励磁绕组轴线的夹角为 θ_F ，接收机整步绕组中的 A 相绕组轴线与其对应的励磁绕组轴线的夹角为 θ_J，如图 8-5 所示，则整步绕组中各相绕组的感应电动势有效值如下。

对发送机

$$\left.\begin{aligned}\theta_{FA} &= E_m\cos\theta_F\\ \theta_{FB} &= E_m\cos(\theta_F - 120°)\\ \theta_{FC} &= E_m\cos(\theta_F + 120°)\end{aligned}\right\}\tag{8-1}$$

对接收机

$$\left.\begin{aligned}\theta_{JA} &= E_m\cos\theta_J\\ \theta_{JB} &= E_m\cos(\theta_J - 120°)\\ \theta_{JC} &= E_m\cos(\theta_J + 120°)\end{aligned}\right\}\tag{8-2}$$

由于发送机与接收机各连接相的感应电动势在时间上是同相位的，可得各相回路的合成电动势为

$$\left.\begin{aligned}\Delta E_A &= E_{JA} - E_{FA} = 2E_m\sin\frac{\theta_F+\theta_J}{2}\sin\frac{\theta}{2}\\ \Delta E_B &= E_{JB} - E_{FB} = 2E_m\sin\left(\frac{\theta_F+\theta_J}{2} - 120°\right)\sin\frac{\theta}{2}\\ \Delta E_C &= E_{JC} - E_{FC} = 2E_m\sin\left(\frac{\theta_F+\theta_J}{2} + 120°\right)\sin\frac{\theta}{2}\end{aligned}\right\}\tag{8-3}$$

式中　θ——发送机、接收机偏转角之差，称为失调角，$\theta = \theta_F - \theta_J$。

当 $\theta_F \neq \theta_J$，即失调角 $\theta \neq 0°$ 时，整步绕组中各相回路的合成电动势不为零，使各相回路中产生均衡电流。设整步绕组中的各相阻抗为 Z，则各相回路的均衡电流有效值为

$$\left.\begin{aligned}I_A &= \frac{\Delta E_A}{2Z} = \frac{E_m}{Z}\sin\frac{\theta_F+\theta_J}{2}\sin\frac{\theta}{2}\\ I_B &= \frac{\Delta E_B}{2Z} = \frac{E_m}{Z}\sin\left(\frac{\theta_F+\theta_J}{2} - 120°\right)\sin\frac{\theta}{2}\\ I_C &= \frac{\Delta E_C}{2Z} = \frac{E_m}{Z}\sin\left(\frac{\theta_F+\theta_J}{2} + 120°\right)\sin\frac{\theta}{2}\end{aligned}\right\}\tag{8-4}$$

由于 $\theta_F \neq \theta_J$ 时，整步绕组各相回路中存在均衡电流，带电的整步绕组在气隙磁场的作用下产生电磁转矩，电磁转矩作用于整步绕组而试图使定子旋转。由于定子不能旋转，电磁转矩只能反作用于转子而使接收机转子转动（发送机转子的转轴是主令轴，不能因此而旋转）。接收机转子转动到使 $\theta_F = \theta_J$ 时，均衡电流为零，接收机转子停转。可见，只要发送机转子转过一个角度，接收机的转子就会在接收机本身生成的电磁转矩作用下转过一个相同的角度，从而实现了转角的远距离再现。

实际上，由于存在摩擦转矩，当电磁转矩随失调角减小而减小到等于或小于摩擦转矩时，接收机的转子就停转了，也就是说，均衡电流未下降到零时接收机转子就停转了，说明接收机转子的偏转角与发送机转子的偏转角还有一定的偏差，即仍存在失调角，此时的失调角称为静态误差角。静态误差角越小，力矩式自整角机的精度越高。

2. 力矩式自整角机的应用

图 8-6 表示为液面位置指示器。浮子随着液面的上升或下降，通过绳索带动自整角发送机的转子转动，将液面位置转换成发送机转子的转角。自整角发送机和接收机之间

再通过导线可以远距离连接，于是自整角接收机转子就带动指针准确地跟随发送机转子的转角变化而偏转，从而实现远距离的位置指示。

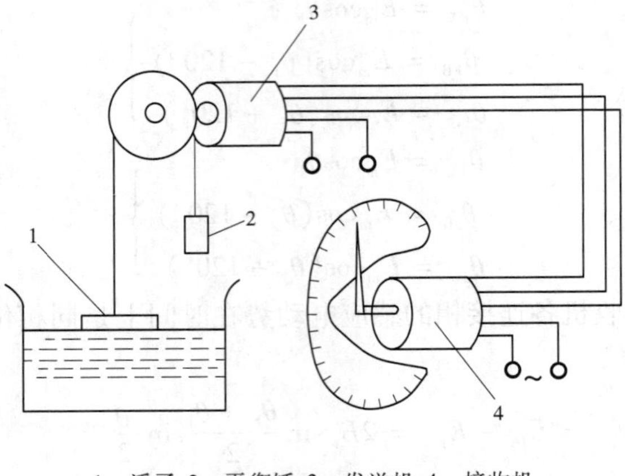

1—浮子；2—平衡锤；3—发送机；4—接收机

图 8-6　液面位置指示器

（三）控制式自整角机

1. 控制式自整角机的工作原理

控制式自整角机的工作原理可以由图 8-7 来说明。图 8-7 中，由结构、参数均相同的两台自整角机构成自整角机组。一台用来发送转角信号，它的励磁绕组接到单相交流电源上，称为自整角发送机，用 ZKF 表示；另一台用来接收转角信号并将转角信号转换成励磁绕组中的感应电动势输出，称为自整角接收机，用 ZKJ 表示。两台自整角机定子中的整步绕组均接成星形，三对相序相同的相绕组分别接成回路。

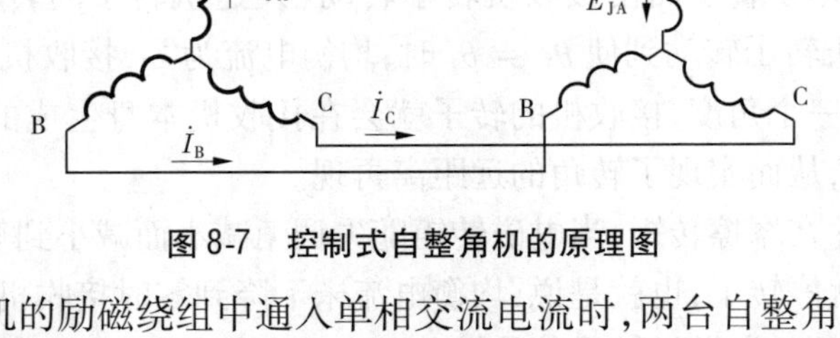

图 8-7　控制式自整角机的原理图

在自整角发送机的励磁绕组中通入单相交流电流时，两台自整角机的气隙中都将产生脉振磁场，其大小随时间按余弦规律变化。脉振磁场使自整角发送机整步绕组的各相绕组生成时间上同相位的感应电动势，电动势的大小取决于整步绕组中各相绕组的轴线与励磁绕组轴线之间的相对位置。当整步绕组中的某一相绕组轴线与励磁绕组轴线重合时，该相绕组中的感应电动势为最大值，用 E_{Fm} 表示电动势的最大值。

设发送机整步绕组中的 A 相绕组轴线与其对应的励磁绕组轴线的夹角为 θ_F，接收机整步绕组中的 A 相绕组轴线与其对应的励磁绕组轴线的夹角为 θ_J，如图 8-7 所示。发送机整步绕组中各相绕组的感应电动势有效值为

$$\left.\begin{aligned} E_{FA} &= E_{Fm}\cos\theta_F \\ E_{FB} &= E_{Fm}\cos(\theta_F - 120°) \\ E_{FC} &= E_{Fm}\cos(\theta_F + 120°) \end{aligned}\right\} \tag{8-5}$$

可以证明，接收机励磁绕组的合成电动势，即输出电动势 E_o 为

$$E_o = E_{om}\cos\theta \tag{8-6}$$

式中　E_{om} ——最大输出电动势有效值。

从式(8-6)看出，失调角 θ =0°时，接收机的输出电动势为最大而不为零，且与失调角 θ 有余弦关系的输出电动势不能反映发送机转子的偏转方向，故很不实用。实际的控制式自整角机是将接收机转子绕组轴线与发送机转子绕组轴线垂直时的位置作为计算 θ_F 的起始位置。此时，输出电动势表示为

$$E_o = E_{om}\cos(\theta - 90°) = E_{om}\sin\theta \tag{8-7}$$

由于接收机转子不能转动，即 θ_J 是恒定的。控制式自整角机的输出电动势的大小反映了发送机转子的偏转角度，输出电动势的极性反映了发送机转子的偏转方向，从而实现了将转角转换成电信号。

2. 控制式自整角机的应用

图 8-8 所示是雷达高低角自动显示系统原理图，图中自整角发送机转轴直接与雷达天线的高低角 α（俯仰角）耦合，因此雷达天线的高低角 α 就是自整角发送机的转角。控制式自整角接收机转轴与由交流伺服电动机驱动的系统负载（刻度盘或火炮等负载）的轴相连，其转角用 β 表示。接收机转子绕组输出电动势 E_2（有效值）与两轴的差角 γ 即 $\alpha-\beta$ 近似成正比，即

$$E_2 \approx k(\alpha - \beta) = k\gamma \tag{8-8}$$

式中，k 为常数。E_2 经放大器放大后送至交流伺服电动机的控制绕组，使交流伺服电动机转动。可见，只要 $\alpha \neq \beta$，即 $\gamma \neq 0$，就有 $E_2 \neq 0$，伺服电动机便要转动，使 γ 减小，直至 $\gamma = 0$。如果 α 不断变化，系统就会使 β 跟着 α 变化，以保持 $\gamma = 0$，这样就达到了转角自动跟踪的目的。只要系统的功率足够大，接收机上便可带动火炮一类阻力矩很大的负载。发送机和接收机之间只需三根连线，便可实现远距离显示和操纵。

三、旋转变压器

旋转变压器是一种常用的转角检测元件，由于它结构简单，工作可靠，且其精度能满足一般的检测要求，因此被广泛应用在数控机床上。

（一）旋转变压器的结构

旋转变压器的结构和两相绕线式异步电机的结构相似，可分为定子和转子两大部分。定子和转子的铁芯由铁镍软磁合金或硅钢薄板冲成的槽状芯片叠成。它们的绕组分别嵌入各自的槽状铁芯内。定子绕组通过固定在壳体上的接线柱直接引出。转子绕组有两种不同的引出方式。根据转子绕组两种不同的引出方式，旋转变压器分为有刷式和无刷式

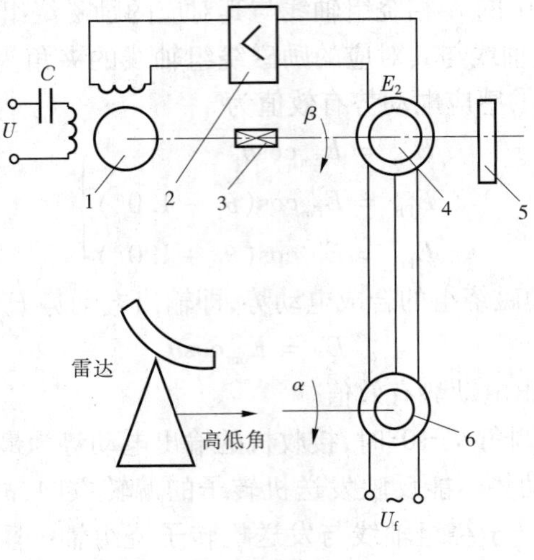

1—交流伺服电动机;2—放大器;3—减速器;
4—自整角接收机;5—减速器;6—自整角发送机

图 8-8　雷达高低角自动显示系统原理图

两种结构形式。

图 8-9 所示是有刷式旋转变压器。它的转子绕组通过滑环和电刷直接引出,其特点是结构简单、体积小,但因电刷与滑环是机械滑动接触的,所以旋转变压器的可靠性差,寿命也较短。

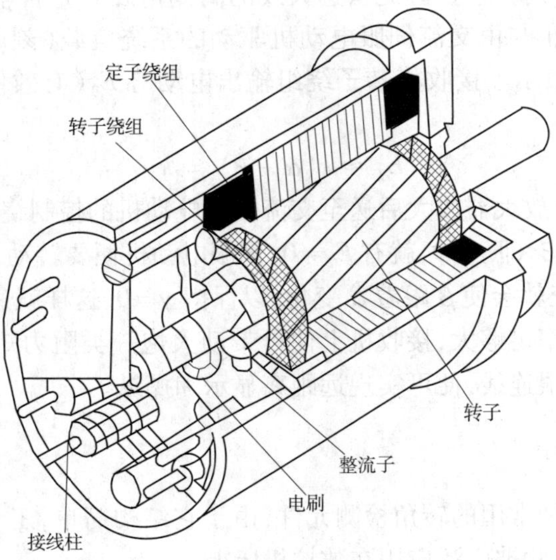

图 8-9　有刷式旋转变压器

图 8-10 所示为无刷式旋转变压器。它分为两大部分,即旋转变压器本体和附加变压器。附加变压器的原、副边铁芯及其线圈均呈环形,分别固定于转子轴和壳体上,径向留有一定的间隙。

旋转变压器本体的转子绕组与附加变压器原边线圈连在一起,在附加变压器原边线

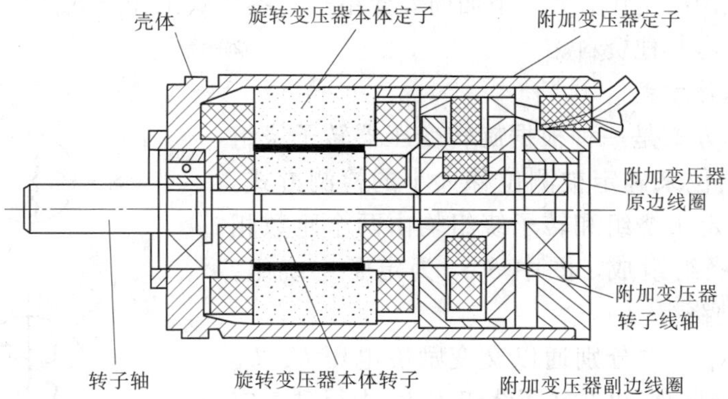

图 8-10　无刷式旋转变压器

圈中的电信号，即转子绕组中的电信号，通过电磁耦合，经附加变压器副边线圈间接地送出去。这种结构避免了电刷与滑环之间的不良接触造成的影响，提高了旋转变压器的可靠性及使用寿命，但其体积、质量、成本均有所增加。

常见的旋转变压器一般有两极绕组和四极绕组两种结构形式。两极绕组旋转变压器的定子和转子各有一对磁极，四极绕组则有两对磁极，主要用于高精度的检测系统。除此之外，还有多极式旋转变压器，用于高精度绝对式检测系统。

（二）旋转变压器的工作原理

1. 基本工作原理

由于旋转变压器在结构上保证了其定子和转子（旋转一周）之间空气间隙内磁通分布符合正弦规律，因此当激磁电压加到定子绕组时，通过电磁耦合，转子绕组便产生感应电势。图 8-11 所示为两极旋转变压器电气工作原理图。

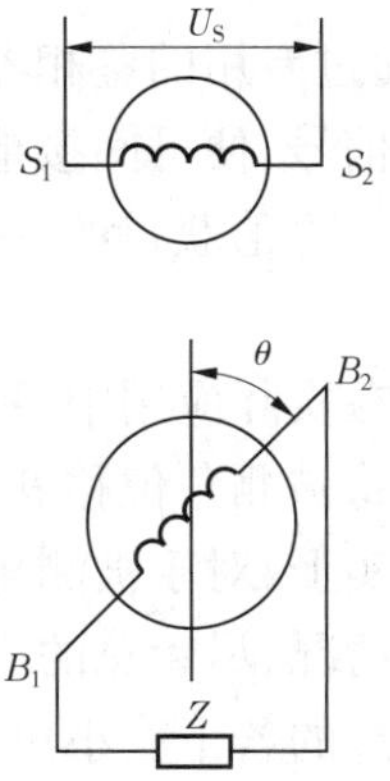

图 8-11　两极旋转变压器

设加在定子绕组 S_1S_2 的励磁电压为

$$U_S = U_m \sin\omega t \tag{8-9}$$

根据电磁学原理，转子绕组 B_1B_2 中的感应电压则为

$$U_B = kU_S \sin\theta = kU_m \sin\theta \sin\omega t \tag{8-10}$$

式中，k 为旋转变压器的变化，θ 为转子的转角，当转子和定子的磁轴垂直时，$\theta = 0°$。如果转子安装在机床丝杠上，定子安装在机床底座上，则 θ 角代表的是丝杠转过的角度，它间接反映了机床工作台的位移。

由式(8-10)可知，转子绕组中的感应电压 U_B 为以角速度 ω 随时间 t 变化的交变电压信号。其幅值 $kU_m\sin\theta$ 随转子和定子的相对角位移 θ 以正弦函数变化。因此，只要测量出转子绕组中的感应电势的幅值，便可间接地得到转子相对于定子的位置，即 θ 角的大小。

以上是两极绕组式旋转变压器的基本工作原理，在实际应用中，考虑到使用的方便性和检测精度等因素，常采用四极绕组式旋转变压器。这种结构形式的旋转变压器可分为鉴相式和鉴幅式两种工作方式。下面简要介绍一下鉴相式工作方式的原理，鉴幅式工作方式的原理请参考其他资料。

2. 鉴相式工作方式

鉴相式工作方式是一种根据旋转变压器转子绕组中感应电势的相位来确定被测位移大小的检测方式。如图8-12所示，定子绕组和转子绕组均由两个匝数相等互相垂直的绕组组成。图中 S_1S_2 为定子主绕组，K_1K_2 为定子辅助绕组。

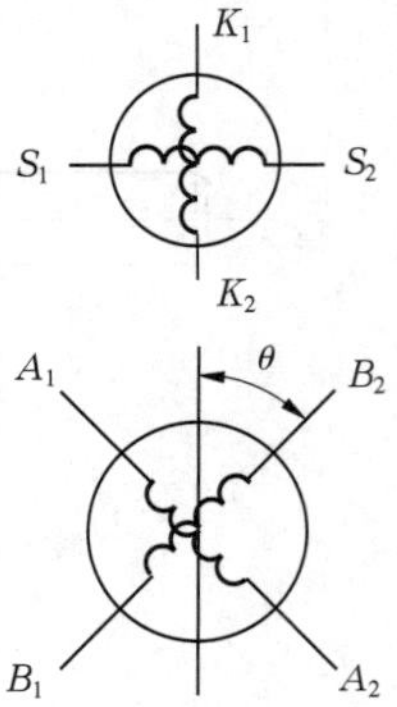

图8-12 旋转变压器电气工作原理

当 S_1S_2 和 K_1K_2 中分别通以交变励磁电压 U_S、U_K 时，根据线性叠加原理，可在转子绕组 B_1B_2 中得到感应电压 U_B，其值为励磁电压 U_S、U_K 各自产生感应电压 U_{BS}、U_{BK}之和，即

$$\begin{aligned} U_B &= U_{BS} + U_{BK} = kU_S\sin(-\theta) + kU_K\cos\theta \\ &= -kU_m\sin\theta\cos\omega t + kU_m\cos\theta\sin\omega t = kU_m\sin(\omega t - \theta) \end{aligned} \tag{8-11}$$

可见，旋转变压器转子绕组中的感应电压 U_B 与定子绕组中的励磁电压同频率，但相位不同，其差值为 θ。而 θ 角正是被测位移，故通过比较 U_B 与 U_K 的相位，便可求出 θ。

在图8-12中，转子绕组 A_1A_2 接一高阻抗，它不作为旋转变压器的测量输出，主要起平衡磁场的作用，目的是提高测量精度。

（三）旋转变压器的应用

在旋转变压器的鉴相式工作方式中，感应信号 U_B 和励磁信号 U_K 之间的相位差 θ 角，可通过专用的鉴相器线路检测出来，并表示成相应的电压信号，设为 $U(\theta)$，通过测量该电压信号，便可间接地求得 θ 值。但由于 U_B 是关于 θ 的周期性函数，$U(\theta)$是通过比较 U_B 与 U_K 之值获得的，因而它也是关于 θ 的周期性函数，即

$$U(\theta) = U(2\pi n + \theta) \quad (n = 1,2,3,\cdots) \tag{8-12}$$

故在实际应用中，不但要测出 $U(\theta)$ 的大小，而且还要测出 $U(\theta)$ 的周期性变化次数 n，或者将被测角位移 θ 角限制在 $\pm\pi$ 之内。

事实上，对于被测角位移大于 π 或小于 $-\pi$ 的情况，如用旋转变压器检测机床丝杠转角的情况，尽管总的机床丝杠转角 θ 可能很大，远远超出限定的 $\pm\pi$ 范围，但却是机床丝杠转过的若干次小角度 θ_i 之和，即

$$\theta = \theta_1 + \theta_2 + \cdots + \theta_N = \sum_{i=1}^{N} \theta_i \tag{8-13}$$

而 θ_i 很小，在数控机床上一般不超过3°，符合 $-\pi \leqslant \theta_i \leqslant \pi$ 的要求，旋转变压器及其信号处理线路可以及时地将它们一一检测出来，并将结果输出。因此，这种检测方式属于动态跟随检测和增量式检测。

四、步进电动机

（一）步进电动机概述

1. 应用及分类

步进电动机是将电脉冲信号转换成角位移或直线位移的控制电机，在自动控制系统中作执行元件。给步进电动机输入一个电脉冲信号时，它就转过一定的角度或移动一定的距离。由于其输出的角位移或直线位移可以不是连续的，因此称为步进电动机。步进电动机的精度高、惯性小，不会因电压波动、负载变化、温度变化等原因而改变输出量与输入量之间的固定关系，其控制性能很好。步进电动机广泛用于数控机床、计算机外围设备等控制系统中。

步进电动机的种类很多，主要有反应式、励磁式等。反应式步进电动机的转子上没有绕组，依靠变化的磁阻生成磁阻转矩工作。励磁式步进电动机的转子上有磁极，依靠电磁转矩工作。反应式步进电动机的应用最为广泛，它有两相、三相、多相之分，也有单段、多段之分。我们主要讨论单段三相反应式步进电动机的结构和工作原理。

2. 结构

单段三相反应式步进电动机的结构分成定子和转子两大部分，如图 8-13 所示。定、转子铁芯由软磁材料或硅钢片叠成凸极结构，定、转子磁极上均有小齿，定、转子的齿数相等。定子磁极上套有星形连接的三相控制绕组，每两个相对的磁极为一相，转子上没有绕组。

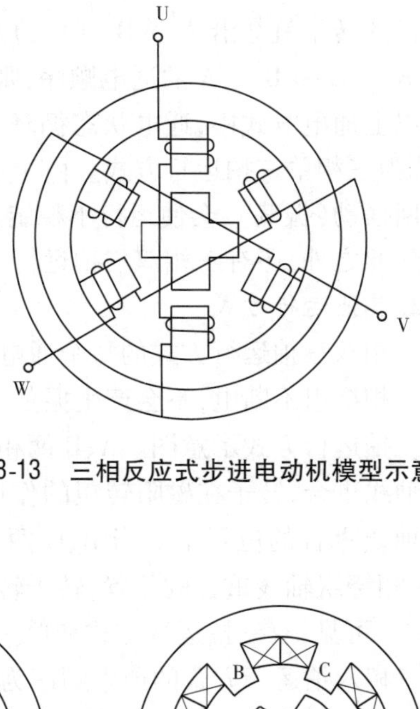

图 8-13　三相反应式步进电动机模型示意图

（二）步进电动机的工作原理

单段三相反应式步进电动机的工作原理可以由图 8-14 来说明。由于磁力线总是要通过磁阻最小的路径闭合，因此会在磁力线扭曲时产生切向力而形成磁阻转矩，使转子转动，这就是反应式步进电动机旋转的原理。

(a)A相通电　(b)B相通电　(c)C相通电

图 8-14　反应式步进电动机的工作原理图

1. 三相单三拍方式

现以 A→B→C→A 的通电顺序,使三相绕组轮流通入直流电流,观察转子的运动情况。当 A 相绕组通电时,气隙中生成以 A—A 为轴线的磁场。在磁阻转矩的作用下,转子转到使 1、3 两转子齿与磁极 A—A 对齐的位置上。如果 A 相绕组不断电,1、3 两转子齿就一直被磁极 A—A 吸引住而不改变其位置,即转子具有自锁能力。

A 相绕组断电、B 绕组通电时,气隙中生成以 B—B 为轴线的磁场。在磁阻转矩的作用下,转子又会转动,使距离磁极 B—B 最近的 2、4 两转子齿转到与磁极 B—B 对齐的位置上。转子转过的角度为

$$\theta_b = \frac{360°}{NZ_r} = \frac{360°}{3 \times 4} = 30° \tag{8-14}$$

式中 θ_b——步距角,即控制绕组改变一次通电状态后转子转过的角度;

N——拍数,即通电状态循环一周需要改变的次数;

Z_r——转子齿数。

同理,B 相绕组断电,C 相绕组通电时,会使 3、1 两转子齿与磁极 C—C 对齐,转子又转过 30°。可见,以 A → B → C → A 的通电顺序使三个控制绕组不断地轮流通电时,步进电动机的转子就会沿 A → B → C 的方向一步一步地转动。改变控制绕组的通电顺序,如改为 A → C → B → A 的通电顺序,则转子转向相反。

以上通电方式中,通电状态循环一周需要改变三次,每次只有单独一相控制绕组通电,称为三相单三拍运行方式。由于单独一相控制绕组通电时容易使转子在平衡位置附近来回摆动(振荡),会使运行不稳定,因此实际上很少采用三相单三拍的运行方式。

除此之外,还有三相双三拍运行方式和三相六拍运行方式。

2. 其他运行方式

三相双三拍运行方式的每个通电状态都有两相控制绕组同时通电,通电状态切换时总有一相绕组不断电,不会产生振荡。图 8-15 是通电顺序为 AB → BC → CA → AB 的三相双三拍运行方式示意图。A、B 两相通电时,两磁场的合成磁场轴线与未通电的C—C相绕组轴线重合,转子在磁阻转矩的作用下,转动到使转子齿 2、3 之间的槽轴线与C—C相绕组轴线重合的位置上。当 B、C 两相通电时,转子转到使转子齿 3、4 之间的槽轴线与 A—A 相绕组轴线重合的位置,转子转过的角度为 30°。同理,C、A 两相通电时,转子又转过 30°。可见,双三拍运行方式和单三拍运行方式的原理相同,步距角也相同。

三相六拍运行方式的通电顺序为 A → AB → B → BC → C → CA → A,其原理与单三拍、双三拍运行方式的原理相同。只是其通电状态循环一周需要改变的次数增加了 1 倍($N=6$),其步距角因此减为原来的一半($\theta_b = 15°$)。

步距角一定时,通电状态的切换频率越高,即脉冲频率越高时,步进电动机的转速越高。脉冲频率一定,步距角越大,即转子旋转一周所需的脉冲数越少时,步进电动机的转速越高。步进电动机的转速为

$$n = \frac{60f}{NZ_r} \tag{8-15}$$

式中 NZ_r——转子旋转一周所需的脉冲数;

f——脉冲频率。

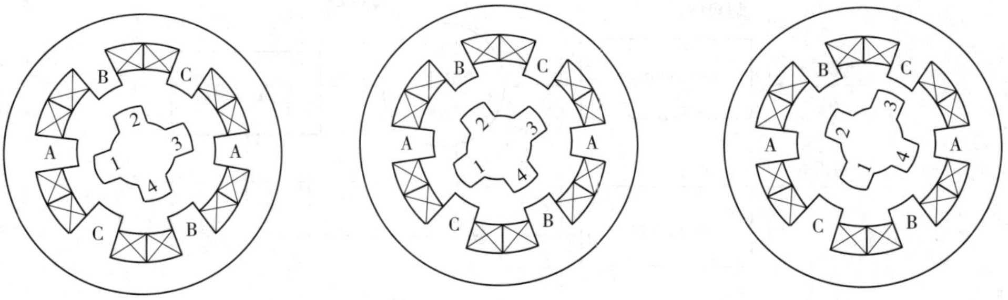

(a)A、B相通电　　(b)B、C相通电　　(c)C、A相通电

图 8-15　反应式步进电动机双三拍运行的工作原理图

图 8-14、图 8-15 只是步进电动机的模型图，其步距角太大。实际步进电动机的定、转子齿数较多，最小步距角可小至 0.5°。

五、开关磁阻电动机

（一）开关磁阻电动机概述

开关磁阻电动机调速（Switched Reluctance Drive，简写作 SRD）系统兼具直流、交流两类调速系统的优点，是继变频调速系统、无刷直流电动机调速系统之后发展起来的最新一代无级调速系统，是集现代微电子技术、数字技术、电力电子技术、红外光电技术及现代电磁理论、设计和制作技术为一体的光、机、电一体化高新技术。

英、美等经济发达国家对开关磁阻电动机调速系统的研究起步较早，并已取得显著效果，产品功率等级从数瓦直到数百千瓦，广泛应用于家用电器、航空、航天、电子、机械及电动车辆等领域。

我国对开关磁阻电动机调速系统的研究与试制起步于 20 世纪 80 年代末 90 年代初，取得了从基础理论到设计制造技术多方面的成果与进展，但产业化及应用性研究工作相对滞后。由于 SRD 的产业化，人们通常将其产品称为“开关磁阻调速电动机”。

（二）SRD 系统的组成及原理

开关磁阻电动机调速系统主要由开关磁阻电动机（SRM）、功率变换器、控制器、转子位置检测器四大部分组成，系统框图如图 8-16 所示。控制器内包含控制电路与功率变换器，而转子位置检测器则安装在电机的一端，电动机与国产 Y 系列感应电动机同功率同机座号同外形。

开关磁阻电动机调速系统所用的开关磁阻电动机（SRM）是 SRD 中实现机电能量转换的部件，也是 SRD 有别于其他电动机驱动系统的主要标志。SRM 为双凸极可变磁阻电动机，其定、转子的凸极均由普通硅钢片叠压而成。转子既无绕组也无永磁体，定子极上绕有集中绕组，径向相对的两个绕组连接起来，称为“一相”，SRM 可以设计成多种不同相数结构，且定、转子的极数有多种不同的搭配。相数多、步距角小，有利于减少转矩脉动，但结构复杂，且主开关器件多，成本高。目前应用较多的是四相（8/6）结构和三相（12/8）结构，图 8-17 示出四相（8/6）结构 SRM 原理图。

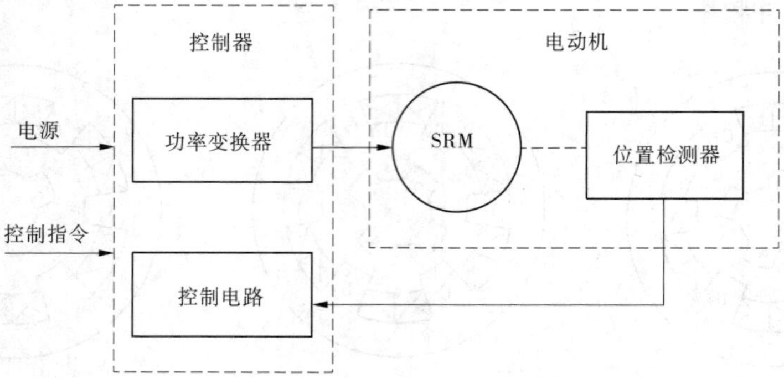

图 8-16　SRD 系统框图

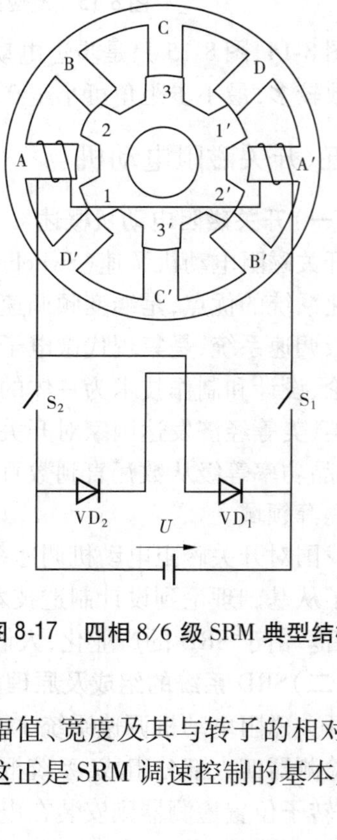

图 8-17　四相 8/6 级 SRM 典型结构

为简单计,图 8-17 中只画出 A 相绕组及其供电电路。SRM 的运行原理遵循磁阻最小原理,即磁通总要沿着磁阻最小的路径闭合,而具有一定形状的铁芯在移动到最小磁阻位置时,必使自己的主轴线与磁场的轴线重合。图 8-17 中,当定子 D—D′极励磁时,1—1′向定子轴线 D—D′重合的位置转动,并使 D 相励磁绕组的电感最大。若以图 8-17 中定、转子所处的相对位置作为起始位置,则依次给 D→A→B→C 相绕组通电,转子即会逆着励磁顺序以逆时针方向连续旋转;反之,若依次给 B→A→D→C 相通电,则电动机即会沿顺时针方向转动。可见,SR 电动机的转向与相绕组的电流方向无关,而仅取决于相绕组通电的顺序。另外,当主开关器件 S_1、S_2 导通时,A 相绕组从直流电源吸收电能,而当 S_1、S_2 关断时,绕组电流经续流二极管 VD_1、VD_2 继续流通,并回馈给电源。因此,SRM 传动的共性特点是具有再生作用,系统效率高。

由此可见,通过控制加到 SRM 绕组中电流脉冲的幅值、宽度及其与转子的相对位置(导通角、关断角),即可控制 SRM 转矩的大小与方向,这正是 SRM 调速控制的基本原理。

(三)SRD 系统的特点

开关磁组电动机调速系统之所以能在现代调速系统中异军突起,主要是因为它卓越的系统性能,主要表现在以下几个方面。

1. 电动机结构简单、成本低、可用于高速运转

SRM 的结构比鼠笼式感应电动机还要简单。其突出的优点是转子上没有任何形式的绕组,因此不会有鼠笼感应电机制造过程中铸造不良和使用过程中的断条等问题。其转子机械强度极高,可以用于超高速运转(如每分钟上万转)。在定子方面,它只有几个集中绕组,因此制造简便、绝缘结构简单。

2. 功率电路简单、可靠

因为电动机转矩方向与绕组电流方向无关,即只需单方向绕组电流,故功率电路可以做到每相一个功率开关。对比异步电动机绕组需流过双向电流,向其供电的 PWM 变频器功率电路每相需两个功率器件。因此,SRD 系统较 PWM 变频器功率电路中所需的功率元件少,电路结构简单。另外,PWM 变频器功率电路中每桥臂两个功率开关管直接跨在直流电源侧,易发生直通短路烧毁功率器件。而开关磁阻电动机调速系统中每个功率开关器件均直接与电动机绕组相串联,根本上避免了直通短路现象。因此,SRD 系统中功率电路的保护电路可以简化,既降低了成本,又有较高的工作可靠性。

3. 系统可靠性高

从电动机的电磁结构上看,各相绕组和磁路相互独立,各自在一定轴角范围内产生电磁转矩。而不像在一般电动机中必须在各相绕组和磁路共同作用下产生一个旋转磁场,电动机才能正常运转。从控制结构上看,各相电路各自给一相绕组供电,一般也是相互独立工作。由此可知,当电动机一相绕组或控制器一相电路发生故障时,只需停止该相工作,电动机除总输出功率能力有所减小外,并无其他妨碍。

4. 启动转矩大,启动电流低

控制器从电源侧吸收较少的电流,在电机侧得到较大的启动转矩是本系统的一大特点。典型产品的数据是:启动电流为额定电流的 15% 时,获得启动转矩为 100% 的额定转矩;启动电流为额定电流的 30% 时,启动转矩可达其额定转矩的 250% 。而其他调速系统的启动特性与之相比,如直流电机为 100% 的电流,鼠笼感应电动机为 300% 的电流,获得 100% 的转矩。启动电流小而转矩大的优点还可以延伸到低速运行段,因此本系统十分适合那些需要重载启动和较长时间低速重载运行的机械。

5. 适用于频繁启停及正反向转换运行

本系统具有的高启动转矩、低启动电流的特点,使之在启动过程中电流冲击小,电动机和控制器发热较连续额定运行时还要小。可控参数多使其制动运行能与电动运行具有同样优良的转矩输出能力和工作特性。二者综合作用的结果必然使之适用于频繁启停及正反向转换运行,次数可达 1 000 次/h。

6. 可控参数多,调速性能好

控制 SRM 的主要运行参数和常用方法至少有四种:相导通角、相关断角、相电流幅值、相绕组电压。可控参数多,意味着控制灵活方便。可以根据对电动机的运行要求和电动机的情况,采取不同控制方法和参数值,既可使之运行于最佳状态(如出力最大、效率最高等),还可使之实现各种不同功能的特定曲线。如使电动机具有完全相同的四象限运行能力,并具有最高启动转矩和串励电动机的负载能力曲线。由于 SRD 速度闭环是必备的,因此系统具有很高的稳速精度,可以很方便地构成无静差调速系统。

7. 效率高,损耗小

本系统是一种非常高效的调速系统。这是因为:一方面电动机绕组无铜损;另一方面电动机可控参数多,灵活方便,易于在宽转速范围和不同负载下实现高效优化控制。以 3 kW SRD 为例,其系统效率在很宽范围内都在 87% 以上,这是其他一些调速系统不容易达到的。将本系统同 PWM 变频器鼠笼型异步电动机的系统进行比较,本系统在不同转速和不同负载下的效率均比变频器系统高,一般要高5%~10%。

由SRD的结构、原理及特点可知,它有着极其广泛的应用领域,现仅就SRD在家用电器领域的应用作简单介绍:当今世界家用电器的发展趋势可归结为两句话"黑色家电数字化,白色家电调速化"。白色家电是指空调、冰箱、洗衣机等,其共同特点是都用电动机作动力。老一代的白色家电一般均采用不调速的电动机,这对于进一步提高其功能和档次已成为障碍,这类家用电器技术进步的总趋势是采用具有现代调速系统的电动机来取代不调速的电动机,最具资格的当数无刷直流电动机调速系统和开关磁阻调速电动机系统。而在某些性能及性价比方面,开关磁阻调速电动机系统占有一定的优势。

开关磁阻调速电动机作为最新一代无级调速系统尚处于深化研究开发、不断完善提高的阶段,其应用领域也在不断拓展之中。由于SRD优良的调速性能和极高的性价比,一旦推广普及可产生很好的经济效益和社会效益,这有待于我国从事SRD科研、开发与制造的高等院校、科研院所、企业以及为数更多的用户中的有识之士共同努力。

六、测速发电机

测速发电机是一种转速测量传感器。在许多自动控制系统中,它被用来测量旋转装置的转速,向控制电路提供与转速大小成正比的信号电压。

测速发电机分为交流和直流两种类型。

(一)交流测速发电机

交流测速发电机又分为同步式和异步式两种,这里只分析异步式交流测速发电机的工作原理。

异步式交流测速发电机的结构与杯形转子交流伺服电机相似,它的定子上有两个绕组,一个是励磁绕组、一个是输出绕组。基本结构如图8-18所示。

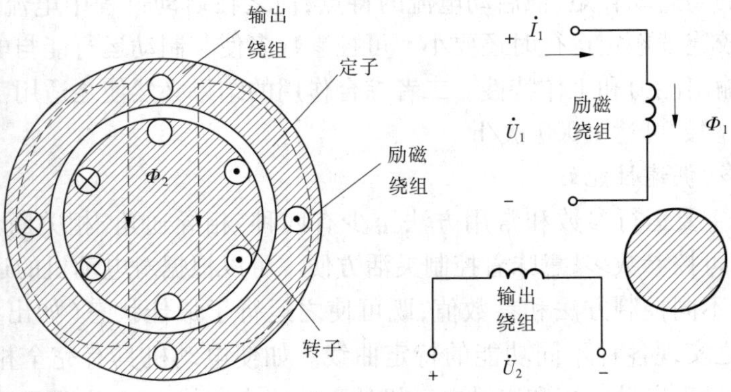

图8-18 交流测速发电机的基本结构

工作时,测速发电机的励磁绕组接交流电源 U_1,由 $U_1=4.44f_1N_1\Phi_1$ 可知,$\Phi_1\propto U_1$。当被测转动轴带动发电机转子旋转时,转子切割 Φ_1 产生转子感应电势 E_r 和转子电流 I_r,它们的大小与 Φ_1 和转子转速 n 成正比,即 $I_r\propto E_r\propto \Phi_1 n$。转子电流 I_r 也产生磁通 Φ_r,Φ_r 在输出绕组中感应出电压 U_2,U_2 的大小与 Φ_r 成正比,即 $U_2\propto \Phi_r$。

$$U_2 \propto \Phi_1 n \propto U_1 n \tag{8-16}$$

当 U_1 恒定不变时，U_2 与 n 成正比，这样，发电机就把被测装置的转速信号转变成了电压信号，输出给控制系统。

由于铁芯线圈电感的非线性影响，交流测速发电机的输出电压 U_2 与 n 间存在着一定的非线性误差，使用时要注意加以修正。

（二）直流测速发电机

直流测速发电机分永磁式和他励式两种。两种电机的电枢相同，工作时电枢接负载电阻 R_L。但永磁式的定子使用永久磁铁产生磁场，因而没有励磁线圈；他励式的结构与直流伺服电机相同，工作时励磁绕组加直流电压 U_1 励磁。其接线图如图 8-19 所示。

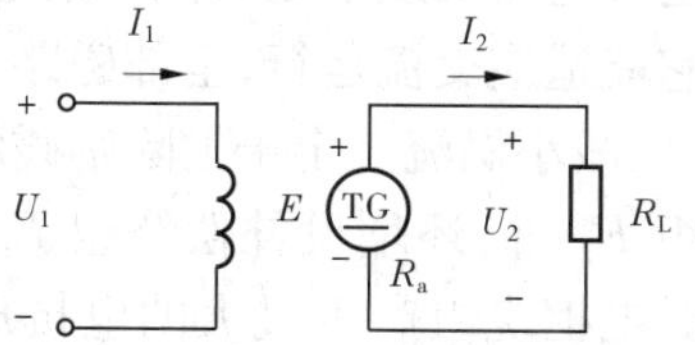

图 8-19　直流测速发电机接线图

当被测装置转动轴带动发电机电枢旋转时，电枢产生电动势 E，其大小为 $E = K_E \Phi n$。发电机的输出电压为 $U_2 = E - R_a I_2 = K_E \Phi n - R_a I_2$。由于 $I_2 = U_2/R_L$，可得

$$U_2 = \frac{K_E \Phi}{1 + \dfrac{R_a}{R_L}} n \tag{8-17}$$

可见，当励磁电压 U_1 保持恒定时（Φ 亦恒定），若 R_a、R_L 不变，则输出电压 U_2 的大小与电枢转速 n 成正比。这样，发电机就把被测装置的转速信号转变成了电压信号，输出给控制系统。其输出特性如图 8-20 所示。

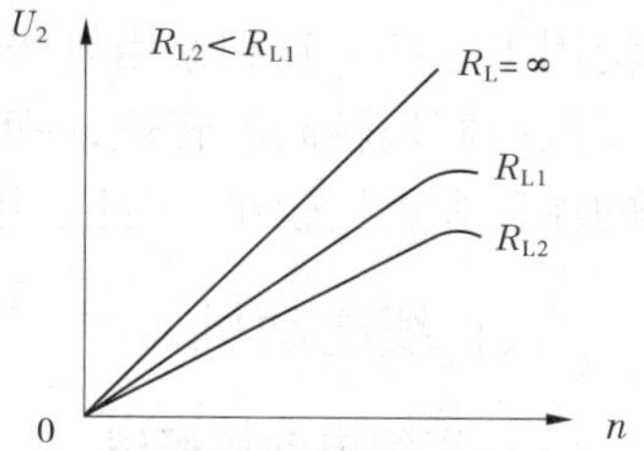

图 8-20　直流测速发电机的输出特性

值得注意的是，由于直流电机中存在着电枢反应现象，使得输出电压 U_2 与转速 n 有一定的线性误差。R_L 越小，n 越大，误差越大。因此，在使用中应使 R_L 和 n 的大小符合直流测速发电机的技术要求。

（三）控制系统对测速发电机的要求

自动控制系统对其元件的要求，主要是精确度高、灵敏度高、可靠性好等。因此，测速发电机在电气性能方面应满足以下几项要求：

（1）输出电压和转速的关系曲线（输出特性）应为线性。

（2）温度变化对输出特性的影响要小。

（3）输出特性的斜率要大。

（4）输出电压的纹波要小，即要求在一定的转速下输出电压要稳定，波动要小。

（5）正、反转时两个方向的输出特性要一致（实际应用中一般都稍有差别）。

不难理解，第（3）项要求是为了提高测速发电机的灵敏度。因为输出特性斜率大，速度变化相对的电压变化大，这样测速发电机的输出对转速的变化很灵敏。第 1、2、4、5 项的要求是为了提高测速发电机的精度。因为只有输出电压和转速成线性关系，并且正、反转时特性一致，温度变化对特性的影响越小，输出电压越稳定，则输出电压就越能精确地

反映转速,这样才能对提高整个系统的精度有利。

七、交直流两用电动机

交直流两用电动机是一种可由交流供电,也可由直流供电的串励电动机,又称普用电动机。图 8-21 为它的原理接线示意图。

这种电机实质上是直流串励电动机,只是为了使它能适应交流运行,全部磁路系统都由叠片制成,以减小涡流。定子上除励磁绕组 F 和换向极绕组 F_D 外,还增设补偿绕组 F_C,以限制交流运行时电枢绕组产生过大的电抗压降并改善换向。

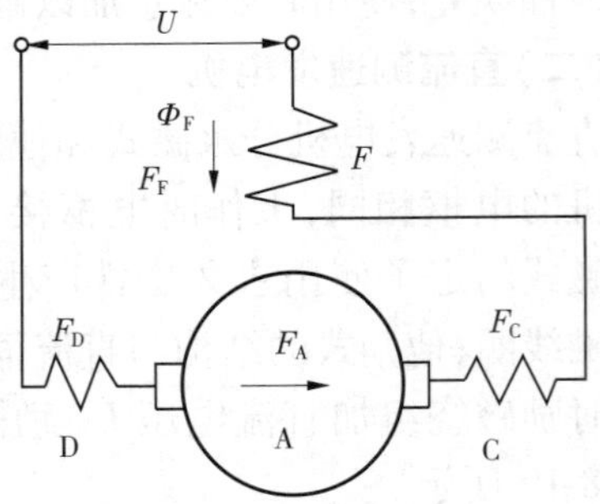

图 8-21　交直流两用电动机接线示意图

由于这种电动机是直流串励电动机的改进,故它可作直流电动机运行。作直流电动机运行时,磁通和电枢电流方向不变,电磁转矩的方向也不变。作交流电动机运行时,虽然磁通和电枢电流的大小和方向不断改变,但由于二者是同时改变的,所以它们所产生的转矩的方向是不变的。

交直流两用电动机的机械特性和直流串励电动机相似。它的启动转矩大,电源方便,广泛用于电动工具和家用电器,如手电钻、吸尘器、绞肉机、磨粉机等。另外,交直流两用电动机可实现较高的转速,一般可达 20 000 r/min,由于转速高,故而效率也较高,单位功率的体积和重量较小,因此多用于手提式电动工具。

八、直线电动机

(一)直线电动机概述

直线电动机是直接产生直线运动的电动机,它可以看成是旋转电机演化而来的。与旋转电机相对应,直线电机按机种分类可分为直线感应电动机、直线同步电动机、直线直流电动机和其他直线电动机(如直线步进电动机等)。旋转电动机的定子和转子,在直线电动机中称为初级和次级。为了在运动过程中始终保持初级和次级耦合,初级侧或次级侧中的一侧必须做得较长。在直线电动机中,直线感应电动机应用最广泛,因为它的次级可以是整块均匀的金属材料,即采用实芯结构,成本较低,适宜于做得较长。

直线电机按结构分类可分为平板型、管型、弧型和盘型。平板型结构是最基本的结构,应用也最广泛。直线电机按初级和次级的相对长度来分为短初级和短次级,按初级运动还是次级运动可分为动初级和动次级。

直线感应电机的应用面相当宽。例如,可用于高速列车、传送车、传送线、传送带、机械手、电动门、加速器、电磁锤、电磁搅拌器和电磁泵、金属分离器、帘幕驱动等。还有一些特殊的直线电机应用在其他领域。例如,压电直线电动机(利用压电材料的逆压电效应直接把电能转换成机械能,其特点是步距小、推力不大、机构简单、速度易控制),用于精密测量和计量,也可在定位驱动中作为执行元件,在光学系统的聚焦驱动、激光干涉仪和计量系统中可得到应用,也可应用于光刻机上。

（二）直线电动机的优点

直线电动机结构简单、反应速度快、灵敏度高、随动性好、容易密封、不怕污染、适应性强。由于直线电机本身结构简单，又可做到无接触运行，因此容易密封，各部件用尼龙浸渍后，采用环氧树脂加以涂封，这样它就不怕风吹雨打或有毒气体和化学药品的侵蚀，在核辐射和液体物质中也能应用。另外，直线电机是一种直接传动的特种电机，可实现无接触传递力，没有什么机械损耗，故障少，几乎不需要维修，又不怕振动和冲击。同时，直线电动机冷却条件好，特别是长次级接近常温状态，因此线负荷和电流密度可以取得很高。

但是，直线电机初、次级之间的气隙由于机械结构刚度的限制和工艺水平的影响，一般要比旋转电机的气隙大 2 ~ 3 倍，因而使其功率和效率大大降低。这是直线电机的一个致命弱点。

（三）直线电动机的应用原则

直线电机能直接产生直线运动，这一点对直线运动机械设计者和使用者有很大的吸引力。不少直线运动的机械是由旋转电机传动的。这时候必须配置由旋转运动变为直线运动的机械传动装置，使得整个装置机构庞大，成本较高而效率较低。采用直线电机，不但省去了机械传动机构，而且可因地制宜地将直线感应电机的初级和次级安放在适当的空间位置或直接作为运动机械的一部分，使整个装置紧凑合理，有时还可以降低成本和提高效率。此外，在某些场合，直线电机有它独特的应用，是旋转电机所不能替代的。但是并不是任何场合使用直线电机都能取得良好效果。为此，必须首先了解直线电机的应用原则，以便能恰到好处地应用它。其应用原则有以下几个方面。

（1）选择合适的运动速度。直线电机的运动速度与同步速度有关，而同步速度又正比于极距，因此极距的选择范围决定了运动速度的选择范围。极距太小会降低槽的利用率，增大槽漏抗和减小品质因数，从而降低电动机的效率和功率因数。极距的下限通常取 3 cm，极距可以没有上限，但当电机的输出功率一定时，初级铁芯的纵向长度是有限的，同时为了减小纵向边缘效应，电动机的极数不能太少，故极距不可能太大。对于工业用直线感应电机，极距的上限一般为 30 cm。这样在工频供电时，同步速度的选择范围相应地为 3 ~ 25 cm/s。当运动速度低于这一选择范围下限时，一般不宜使用直线感应电动机，除非使用变频电源，通过降低电源的频率来降低运动速度。在某些场合，允许用点动的方法来达到很低的速度，这时可以避免使用变频电源。

（2）要有合适的推力。旋转电机可以适应很大的推力范围。将旋转电机配上不同的变速箱，可以得到不同的转速和转矩。在低速的场合，转矩可以扩大几十到几百倍，以至于用一个很小的旋转电机就可以推动一个很大的负载，当然功率是守恒的。直线感应电机则不同，它无法用变速箱改变速度和推力，因此它的推力无法扩大。要得到比较大的推力，只有依靠加大电动机的尺寸，有时是不经济的。一般来说，在工业应用中，直线电机适用于推动轻载。

（3）要有合适的往复频率。在工业应用中，直线感应电动机是往复运动的。为了达到较高的劳动生产率，要求有较高的往复频率。这意味着电动机要在较短的时间内走完行程，在一个行程内，要经历加速和减速的过程，也就是要启动一次和制动一次。往复频率越高，电动机的加速度就越大，加速度所对应的推力越大，有时加速度所对应的推力甚至大于负载所需推力。推力的提高导致电动机的尺寸加大，而其质量加大又引起加速度所对应的推力进一步提高，有时产生恶性循环。为此，在设计电机时，应当充分重视对加速度的控制。根据合适的加速度计算出走完行程所需时间，由此决定电机的往返频率。在整个设计中，应尽量减小运动部分的质量，以便减小加速度所对应的推力。

(4)要有合适的定位精度。在许多应用场合，电动机运行到位时由机械限位使之停止运动。为了使电机在到位时冲击小，可以加上机械缓冲装置。在没有机械限位的场合，比较简单的定位方法是，在到位前通过行程开关控制，对电机做反接制动或能耗制动，使其在到位时停下来。但由于直线电机的机械特性是软特性，电源电压变化或负载变化都会影响电动机在开始制动时的初速度，从而影响停止时的位置，因此这种定位方法只能用于电源电压稳定且负载恒定的场合。

练习与提高

8-1　当直流伺服电动机电枢电压、励磁电压不变时，如将负载转矩减小，试问此时电动机的电枢电流、电磁转矩、转速将怎样变化？

8-2　如果一对自整角机定子绕组的三根连接线中有一根断开，或接触不良，试问能不能转动。

8-3　为何副边补偿的旋转变压器的输入阻抗和转角 θ 无关？为何原边补偿（副边无补偿）的正余弦旋转变压器的输入阻抗与转角 θ 有关？

8-4　反应式步进电机与永磁式步进电机在作用原理方面有什么共同点和差异？步进电机与反应式、永磁式同步电动机有什么共同点和差异。

8-5　如果一台步进电机的负载转动惯量变大，试问它的启动频率有何变化。

任务九 电动机的选择

【能力要求】

本任务要求学生掌握根据不同的工作要求，选择不同结构形式的电机及其常用参数的能力。

【引入】

本任务介绍电力拖动系统中电动机的选择，主要是确定电动机的功率和工作方式，同时还要确定电动机的电流种类、形式、额定电压和额定转速。选择电动机的原则，应满足生产机械的要求，还要从经济上保证其合理性。在选择电动机的功率时，要考虑电动机的发热、过载能力和启动能力三方面的因素。

任务资讯

一、电动机的发热和冷却

（一）电动机的发热过程

电动机工作时，其内部主要存在铁损耗、铜损耗及机械损耗，这些损耗是以发热的形式表现出来的，使电动机发热。当电动机的负载和转速一定时，其内部的发热量在单位时间内是恒定的。电动机工作时，其内部产生的热量有两方面的去向，一方面由电动机吸收使其本身的温度升高，另一方面向周围环境散热。可以用以下公式表示这一热平衡关系：

发热量 = 吸热量 + 散热量

电动机温度升高，就产生了与周围环境的温度差。将电动机本身的温度与标准环境温度（40 ℃）的差值称为温升，用 τ 表示。当电动机的温度升高到某一数值时，电动机内部所增加的发热量全部向周围环境散发，电动机本身的温度不再升高，即温度达到了稳定值。电动机的温度达到稳定值时的状态称为热稳定状态，对应的温度值称为稳态温度，对应的温升称为稳态温升。

电动机的温升变化过程可以用下列方程式表示

$$\tau = \tau_w + (\tau_0 - \tau_w)e^{-t/T} \tag{9-1}$$

式中 τ_w ——稳态温升；

τ_0 ——初始温升（温升开始变化时的数值）；

t——温升变化时间；

T——电动机的热时间常数。

热时间常数 T 只与电动机的体积和本身结构有关，它的大小反映了电动机达到热稳定状态前的温升变化速度。T 越小，温升变化越快；T 越大，温升变化越慢。

根据式(9-1)可以作出电动机发热过程的温升变化曲线,如图 9-1 所示。可见,电动机的温升是按指数规律变化的。曲线 1 对应于电动机初始温升为零的情况,即温升从电动机启动时开始升高。曲线 2 对应于电动机初始温升不为零的情况,即温升从电动机的负载增加时开始升高。由图 9-1 看出,发热过程开始时,初始温升较小,即电动机与周围环境的温度差较小,向周围环境散发的热量较少,电动机内部产生的热量大部分被电动机吸收,使电动机的温升增加较快。初始温升越小,温升增加得越快。随着温升的增加,电动机与周围环境的温度差逐步增大,向周围环境散发的热量随之逐步增加,使电动机的温升增加速度逐步减慢。如此一直到电动机的温升达到稳定值,发热过程结束。

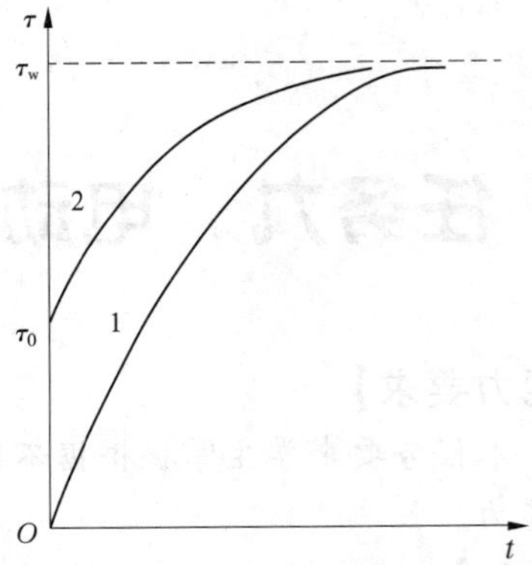

图 9-1　电动机发热过程温度变化曲线

在构成电动机的所有材料中,绝缘材料的耐热性能是最差的,而绝缘材料又是电动机中最重要的材料之一。电动机工作时,如果绝缘材料因温度过高而损坏,那么电动机的绕组中将出现匝间或相间短路现象,使电动机不能正常运行,甚至被烧毁。各种绝缘材料的耐热性能不尽相同。为使电动机能达到正常的使用年限(约为 20 年),规定了各种绝缘材料的工作温度不能超过某一数值,即不能超过允许的最高工作温度值。通常将各种绝缘材料对应的允许最高工作温度值用绝缘材料等级来表示,电动机有 A、E、B、F、H 等五级,如表 9-1 所示。电动机工作,如果其内部温度超过绝缘材料允许的最高工作温度值,绝缘材料的老化速度将加快。超过的温度差值越大,绝缘材料的老化速度越快。当电动机的温度太高时,绝缘材料将被烧坏。

表 9-1　电动机绝缘材料等级

等级	绝缘材料	允许最高温度(℃)
A	用普通绝缘漆浸渍处理的棉纱、丝、纸及普通漆包线的绝缘漆	105
E	环氧树脂、聚酯薄膜、青壳纸、三醋酸纤维薄膜、高强度漆包线的绝缘漆	120
B	云母、玻璃纤维、石棉(用有机胶黏合或浸渍)	130
F	云母、玻璃纤维、石棉(用合成胶黏合或浸渍)	155
H	云母、玻璃纤维、石棉(用硅有机树脂黏合或浸渍)	180

(二)电动机的冷却过程

初始温升大于稳态温升时的温升变化过程,就是电动机的冷却过程。根据式(9-1)可以作出电动机冷却过程的温升变化曲线,如图 9-2 所示。曲线 1 对应于电动机稳态温升为零的情况,即温升从电动机脱离电源时开始降低,直至降到零。曲线 2 对应于电动机稳态温升下降到某一稳态温升值的情况，即温升从电动机负载减小时开始降低，直至降到负载减小后所对应的稳态温升值。

由图 9-2 可以看出，冷却开始时，初始温升较大，即电动机与周围环境的温度差较大，向周围环境散发的热量较多，使电动机的温升降低较快。随着温升的降低，电动机与周围环境的温度差逐步减小，向周围环境散发的热量随之逐步减少，使电动机的温升下降速度逐步减慢。如此一直到电动机的温升达到稳态值，冷却过程结束。

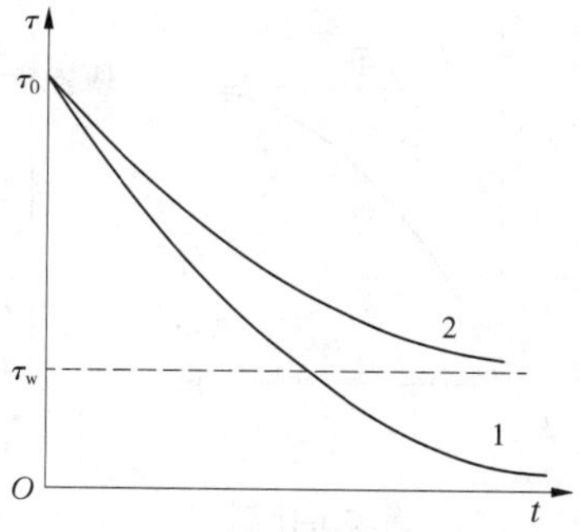

图 9-2　电动机冷却过程的温度变化曲线

二、电动机的工作制及容量选择

（一）电动机的工作制

为了在不同情况下方便用户选择电动机功率并使所选的电动机得到充分利用，根据电动机工作时的发热特点，把电动机分成连续、短时、周期断续三种工作制。

1. 连续工作制

连续工作制是指电动机带额定负载运行时，运行时间 t_L 很长，电动机的温升可以达到稳态温升的工作方式。其负载图 $p=f(t)$ 及温升曲线 $\tau=f(t)$ 如图 9-3(a)所示。连续工作制电动机在铭牌上标注 S_1 或一般不在铭牌上标明工作制，连续工作制的电动机在生产实际中的使用很广泛。属于此类的生产机械有水泵、通风机、造纸机、纺织机和机床主轴等。

2. 短时工作制

短时工作制是指电动机带额定负载运行时，运行时间 t_L 很短，使电动机的温升达不到稳态温升，同时停机时间 t_0 很长，使电动机的温升可以降到零的工作方式。其负载图及温升曲线如图 9-3(b)所示。短时工作制的电动机铭牌上的标注为 S_2，我国的短时工作制电动机的运行时间有 15 min、30 min、60 min、90 min 四种定额。拖动管道及水库闸门的电动机常采用短时工作制电动机。

3. 周期断续工作制

周期断续工作制是指电动机带额定负载运行时，运行时间 t_L 很短，使电动机的温升达不到稳态温升，停止时间 t_0 也很短，使电动机的温升降不到零，工作周期小于 10 min 的工作方式。其负载图及温升曲线如图 9-3(c)所示。工作时间占工作周期的百分比称为负载持续率，用 $F_C\%$ 表示

$$F_C\% = \frac{t_L}{t_L + t_0} \times 100\% \tag{9-2}$$

我国的周期断续工作制电动机的负载持续率有 15%、25%、40%、60% 四种定额。周期断续工作制的电动机铭牌上的标注为 S_3。要求频繁启动、制动的电动机常采用周期断续工作制电动机，如拖动电梯、起重机的电动机等。

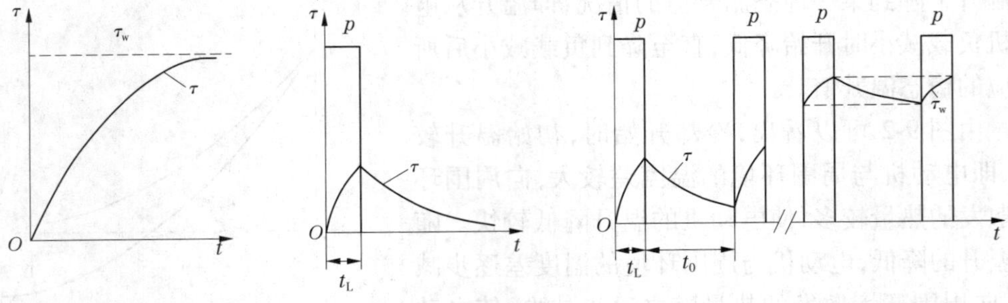

图 9-3 电动机三种工作制的温升变化曲线

(二)电动机容量的选择

1. 考虑因素

电动机容量的选择从以下几方面分析:

(1)发热。实际最高工作温度小于电动机绝缘的允许最高工作温度,即 $\theta_{max} \leqslant \theta_a$。

(2)过载能力。短期工作时,承受高于额定功率的负载功率时仍可保证 $\theta_{max} \leqslant \theta_a$。此时,决定电动机容量的主要因素不是发热而是电动机的过载能力。

(3)启动能力。由于鼠笼式异步电动机的启动转矩一般较小,所以为使电动机能可靠启动,必须保证

$$T_L < \lambda_{st} T_N \tag{9-3}$$

$$\lambda_{st} = \frac{T_{st}}{T_N} \tag{9-4}$$

2. 选择方法

1)计算法

根据生产机械负载图预选一台电动机,再用该电动机的技术数据和生产机械负载图求出电动机的负载图。最后按电动机的负载图从发热的方面进行校验,并检查电动机的过载能力与启动转矩是否满足要求,如若不合格,另选一台电动机重新计算,直到合格。

2)统计类比法

所谓类比法,就是与类似生产机械所用电动机的功率进行对比。其具体做法是:了解本单位或附近其他单位的类似生产机械使用多大功率的电动机,然后选用相近功率的电动机进行试车。试车的目的是验证所选电动机与生产机械是否匹配。

验证的方法:使电动机带动生产机械运转,用钳形电流表测量电动机的工作电流,将测得的电流与该电动机铭牌上标出的额定电流进行对比。如果电动机的实际工作电流与铭牌上标出的额定电流相差不大,则表明所选电动机的功率合适。

如果电动机的实际工作电流比铭牌上标出的额定电流低 70% 左右,则表明电动机的功率选得过大("大马拉小车"),应调换功率较小的电动机。如果测得的电动机工作电流比铭牌上标出的额定电流大 40% 以上,则表明电动机的功率选得过小("小马拉大车"),应调换功率较大的电动机。

任务实施

不同工作制情况下,电动机的发热与冷却情况不同。在进行电动机容量选择时,为保证容量充分利用,电动机在工作时的温升恰好等于其允许温升,就必须考虑其实际工作制。因此,不同工作制情况下电动机容量选择的计算方法也有所不同。

一、连续工作制情况

(一)选择原则

电动机的功率,应根据生产机械所需要的功率来选择,尽量使电动机在额定负载下运行。选择时应注意以下两点:

(1)如果电动机功率选得过小,就会出现“小马拉大车”现象,造成电动机长期过载,使其绝缘因发热而损坏,甚至电动机被烧毁。

(2)如果电动机功率选得过大,就会出现“大马拉小车”现象,其输出机械功率不能得到充分利用,功率因数和效率都不高,不但对用户和电网不利,而且还会造成电能浪费。

(二)选择方法

要正确选择电动机的功率,必须经过以下计算或比较:

(1)对于恒定负载连续工作方式,如果知道负载的功率(生产机械轴上的功率)P_1,可按下式计算所需电动机的功率P

$$P = \frac{P_1}{\eta_1 \eta_2} \tag{9-5}$$

式中 η_1——生产机械的效率;

η_2——电动机的效率。

按式(9-5)求出的功率,不一定与产品功率相同,所选电动机的额定功率应等于或稍大于计算所得的功率。

(2)对于周期性变动负载,若按最大负载功率选择,则电动机的容量必然得不到充分利用;若按最小负载功率选择,则电动机的温升必然超过允许温升。可见,电动机的容量应选择在最大与最小负载功率之间。具体选择步骤如下:

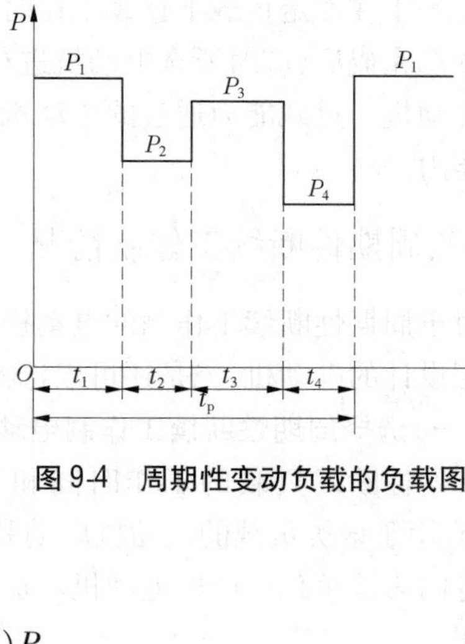

图 9-4 周期性变动负载的负载图

①计算并绘制周期性负载图。图9-4所示为某周期性负载的负载图。

②计算平均功率P_{av}。一般采用加权平均法计算。

③根据负载平均功率预选电动机。其估算式为

$$P_n = (1.1 \sim 1.6) P_{av} \tag{9-6}$$

式中系数是考虑负载变化时电动机在过渡过程中电流比较大，其铜损耗与电流的平方成正比，故电动机发热要比平均功率下的发热严重，当过渡过程占周期的比重较大时，系数取偏上限值。

④对预选电动机进行热校验。经计算所得电动机的发热小于允许发热，并且相差不大时，则热校验合格；否则，应重新选择电动机容量，再次进行热校验，直到合格。热校验采用的方法有平均损耗法和等效法，具体校验方法请参考其他资料。

⑤过载能力校验。预选电动机的最大电磁转矩必须大于负载图中的最大转矩，若不满足，则需重新选择。

对于笼型异步电动机，必要时还应进行启动能力的校验。

二、短时工作制情况

对于短时运行的负载，可以选择短时容量的电动机，也可选择连续容量的电动机。

（一）选择短时容量的电动机

短时工作定额的电动机与功率相同的连续工作定额的电动机相比，最大转矩大，重量小，价格也相对较低。因此，在条件许可时，应尽量选用短时工作定额的电动机。前已述及，我国生产的短时工作电动机时间定额有 15 min、30 min、60 min、90 min 四种。

如果短时负载功率 P_L 是恒定的，且负载的工作时间与电动机的定额时间相同或接近，则可直接选择电动机容量，即 $P_n \geqslant P_L$。若短时负载是变动的，则先计算出周期内的平均功率，再按平均功率选择电动机容量。当负载的工作时间与电动机定额时间相差较大时，应先把负载在工作时间下的功率换算到电动机定额时间下的功率，换算依据是在换算前后电动机的发热相同，再按换算后的功率来选择电动机。

电动机的容量确定之后，同样还要校验过载能力与启动能力。

（二）选择连续容量的电动机

若按短时负载功率选择长期容量的电动机，电动机的容量得不到充分利用，温升达不到允许值。实际选择时，可选用一台容量小于负载容量的电动机，使其在工作时间内的温升恰好等于在额定负载下连续工作时的温升，其换算公式可参考其他资料。

预选完成后，应对所选电动机进行过载能力校验，若校验通不过，要按过载能力重新选择电动机。过载能力通过的电动机，不必进行发热校验。对于笼型电动机，还应校验其启动能力。

三、周期性断续工作制情况

对于周期性断续工作制的电动机，同样可以有两种选择方式，一是选择按周期性断续工作制设计的电动机，二是还可以选择按连续工作制设计的电动机。

（一）选择周期性断续工作制电动机

周期性断续负载的工作时间和停车时间是交替进行的，且每个周期时间不超过 10 min。用于该类负载的电动机启动和制动频繁，因此一般的电动机很难满足要求，故多采用专门为该负载生产的电动机。这类电动机的飞轮矩较小，惯性也小，减少了启动和制动时间。

进行电动机选择时，首先根据负载图计算实际负载持续率，其计算公式为

$$F_S\% = t_L/(t_L + t_o) \times 100\% \tag{9-7}$$

式中 t_L——工作时间，min；

t_o——停止时间，min；

$t_L + t_o$—— 一个工作周期时间，min。

若负载的实际持续率与标准持续率不相同，应向靠近的标准持续率进行折算，折算原则同样是考虑折算前后的发热相同。预选电机容量时，一般按负载的1.1～1.6倍容量选择，预选后仍要进行发热校验和启动能力校验。

当负载持续率小于10%时，可按短时工作制选择电动机；当负载持续率大于70%时，可按连续工作制选择电动机。

（二）选择连续容量的电动机

周期性断续工作制负载也可以选择连续容量的电动机。当电动机的容量为额定负载连续运行时，其允许温升就是它的稳态温升；当在同样负载下做周期断续运行时，则是先在工作时间内温升增大，接着在停车时间内温升减小，因此其稳态温升比连续工作时要低。为此，我们可以选择一台容量小的连续容量电动机，使其做周期性断续运行，只要满足运行时的最大温升不超过该电动机的允许温升即可。

四、电动机其他参数的选择

（一）电动机种类的选择

电动机从类别上分为鼠笼式异步电动机、绕线式异步电动机、同步电动机和直流电动机。在满足生产机械特点的前提下，应优先选择结构简单、价格便宜、运行和维护方便的电动机。

鼠笼式异步电动机具有结构简单、价格便宜、运行可靠等优点，但它的启动和调速性能差，因此对不要求调速的生产机械应选择鼠笼型电动机，如机床、水泵、通风机等。对启动转矩要求较大的生产机械，如空气压缩机、皮带运输机等，可选择深槽和双鼠笼型异步电动机。

绕线式异步电动机具有较大的启动转矩和在一定范围内较好的调速性能，多用在启动、制动比较频繁，需要较大启动转矩，调速范围不大的生产机械上，如起重机、卷扬机、电梯和矿井提升机等。

同步电动机具有转速恒定、功率因数可调、过励运行时能提高电网功率因数的特点，但造价较高。因此，仅用在负载功率较大，且不要求调速的生产机械上，如空气压缩机、球磨机、破碎机和矿井风机等。

直流电动机具有启动转矩大、调速性能好的优点，但是它的结构复杂、造价高、运行维护较困难。因此，只有在交流电动机无法满足的生产机械上才采用，如高精度数控车床、龙门刨床、矿井提升机、造纸机、电梯和电力机车等。

近年来，随着交流电机调速技术的发展，如异步电动机的串级调速和变频调速的应用，其技术经济指标正向直流电动机接近，可以说交流异步电动机的应用将越来越广泛。

（二）电动机电压的选择

电动机电压的选择主要由电力系统对企业的供电电压来决定，还和电动机的功率大小有密切的关系。

1. 交流电动机电压等级的选择

交流电动机电压等级的选择主要根据电动机运行场地供电电网的电压等级而定。通常生产车间的低压电网的电压为 380 V，因此一般中小型异步电动机多为低压，其额定电压为 380 V（Y 接法或△接法）、220 V/380 V（△/Y 接法）和 380 V/660 V（△/Y 接法）三种。

对于大中容量的电动机，为减小电流，通常采用高压电动机，其额定电压有 1 kV、3 kV、6 kV 等几种。当然，要求生产车间的供电系统必须配套。

2. 直流电动机的电压等级的选择

直流电动机的额定电压一般为 110 V、220 V、440 V，其中最常用的电压等级为220 V。当交流电源为 380 V 时，采用三相桥式可控整流电路供电，直流电动机的额定电压应选为 440 V；若采用三相半波可控整流电路供电，直流电动机额定电压应选为 220 V；如采用单相整流电路供电，可选用经改型的额定电压为 160 V 的直流电动机。

（三）电动机转速的选择

电动机额定转速都是根据生产机械的要求来选定的。在确定电动机额定转速时必须考虑机械减速机构的传动比值，两者互相配合并经过技术与经济的全面比较才能确定。通常，电动机转速不低于 500 r/min，因为当容量一定时，电动机的同步转速愈低，电动机尺寸愈大、价格愈贵，其效率也将比较低。另一方面若选用高速电动机，虽然电动机的功率将得到提高，但势必将加大机械减速机构的传动比，从而导致机械传动的部分的结构复杂。对于无需调速的一些高、中速机械，可选用相应转速的电动机而不经机械减速机构直接转动；而需要调速的机械，其生产机械的最高转速要与电动机的最高转速相适应。如果改变励磁的直流电动机调速，为充分利用电动机功率，应仔细选好调磁调速的基本转速。对于某些工作速度较低且经常处于频繁正、反转运行状态的生产机械，为提高生产效率、降低消耗、减少噪声和节省投资，则应选择适宜的低速电动机，采用无减速机构的直接拖动更为合理。

对于要求快速频繁启动和制动的机械，一般均认为电动机转子的转动惯量与额定转速平方的乘积最小时，即能获得启动和制动的最佳效果。在空载或负载很小的情况下启动和制动时，为达到快速响应的目的，则按下式考虑最为合理

$$J_m n_N^2 = J_{mec} n_{mec}^2 \tag{9-8}$$

此时，所谓最佳传动比 i_{op} 则为

$$i_{op} = \frac{n_N}{n_{mec}} = \sqrt{\frac{J_{mec}}{J_m}} \tag{9-9}$$

式中 J_m ——电动机转子的转动惯量；

n_N ——电动机的额定转速；

J_{mec} ——生产机械在机械轴上的转动惯量；

n_{mec} ——机械轴的转速。

(四)电动机结构型式的选择

1. 安装方式的选择

按安装方式的不同,电动机有卧式和立式两种。由于立式电动机造价高,仅在特殊场合下采用,如深井水泵、潜水泵和钻床等。一般情况下,多选用卧式电动机。卧式电动机有一端轴伸和两端轴伸两种,可根据生产机械的需要来选择。

2. 防护型式的选择

按防护型式的不同,电动机可分为五种,下面分别介绍其应用场合。

(1)开启式电动机。这种电动机定子两侧和两端盖处均开有较大的通风孔,散热性能良好,造价较低。但尘埃、水滴和铁屑等有害物质容易侵入电动机的内部,影响其正常运行和使用寿命。因此,开启式电动机仅在干燥和清洁的环境中使用。

(2)防护式电动机。这种电动机在定子下部开有通风孔,散热性能较好,可防止与垂直方向成45°角以内水滴或杂物进入电动机,但不能防止尘埃及潮气侵入,故适用于干燥、少尘埃、无腐蚀性和爆炸性气体的环境。

(3)封闭式电动机。这种电动机外壳无通风孔,内外气体不交换,散热性能差,适用于尘埃多、空气潮湿或有腐蚀气体的环境,如纺织厂、水泥厂和碾米厂等。

(4)密闭式电动机。这种电动机当浸入液体中,能保持液体不进入电动机内部,可用在潜水泵中。

(5)防爆式电动机。这种电动机是在密封式结构的基础上,制成隔爆式的,适用于具有易燃、易爆性气体或尘埃的环境中,如煤矿、油库、煤气站和制氢站等。

练习与提高

9-1　电动机运行时温升按什么规律变化?

9-2　电动机按工作制分为几类? 各有什么特点?

9-3　选择电动机额定功率的时候,应该考虑哪些因素?

9-4　如何进行电动机容量的选择?

9-5　电动机电压如何选择?

9-6　电动机转速的选择应该注意什么?

参考文献

[1] 朱耀忠. 电机与电力拖动[M]. 北京:航天航空大学出版社,2005.
[2] 金续曾. 电动机的选型及应用[M]. 北京:中国电力出版社,2003.
[3] 许晓峰. 电机及拖动基础[M]. 北京:高等教育出版社,2004.
[4] 徐耀生. 电气综合实训[M]. 北京:电子工业出版社,2003.
[5] 赵家礼. 图解电动机修理操作技能[M]. 北京:机械工业出版社,2006.
[6] 谈代秀. 电机及电力拖动基础[M]. 北京:中国电力出版社,1993.
[7] 王艳秋. 电机及电力拖动[M]. 北京:化学工业出版社,2001.
[8] 邵群涛. 电机及拖动基础[M]. 北京:机械工业出版社,1999.
[9] 蒋豪贤. 电机学[M]. 广州:华南理工大学出版社,1997.
[10] 王毓东. 电机学(上、下册)[M]. 杭州:浙江大学出版社,1990.